石灰石地下矿山开采安全技术

广东省安全生产科学技术研究院组织编写

王建德 姚永玲 冯少真 编著

北 京

冶金工业出版社

2021

内 容 提 要

本书共 7 章，较为系统地介绍了石灰石地下矿山开采安全技术。首先，简要介绍了石灰石矿产资源开发利用的现状；然后，重点阐述了石灰石地下矿山开采优化、通风安全、房柱法开采地压管理、地面塌陷灾害防治以及安全预警与控制；最后，介绍了基于 BIM+GIS 的石灰石智慧地下矿山的建立。

本书可供矿山开采领域的技术人员、科研人员和管理人员参考，也可供高等院校采矿工程、安全工程专业的师生阅读。

图书在版编目（CIP）数据

石灰石地下矿山开采安全技术/广东省安全生产科学技术研究院组织编写. —北京：冶金工业出版社，2021.7
ISBN 978-7-5024-8862-8

Ⅰ.①石… Ⅱ.①广… Ⅲ.①石材—矿山开采—地下开采—安全技术 Ⅳ.①TD872

中国版本图书馆 CIP 数据核字（2021）第 137119 号

出 版 人　苏长永
地　　址　北京市东城区嵩祝院北巷 39 号　邮编　100009　电话　(010)64027926
网　　址　www.cnmip.com.cn　电子信箱　yjcbs@cnmip.com.cn
责任编辑　王梦梦　美术编辑　彭子赫　版式设计　禹　蕊
责任校对　王永欣　责任印制　李玉山
ISBN 978-7-5024-8862-8
冶金工业出版社出版发行；各地新华书店经销；三河市双峰印刷装订有限公司印刷
2021 年 7 月第 1 版，2021 年 7 月第 1 次印刷
710mm×1000mm　1/16；18.25 印张；357 千字；283 页
96.00 元
冶金工业出版社　投稿电话　(010)64027932　投稿信箱　tougao@cnmip.com.cn
冶金工业出版社营销中心　电话　(010)64044283　传真　(010)64027893
冶金工业出版社天猫旗舰店　yjgycbs.tmall.com
（本书如有印装质量问题，本社营销中心负责退换）

前　言

石灰石是常见的矿产资源，是现代工业中制造水泥、石灰、电石的主要原料。优质石灰石经超细粉磨后，被广泛应用于纸张、橡胶、涂料、医药、化妆品、饲料等产品的制造中。国内开采石灰石的历史悠久，大都采用露天开采方式，但随着石灰石矿产资源开发利用强度的增加，靠近地表的浅层资源逐渐消耗殆尽，为了满足社会生产和工业发展需要，地下开采石灰石成为必然。

广东省石灰石矿产资源丰富，已探明的矿石资源储量位居国内前列，主要分布在梅州市和清远市等粤北山区。在梅州地区，石灰石矿山大都采用地下开采，这样集中而大规模的地下开采石灰石的情况是国内绝无仅有的。石灰石地下矿山大都采用房柱法开采，主要存在地压、水患和有毒有害气体等危害，容易发生冒顶片帮、透水、地表坍塌和中毒窒息事故，需要采取相应的安全技术措施，预防生产安全事故。

近10年来，作者完成了"梅州地区地下石灰岩矿山水患（地面塌陷）评估及预防对策研究"和"梅州地下石灰石矿山狭小空域采空区群系统性安全评估"两个安全生产专项资金项目的研究工作，参与了"石灰岩地下矿山中深孔房柱法安全高效回采技术研究"项目的研究工作，取得了一些有价值的研究成果，在一定程度上弥补了国内对石灰石地下矿山开采研究的不足。根据广东省安全生产科学技术研究院的工作安排和要求，作者在全面总结以上项目研究成果的基础上，结合石灰石地下矿山开采特点写成本书，旨在指导石灰石地下矿山安全开采，并为提高矿山开采本质安全水平，促进矿山安全生产和矿产资源利用可持续发展提供科技支撑。

本书撰写过程中，得到了行业专家的大力支持与帮助，在此一并表示衷心的感谢。本书参阅和引用了国内有关文献，谨向文献作者表示感谢。

由于作者水平所限，书中不足之处恳请广大读者批评指正。

作　者

2020 年 12 月

目　　录

1 石灰石矿产资源开发利用现状

1.1 国内石灰石矿产资源状况

1.1.1 石灰石矿产资源的基本特征及用途

石灰石是常见的一种非金属矿产，是用途极广的宝贵资源。石灰石是以石灰岩作为矿物原料的商品名称。石灰岩在人类文明史上，以其在自然界中分布广、易于获取的特点而被广泛应用。石灰石作为重要的建筑材料有着悠久的开采历史，在现代工业中，是制造水泥、石灰、电石的主要原料。优质石灰石经超细粉磨后，被广泛应用于橡胶、涂料、医药、化妆品、饲料等产品的制造中。据不完全统计，水泥生产消耗的石灰石和建筑石料、石灰生产、冶金熔剂，超细碳酸钙消耗石灰石的总和之比为 1 : 3。

石灰石也可用于制造玻璃、纯碱、烧碱等，炼铁用石灰石作熔剂，除去脉石，用生石灰作造渣材料，除去硫、磷等有害杂质。在生活中，石灰石加工制成较纯的粉状碳酸钙，用作橡胶、塑料、纸张、牙膏、化妆品等的填充料。农业上，用生石灰配制石灰硫黄合剂、波尔多液等农药。土壤中施用熟石灰可中和土壤的酸性，改善土壤的结构，供给植物所需的钙素。用石灰浆刷树干，可保护树木。化工行业利用石灰石的化学加工制成氯化钙、硝酸钙、亚硫酸钙等重要钙盐。

随着科学技术的不断进步和纳米技术的发展，石灰石的应用领域正在进一步拓宽。石灰石经粉碎加工后可应用于诸多领域，取得可观的经济效益，近几年来石灰石制粉加工行业得到了大力发展。

石灰石作为一种新型环保原料，市场需求量正逐年增加，是 21 世纪最具活力的环保、绿色矿产资源之一。

1.1.2 国内石灰石矿产资源地理分布

中国是世界上石灰石矿资源丰富的国家之一，除上海、香港、澳门外，在各省、直辖市、自治区均有分布。据原国家建材局地质中心统计，全国石灰岩分布面积达 $4.38 \times 10^5 \mathrm{km}^2$（未包括西藏和台湾），约占国土面积的 1/20，其中能供作水泥原料的石灰岩资源量占总资源量的 1/4 ~ 1/3。为了满足环境保护、生态平衡，防止水土流失和风景旅游等方面的需要，特别是随着我国小城镇建设规划的不断完善和落实，可供作水泥原料的石灰岩的开采量还将减少。

全国已发现水泥石灰岩矿点约七八千处，其中已有探明储量的矿产地 1233 处，累计探明水泥石灰岩矿石 B+C+D 级储量 543.5 亿吨。除江苏南京栖霞山牛山头-大士井中型矿和分布于江苏、陕西、湖南、广东、浙江的 8 处小型矿已经闭坑外，全国保有储量的水泥石灰岩矿产地 1224 处（大型 257 处、中型 481 处、小型 486 处），共计保有 B+C+D 级矿石储量 524 亿吨（其中，石灰岩储量 489 亿吨，占 93%；大理岩储量 35 亿吨，占 7%）。保有储量广泛分布于除上海市外的 29 个省、直辖市、自治区。其中，陕西省保有储量 49 亿吨，为全国之冠；其余依次为安徽、广西、四川 3 省、自治区，各保有储量 30 亿~34 亿吨；山东、河北、河南、广东、辽宁、湖南、湖北 7 省各保有储量 20 亿~30 亿吨；黑龙江、浙江、江苏、贵州、江西、云南、福建、山西、新疆、吉林、内蒙古、青海、甘肃 13 省、自治区各保有储量 10 亿~20 亿吨；北京、宁夏、海南、西藏、天津 5 省、直辖市、自治区各保有储量 2 亿~5 亿吨。

1.1.3 石灰石矿岩成因

石灰岩主要是在浅海的环境下形成的。石灰岩按成因可划分为粒屑石灰岩（流水搬运、沉积形成）；生物骨架石灰岩和化学、生物化学石灰岩。按结构构造可细分为竹叶状灰岩、鲕粒状灰岩、豹皮灰岩、团块状灰岩等。石灰岩的主要化学成分是碳酸钙，易溶蚀，故在石灰岩地区多形成石林和溶洞，称为喀斯特地形。

石灰岩中一般都含有一些白云石和黏土矿物，当黏土矿物含量达 25%~50% 时，称为泥质岩。白云石含量达 25%~50% 时，称为白云质灰岩。

石灰岩的主要成分是碳酸钙，可以溶解在含有二氧化碳的水中。一般情况下一升含二氧化碳的水，可溶解大约 50mg 的碳酸钙。

1.1.4 石灰石矿岩物理力学特征

石灰岩的矿物成分主要为方解石，伴有白云石、菱镁矿和其他碳酸盐矿物，还混有其他一些杂质。其中的镁呈白灰石及菱镁矿出现，氧化硅为游离状的石英，石髓及蛋白石分布在岩石内，氧化铝同氧化硅化合成硅酸铝（黏土、长石、云母）；铁的化合物呈碳酸盐（菱镁矿）、硫铁矿（黄铁矿）、游离的氧化物（磁铁矿、赤铁矿）及氢氧化物（含水针铁矿）存在；此外还有海绿石，个别类型的石灰岩中还有煤、沥青等有机质和石膏、硬石膏等硫酸盐，磷和钙的化合物，碱金属化合物以及锶、钡、锰、钛、氟等化合物，但含量很低。

石灰岩具有良好的加工性、磨光性和很好的胶结性能，不溶于水，易溶于饱和硫酸，能和中强酸发生反应并形成相应的钙盐，同时放出 CO_2。石灰岩煅烧至 900℃ 以上（一般为 1000~1300℃）时分解转化为石灰（CaO），放出 CO_2。生石灰遇水潮解，立即形成熟石灰 [Ca(OH)$_2$]，熟石灰溶于水后可调浆，在空气中硬化。

石灰石的主要物理力学性质有：容重 2.4~2.8t/m³，硬度系数 $f=6~10$；松散系数 $k=1.6~2$；抗压强度 58.8~78.4MPa（600~800kg/cm²），抗拉强度为抗压强度的 1/12，抗剪强度为抗压强度的 1/10，韧度为 0.08~0.4kg・m/cm²。

1.2 广东省石灰石资源利用情况

1.2.1 石灰石矿产资源概况

广东省石灰石矿产资源丰富，查明的水泥用灰岩储量位居国内前列，是省内优势矿产，是粤北山区重点开采的矿种，具有较好的开发利用基础。以梅州市为例，梅州市是广东省水泥生产的重要基地，梅州市含水泥用灰岩地层分布范围较大，总面积约 702.34km²，主要分布在蕉岭县和梅县，其次为平远县、兴宁市、五华县、大埔县及梅江区有零星分布。根据初步调查，梅州全市水泥用灰岩资源总量为 506773.7 万吨，其中查明保有储量为 82884.14 万吨，预测资源量为 423889.56 万吨。

梅州市水泥用灰岩资源分布范围内，除蕉岭县广福、新铺南山、南磜新村、梅县梅西一带外，其余地段均有开采利用，约 90% 的水泥用灰岩矿山采用地下开采。开采的水泥用灰岩主要用作水泥生产原料，少量用于煤矸石发电、烧制石灰等。

1.2.2 石灰石地下矿山开采存在问题

以梅州市石灰石地下开采为例，石灰石开采主要存在如下问题：

（1）矿山开采规模小，资源回采率低。从资源上看，大部分石灰石矿山均有较大的保有储量，但石灰石地下矿山开采规模均不大，年均产量为 22 万吨左右，同时由于留设矿柱多，回采率非常低，只有 25% 左右。

（2）资源勘探程度不高、开采机械化程度低。石灰石矿产资源整体地质勘探程度不高，且大规模集中的水泥用灰岩资源地较少。地下矿山多为房柱法开采，浅孔爆破作业，机械化开采水平低，劳动强度大，生产效率低。

（3）地质勘查投入与社会经济发展形势不相适应。地质勘查投入严重不足，严重地制约了地勘工作的开展；矿产资源勘查工作滞后于经济发展，矿产资源后备储量短缺，部分矿山资源枯竭，资金投入严重不足。

（4）矿产资源开发利用方式粗放。全市约 50 多家石灰石地下矿山中，绝大部分为私营企业，均为小型矿山，资源利用率低，经济效益较差。

（5）矿山生态环境问题较多。相当一部分矿山"三废"情况较为严重，不注意生态环境的保护治理，水土流失现象较严重。同时，矿山次生地质灾害较为突出，甚至有不断加剧的趋势，特别是地面塌陷、地下水位下降、地裂等灾害屡屡发生，不仅影响了农业生产和人民生命财产的安全，而且不同程度地阻碍了矿业经济的发展。

（6）采空区风险隐患问题突出。梅州市大部分石灰石地下矿山普遍采用房柱法开采，开采深度大，存在新旧采区交叉重叠、矿房"超高超宽"、矿柱"上下不对应"、保安矿柱宽度不足等问题，引发采空区整体性坍塌的风险极高，随着开采深度不断增加，采空区安全条件进一步恶化。

1.2.3　石灰石矿产资源利用的可持续发展

石灰石矿产资源是人类生产生活中不可或缺的宝贵资源，矿产资源在社会发展过程中不断开发利用消耗，不能再生。因此，最大限度地挖掘资源潜力，保证资源的充分、合理开发利用极为重要。以梅州市石灰石矿产资源开发利用为例，建议采取如下措施，保障和促进石灰石矿产资源的可持续发展。

（1）进一步充分合理开发资源，调查现有石灰石矿山的开采条件、矿产条件和环境条件，在保证安全和环保的前提下，采取整合或改变开采方式等措施，扩大矿山生产规模，提高采矿回收率，更合理、更充分利用石灰石矿产资源。

（2）将规划矿山扩大区和规划勘查区的范围列入当地的矿产资源保护区域，明确保护措施并予以公告。通过土地利用总体规划、村镇建设规划等措施，控制区域内新建民房、工厂、公路等设施，控制新设立其他探矿权、采矿权。对在矿山扩大区和规划勘查区内有零星民用建筑，少量农田及生态公益林的，可通过相关政策的调整及少数居民搬迁，将压覆矿产解放出来，进行开发利用。

（3）采取切实可行的地质环境保护措施，最大限度减少地下开采造成地面塌陷从而对农田和村庄的破坏，减少矿山生产、运输带来的扬尘污染。创新矿山地质环境治理新机制，创新治理新技术和新模式，调动各方面力量，全面推进矿山地质环境治理工作。

（4）各级政府部门和矿山企业牢固树立安全发展理念，坚守发展决不能以牺牲人的生命为代价这条不可逾越的红线，持续开展矿山安全标准化建设，加强矿山安全风险防控和隐患排查治理，预防生产安全事故。

（5）大力提高矿山开采机械化、自动化水平，地下矿山尽可能推广中深孔爆破，组织研究当地侵蚀基准线以下资源开发利用与周边环境的关系及防治水技术，研究在确保安全情况下提高地下开采矿产资源回采率。

2 石灰石地下矿山开采优化

2.1 采矿方法分类

2.1.1 采矿方法的基本概念

在矿床地下开采时，首先将井田（矿田）划分为阶段（或盘区），再将阶段（或盘区）划分为矿块（或采区）。矿块（或采区）即为独立的回采单元。

采矿方法是指从矿块（或采区）中采出矿石的方法，它包括采准、切割和回采三项工作。采准工作是按照矿块构成要素的尺寸来布置的，为矿块回采解决行人、运放矿石、运送设备材料、通风及通信等问题；切割则为回采创造必要的自由面和落矿空间；这两项工作完成后，再直接进行大面积的回采。

在采矿方法中，完成落矿、矿石运搬和地压管理三项主要作业的具体工艺，以及它们相互之间在时间与空间上的配合关系，称为回采方法。开采技术条件不同回采方法也不相同。矿块的开采技术条件在采用何种回采方法中起决定性的作用，所以回采方法实质上成了采矿方法的核心内容，由它来反映采矿方法的基本特征。采矿方法通常以回采方法来命名，并由它来确定矿块的采准、切割方法和切割巷道的具体位置。

2.1.2 采矿方法分类

由于矿床赋存条件复杂，矿石与围岩性质多变，回采工艺和采掘设备不断完善和进步，人们在长期生产实践中不断更新、创造出种类繁多的地下采矿方法。

采矿方法有多种分类，一般是以回采时对顶板或围岩地压管理方法为依据划分的。地压管理方法是以围岩的物理力学性质为依据，同时又与采矿方法的使用条件、结构参数、回采工艺等密切相关，并且最终将影响到开采的安全、效率和经济效果等。

根据采区地压管理方法，可将现有的采矿方法分为 3 大类：

（1）空场采矿法。这类方法将矿块划分为矿房和矿柱，分两步回采，先回采矿房后回采矿柱。在回采矿房时所形成的采空区，利用矿柱支撑来控制地压，因此矿石和围岩稳固，是本类采矿方法的基本条件。在回采矿房时采场的临时留矿，主要是起到作为继续上采的工作台作用，而对维护采场只起临时辅助的支撑作用，当留矿放出后仍靠矿柱维护采空区。

（2）崩落采矿法。这类方法为一步回采，不分矿房、矿柱，随回采工作面的推进，有计划地强制或自然崩落顶板围岩，充填采空区，从而管理采场地压。

（3）充填采矿法。这类方法在采矿中随回采工作面的推进，用充填料充填采空区。充填是该法回采过程中的必要工序，一类是分两步进行回采，第一步回采时随回采工作面的推进充填采空区以防止围岩崩落及控制岩移；另一类是一步或连续回采，回采和充填交替进行。

每一大类采矿方法中又按方法的结构特点、回采工作面布置形式、落矿方式等进行分类，见表2-1。

表2-1　地下矿床地下采矿方法分类

采矿方法类别	地压管理方法	采矿方法名称	采矿方法方案
空场法	自然支撑	留矿法	普通留矿法
			无间柱留矿法
			倾斜矿体留矿法
		全面法	普通全面法
			脉外采准留矿法
		房柱法	普通房柱法
			厚矿体房柱法
		矿房法	分段运搬矿房法
			分段落矿矿房法
			阶段落矿矿房法
崩落法	崩落围岩	单层崩落法	壁式单层崩落法
		有底柱崩落法	有底柱分段崩落法
			有底柱阶段崩落法
		无底柱崩落法	无底柱分段崩落法
		阶段崩落法	阶段强制崩落法
			阶段自然崩落法
充填法	人工支撑	单层充填法	壁式单层充填法
			削壁充填法
		上向分层充填法	干式充填法
			水力充填法
			胶结充填法
		下向分层充填法	水平分层充填法
			倾斜分层充填法
		分段或阶段充填法	分段充填法
			阶段充填法

2.2 石灰石地下矿山采矿方法选择

本节结合广东省梅州市石灰石地下矿山开采技术条件和特点，对石灰石地下矿山采矿方法和回采工艺作介绍。

2.2.1 采矿方法的选择

2.2.1.1 矿床分类

采矿方法的选择就是根据某一具体矿床的地质和采矿技术条件，选择出适合该矿床的最优采矿方法。正确选择采矿方法对矿山生产有着极其重要的作用，它直接关系到生产安全、生产能力、劳动效率、矿石损失率和贫化率、矿石成本、矿山经济效益等技术经济效益的好坏。因此，在矿山设计中，应认真研究分析影响采矿方法的各种要素，以便选择出适合矿山具体条件和实际情况的采矿方法。

为便于采矿方法的选择，通常将矿床（体）按赋存要素进行分类：

（1）按矿床厚度，分为：

1）极薄矿脉：厚度在 0.8m 以下。

2）薄矿床：厚度为 0.8~5m。

3）中厚矿床：厚度为 5~15m。

4）厚矿床：厚度为 15~20m。

5）极厚矿床：厚度在 50m 以上。

（2）按矿体倾角，分为：

1）水平矿床：矿体倾角为 0°~3°。

2）缓倾斜矿床：矿体倾角为 3°~30°。

3）倾斜矿床：矿体倾角为 30°~50°。

4）急倾斜矿床：矿体倾角大于 50°。

（3）按矿床形态，分为：

1）层状矿床：多为沉积或变质沉积矿床。其特点是矿床赋存条件（如厚度、倾角等）和有用矿物的组分较稳定、变化小。多见于黑色金属矿床和非金属矿床。

2）脉状矿床：矿床成因主要是热液、气化作用，使矿物充填于地层的裂隙中。其特点是矿床与围岩的接触处有蚀变现象，矿床赋存条件不是很稳定，有用成分的含量不均匀。有色金属、稀有金属及贵金属矿床多属于此类。

3）透镜状、囊状矿床：矿床主要是充填、接触交代、分离和气化作用形成的矿床。它的特点是矿体形状不规则，矿体和围岩的界限不明显。某些有色金属矿（如铜、铅、锌等）即属此类。

（4）按矿岩稳固程度允许的暴露面积，分为：

1) 极不稳固矿床：顶板不允许暴露。

2) 不稳固矿床：顶板允许暴露面积在 $10m^2$ 以内，长时间暴露仍需支护。

3) 中等稳固的矿床：顶板允许暴露面积在 $200m^2$ 以内。

4) 稳固的矿床：顶板允许暴露面积在 $500m^2$ 以内。

5) 很稳固的矿床：顶板允许暴露面积在 $500 \sim 1000m^2$。

6) 极稳固的矿床：顶板允许暴露面积在 $1000m^2$ 以上。

2.2.1.2　影响采矿方法选择的因素

影响采矿方法选择的因素很多，如地质条件、开采技术条件、安全因素、设备因素、经济因素、环保要求、产品加工要求等。选择采矿方法主要考虑下面影响因素。

A　矿床地质及水文地质条件

矿床地质及水文地质条件对采矿方法的选择起控制作用，一般情况下，根据矿石和围岩的物理力学条件就可选出几种采矿方法。

(1) 矿石和围岩的物理力学性质。其中，最关键的因素是矿石和围岩的稳固性，它决定着采场的地压管理方法、矿块的构成要素和落矿方法。采矿方法是根据地压管理方法来分类的，又是根据结构参数来定组别的，所以选择采矿方法首先要考虑矿岩的稳固性。当矿岩均稳固时，各种采矿方法都可采用，以空场法最为有利，可适当排除崩落法；当矿石稳固、围岩不稳固时，可优先采用崩落法或充填法，适当排除空场法；当矿石中等稳固或不稳固，围岩稳固时，可以选用分段法、阶段矿房法、阶段自然崩落法、嗣后充填法；当矿岩均不稳固时，可以考虑采用充填法或崩落法，适当排除空场法。

(2) 矿体产状，主要是指矿体的倾角、厚度及几何形态等的影响。矿体的倾角主要影响采场内矿石的运搬方式、方法。一般来说，水平矿体可采用有轨或无轨自行设备运搬；倾角 10° 以下适宜采用无轨设备运搬；倾角 30° 以下矿体采用电耙运搬，30° 以上到 40° ~ 45° 可采用爆力运搬；只有当倾角为 55° ~ 60° 时才许用重力运搬。但当矿体厚度增大，即使倾角不陡，用底盘漏斗采矿法或留三角矿柱也可使用重力运搬。

矿体厚度影响采场的落矿方法和矿块的布置方式。极薄矿体的采矿方法要考虑分采或混采；单层崩落法一般要求矿体厚度不大于 3m；分段崩落法要求矿体厚度一般为 6~8m；阶段崩落法要求矿体厚度为 15~20m。在落矿方法中，浅孔落矿一般用于厚度小于 5m 的矿体；中深孔落矿一般用于厚度为 5~8m 的矿体；大直径深孔落矿一般用于厚度为 10m 以上的矿体。

一般情况下，极薄和薄矿体的矿块沿走向布置；而厚或极厚矿体则垂直走向布置。

矿体几何形态不规则、矿岩接触情况不明显，只宜采用浅孔或中深孔落矿、分层或分段落矿，若用大直径深孔、阶段落矿就会带来较大的矿损和贫化。底板起伏较大会影响使用无轨出矿设备和爆力运搬矿石，甚至采用留矿法的效果也很差。在极薄矿脉中，矿体的形状是否规整，接触界线是否明显，都影响削壁充填采矿法的采用。

（3）矿石品位及价值。品位富、价值高的矿石，应选用回采率高、贫化率低的采矿方法如充填法；反之宜采用成本低、效率高的采矿方法如分段或阶段崩落法。当矿体中品位分布不均匀时，要考虑分采分运或工作面手选，对这样的采矿方法可用全面法、上向分层充填法以及无底柱分段崩落法等。

当在同一矿床中具有不同品位，且相差很悬殊的多个矿体时，可以采用不同的采矿方法，或用先采富矿暂时保留贫矿的充填采矿法。

（4）围岩矿化情况。围岩有矿化现象时，回采过程中对围岩混入的限制可以适当放宽，允许用深孔落矿的崩落采矿法，以部分地补偿围岩混入而致使的品位降低。但当围岩中有不利于选矿和冶炼加工的矿物成分时，应坚决选用废石混入率小的采矿方法。

（5）矿体赋存深度。当矿体埋藏深度为 500~600m 或原岩应力很大时，地压增大，有可能产生冲击地压或岩爆现象，这时限制使用空场法，只宜采用崩落法或充填法。

B 开采技术条件

某些开采技术条件提出的特殊要求，有可能对采矿方法选择起决定性作用。

（1）地表是否陷落。如地表移动带范围内有河流、铁路及重要建筑物，或由于环境保护要求不允许陷落地表时，则不能选用崩落法及采后用崩落围岩处理空区的空场法，只宜采用能维护采空区防止地表岩层移动的充填法，或事后充填的采矿方法。

（2）技术装备和材料供应情况。选择采矿方法时必须同时考虑有无设备和材料供应，及备品备件能否保证。

（3）加工部门对矿石质量的特殊要求。选冶加工部门对采矿出矿常规定有最低出矿品位、允许粉矿含量、矿石块度、湿度及有害成分等特殊要求，所选采矿方法必须能满足这些要求。

（4）采矿方法所要求的技术管理水平。所选用的采矿方法应尽量能为现有工人和工程管理人员所掌握，这一点对中、小型地方矿山尤显重要。如可以采用留矿法和分段采矿法的矿山中，对技术力量薄弱的矿山，应尽量选用留矿法，它无论从采准布置，还是凿岩爆破技术上均较分段采矿法易于掌握。采用新方法、新工艺、新设备的矿山，要考虑试验及组织培训条件。

必须指出，上述的影响因素，既不能孤立片面对待，也难以面面俱到，必须密切结合矿床与矿山的具体条件，作出全面分析，有侧重地按提出的基本要求选用合理的采矿方法。

2.2.1.3　采矿方法选择必须遵循的原则

采矿方法的选择必须遵循的原则如下所述。

（1）保证生产安全及良好的作业条件。要认真贯彻执行国家、行业有关安全方面的法规和规程、规范。保证矿山能够安全持续生产，保证井下设备、井巷及其他设施在使用中不遭破坏，能有效防止透水、冒顶片帮、中毒窒息、火灾等生产安全事故。

（2）技术先进，工艺成熟，设备可靠，操作方便。

（3）矿块（采场）生产能力大、效率高、成本低，减少同时作业阶段或作业面数量，以利于实现集中强化开采和生产管理。

（4）采矿方法结构简单，采切工程量小。

（5）矿石的回采率高、贫化率低。

（6）回采作业循环周期要短。

（7）选用的采矿方法要有一定的灵活性，当条件发生变化时，有一定的适应性。

（8）充分利用重力运搬，最大限度地利用自然支护，缩短崩下矿石在采场的滞留时间。

（9）指标选取应留有余地。既要考虑技术进步及设备的发展，又要留有余地。

2.2.1.4　采矿方法选择的步骤和方法

采矿方法选择，一般分为收集和掌握与采矿方法选择有关的资料、采矿方法初选、采矿方法技术比较和采矿方法经济比较4个步骤。

A　收集和研究与采矿方法选择有关的资料

（1）认真研究与采矿方法有关的地质资料，如矿体的赋存特点和岩石力学特征、各种矿体的矿产资源储量和品位、矿体的埋藏深度和矿区水文地质条件、矿区开采范围是否有需保护的河流、湖泊、村庄和铁路、公路等重要建（构）筑物等；（2）要研究岩石力学资料和矿区地形地貌，如矿岩物理力学性质和参数、节理片理特征、原岩应力数据等资料，以及矿区地形地貌、矿岩露头、矿区生态、环境状态，如地表水体、村庄、道路、农田、工业概况等；（3）掌握类似开采条件矿床的采矿方法实例及采矿设备，如类似矿床条件矿山的采矿方法及主要技术经济指标、采掘设备及工艺、国内外采矿工艺技术和设备及其发展趋势等。

B　采矿方法初选

初选采矿方法，一般步骤如下：

（1）依据收集和掌握的资料，对其进行分析研究，对矿岩的稳固程度、采场空间允许体积、暴露顶板最大面积及跨度等作出估计，并采用数值分析等方法检验采场的尺寸和稳定性。

（2）在矿体的横剖面图和纵投影图及阶段平面图上，按采矿方法设计要求的厚度、倾角范围进行统计，确定各种范围分布、比例，分别选择出采矿方法及采场构成要素。

（3）根据采矿方法选择的影响因素，通过对决定条件及控制条件的分析研究，初选出几个技术上可行的采矿方法。

（4）按矿体倾角和厚度进行采矿方法组别（分层、分段、阶段）选择。通过初选，就可以删去一批无关的采矿方法，缩小了采矿方法的选择范围。

C 采矿方法技术比较

对初选的采矿方法进行技术比较，比较内容主要有：（1）矿块生产能力；（2）矿石贫化率；（3）矿石损失率；（4）千吨矿石采切比；（5）矿块的劳动生产率；（6）采出矿石直接成本；（7）作业条件和安全程度；（8）采矿工艺过程的繁简和生产管理的难易程度；（9）方法的灵活性及对开采条件变化的适应性；（10）方案的优缺点等。

技术比较可以参照类似条件矿山的实际指标，或扩大指标定额（含5%～10%的误差），提出实际数据或技术分析。分析中难免会出现同一方案有优有劣，对这种情况要分清主次，有所侧重，抓住在具体条件下起主导作用的因素，例如，矿床的矿石损失率和贫化率就是主导因素；对于低价矿石，劳动生产率和矿块生产能力成了主导因素。

通过技术比较，一般情况下就可选定2或3个技术上可行、竞争力强的采矿方法，再进行经济比较。

D 采矿方法经济比较

采矿方法经济比较的实质也是综合分析比较，它是以比较经济效果为主，涉及每一方案实现后各项具体指标的差额。经济比较需要作详细的技术经济计算，根据计算结果作最后的分析评定。

综合分析比较的内容包括以下3个方面：

（1）表征经济效果的指标：采出矿石成本、最终产品成本、年盈利、总盈利或其净现值；基建年度投资收益率，返本年限等。

（2）年采出矿石规模，或全部服务年限内年产有用成分的数量和质量。

（3）主要技术经济指标：矿块生产能力千吨矿石采切比，劳动条件和生产率，水泥和坑木等大宗材料耗量等。

作综合分析比较时，当参与比较的各采矿方法方案的矿块生产能力、贫化损失率指标不同（影响确定的规模及每年的产品数量和质量），需作全面的综合性比较，对以下两种情况可以只作简化比较。

（1）当参与比较的采矿方法的贫化率、损失率相差较大而全部采出矿石量与采矿有关的投资相差不大，规模相同时，只需比较两种方案的年盈利，总盈利的差额。

（2）当参与比较的采矿方法的贫化、损失率、矿块生产能力，与采矿有关的投资基本相等时，只需比较其采出矿石成本。

2.2.2　梅州石灰石地下矿山开采技术条件

2.2.2.1　地质概况

梅州地区地层较全，区内沉积岩（包括已变质的各种沉积岩）由震旦系、寒武系、泥盆系、石炭系、二叠系、三叠系、侏罗系、白垩系、下第三系和第四系组成（志留系、奥陶系地层缺失）。

梅州区域构造特点是呈北东走向呈带状分布，共分为三条构造带。其中兴梅印支构造带属华南褶皱范围，丰顺-大埔燕山构造带属东南沿海褶皱系范围，而八乡-长冶印支、燕山过渡构造带（莲花山断陷带）则是两褶皱系的过渡带，也可当作华南褶皱系的边缘。

梅州区域内以燕山期岩浆活动最盛，加里东期和喜马拉雅较弱。燕山期岩浆活动过程中，又以燕山第三阶段岩浆活动最为强烈。区内岩浆岩有侵入岩、次火山岩和混合岩。

2.2.2.2　矿石赋存地层特征

梅州市水泥用灰岩主要含矿地层为石炭系上统壶天群（CH）和二叠系下统栖霞组（Pq），局部地段石炭系中上统划分为中统黄龙组（Chl）和上统船山组（C_c），次要含矿地层有石炭系中统大埔组（Cdp）和三叠系四望嶂组（Ts）。

2.2.2.3　矿产资源分布

梅州市石灰石矿体分布范围较大，总面积约 702.34km²。主要分布在蕉岭县和梅县区，其次为平远县、兴宁市，五华县、大埔县及梅江区有零星分布。其中以蕉岭县新铺镇至广福镇、梅县隆文镇至桃尧镇、梅县城东镇至雁洋镇、梅县石扇镇、平远东石镇至大柘及兴宁罗岗镇至岗背镇一带为主，其次为梅县白渡镇、蕉岭县高思至大地一带、梅县南口镇、蕉岭县北礤镇、兴宁黄槐镇、平远县石正镇、大埔县双溪镇、五华县双头至潭下镇及梅江区城北一带。

2.2.2.4　矿产资源赋存情况

梅州市石灰石矿体大都在当地基准侵蚀面之下，少部分出露在当地基准侵蚀面之上。矿体埋深在 0~200m 之间，埋藏较浅的矿体适宜采用露天开采，深部矿山适宜地下开采。

2.2.2.5　矿体开采水文地质条件

梅州市石灰石矿体开采区域多为丘陵山地为主，无大的地表水体及河流，一般地表水排泄条件较好。石灰石矿体地层主要含岩溶裂隙及断层裂隙水，浅部岩溶较发育，岩溶形态以溶洞为主，多被黏土充填或半充填。水文地质条件从简单到复杂类型都存在，以中等类型为主。

2.2.2.6　矿体开采工程地质条件

梅州市石灰石矿体开采工程地质条件多属于简单类型，物理力学性质一般较好，有利于矿床开采。矿石结构致密，矿层厚度较大、连续完整，矿石中不含有毒有害物质，矿石化学成分大都符合《冶金、化工石灰岩及白云岩、水泥原料矿产地质勘查规范》（DZ/T 0213—2002）的要求。矿石单轴抗压强度整体在62MPa左右。

2.2.3　房柱采矿法

结合广东省石灰石矿体地下开采技术条件，普遍适宜房柱采矿法开采。

房柱采矿法是用于开采水平、微倾斜、缓倾斜矿体的采矿方法。它的特点是：在划分采区（或盘区）和矿块的基础上，矿房与矿柱交替布置，回采矿房的同时留下规则的连续或不连续矿柱，用以支撑开采空间进行地压管理。

水平矿体使用房柱法，矿房的回采由采场的一侧向另一侧推进，缓倾斜矿体通常是由下向上逆矿体的倾向推进工作面，采下的矿石可用电耙、装运机、铲运机等设备运搬，目前基本上是采用装运机、铲运机运搬。矿块回采后留下的矿柱，一般不予回采，作永久性支撑。

目前，使用较多的是浅孔落矿房柱法，目前也有部分矿山开始使用中孔落矿，而且是石灰石矿山开采的发展方向。随着无轨设备的大量使用，石灰石矿山正在推广使用无轨设备深孔开采方案。

2.2.3.1　浅孔落矿、电耙运搬房柱法

浅眼房柱法（浅孔落矿、电耙运搬房柱法）如图 2-1 所示。

A　矿块构成要素

矿块沿矿体倾斜布置，矿块再划分为矿房与矿柱，矿块矿柱也称支撑矿柱。支撑矿柱横断面多为圆形或矩形，支撑矿柱规则排列并与矿房交替布置。为使上下阶段采场相互隔开，各阶段留有一条连续的条带状矿柱，称阶段矿柱。沿矿体走向每隔 4~6 个矿块再留一条沿倾向的条带状连续矿柱，称采区矿柱。上下以两阶段矿柱为界、左右以两采区矿柱为界的开采范围称采区。浅孔房柱采矿法典型方案如图 2-2 所示。

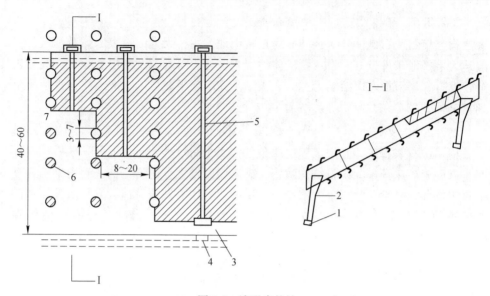

图 2-1　浅眼房柱法

1—阶段运输平巷；2—矿石溜井；3—切割平巷；4—电耙绞车硐室；

5—切割天井（上山）；6—矿柱；7—炮眼

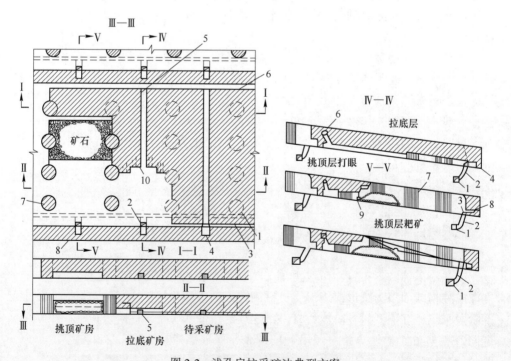

图 2-2　浅孔房柱采矿法典型方案

1—运输巷道；2—放矿溜井；3—切割平巷；4—电耙硐室；5—上山；

6—联络平巷；7—矿柱；8—电耙绞车；9—凿岩机；10—炮孔

（1）矿房长度，取决于电耙的有效耙运距离，一般不超过60m。无轨设备运搬不受此限。

（2）矿房宽度，取决于矿体顶板的稳定程度与矿体的厚度，一般为8~20m。

（3）矿柱尺寸及间距，取决于矿柱强度及支撑载荷。采区矿柱与支撑矿柱的作用是不相同的。采区矿柱主要用于支撑整个采区范围顶板覆岩的载荷，保护采区巷道，隔离采区空场，宽度一般为4~6m。支撑矿柱的主要作用是限制开采空间顶板的跨度，使之不超过许用跨度并支撑矿房顶板。目前，计算矿柱尺寸的方法尚不成熟，大多参考类似矿山的经验值，采用经验法来设计，再逐步通过生产实践，确定符合矿山实际条件的最优矿柱尺寸与间距。一般矿柱的直径或边长为3~7m，间距为5~8m。

为避免应力集中，提高矿柱的承载能力，矿柱与顶底板应采取圆弧过渡的方式相连。矿柱的中心线应与其受力方向一致或基本一致，当矿体倾角较大时尤其应注意到这一点。

（4）采区尺寸。采区的宽为矿块的长度，采区的长取决于采区的安全跨度及采区的生产能力。一个采区一般为2~4个回采矿房与2个以上正在采切的矿房。

B 采准切割

在下盘脉外距矿体底板5~8m掘进阶段运输巷道1（见图2-2），自每个矿房中心线位置开矿石溜井2至矿体，在阶段矿柱中掘进电耙绞车硐室4，沿矿房中心线并紧靠矿体底板掘进矿房上山5，贯通联络平巷6。矿房上山5与联络平巷6用于采场人行、通风及运搬材料设备，矿房上山5还是回采时的一个自由面。

C 回采工作

若矿体厚度不大于3m，矿房采用单层回采，由矿房上山5与切割平巷3相交的部位用浅孔扩开，开始回采，工作面逆矿体倾斜推进。

矿体厚度小于3m应分层回采，分层高度为2m左右。若矿石比上盘岩石稳固或同等稳固，可采用先拉底，再挑顶采第二层、第三层，直至顶板的上向阶梯工作面回采，如图2-3所示。

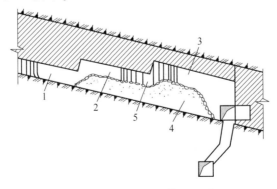

图2-3 上向阶梯工作面回采

1—拉底层；2—第二分层；3—第三分层；4—矿堆；5—矿柱

可用气腿式凿岩机和平柱式凿岩机，也可以用上向式凿岩机落矿。工作面推至预留矿柱处，多布眼少装药将矿柱掏出来，采下矿石暂留一部分在采场内，作为继续上采的工作台。紧靠上盘的一层矿石，宜用气腿凿岩机打光面孔爆破落矿，以便保护顶板。

当矿体上盘岩石比矿石稳固时，有的矿山采用如图 2-4 所示的下向阶梯工作面回采。下向阶梯工作面回采就是通过切割天井先采紧靠顶板的最上一分层（亦称切顶），待其推进至适当距离后，再依次回采下面分层；上分层间超前下分层一定距离，近矿体底板的一层最后开采。

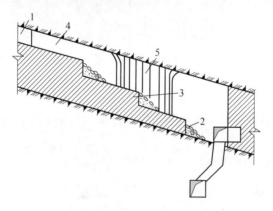

图 2-4　下向阶梯工作面回采

1—矿房上山；2—第一分层；3—第二分层；4—最上一分层；5—矿柱

有的矿山顶板不够稳固，采用下向阶梯工作面使顶板先暴露出来，以便对顶板实施杆柱支护（杆柱护顶）。

上向阶梯工作面回采比下向阶梯工作面回采由于效率高、清扫底板容易、在高悬顶板下作业的时间短等优点而广泛被矿山采用。电耙运搬矿石，需经常改变电耙滑轮的位置。使用三卷筒电耙绞车，虽省去了多次改变电耙滑轮位置之烦，但电耙绞车旁边的矿石仍无法耙走。一些矿山使用如图 2-5 所示的锚杆房柱采矿法中的移动电耙绞车接力耙运，可把整个矿房范围内的矿石耙完。

采切巷道（见图 2-5）有：运输巷道 7，放矿溜井 2、3，切割平巷 4，矿房上山 1，电耙绞车硐室 9 及联络巷道 10。用上阶段脉外阶段平巷 8 回风。

矿房采用单层回采。首先，沿矿房下部边界拉开高为矿体厚的切割槽 5，并以矿房上山为第二自由面，用浅孔逆矿体倾向回采。相邻矿房可同时回采，但需互相保持 15~25m 的距离。用锚杆维护稳固性较差的页岩顶板，锚杆长 2.3m，网度为 1m×0.8m，每套杆柱支护面积为 0.77m² 。为保证回采工作的安全，在较大断层及顶板不稳处留下矿柱支撑。

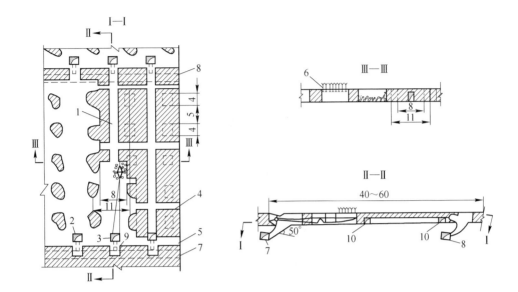

图 2-5　锚杆房柱采矿法

1—矿房上山；2，3—放矿溜井；4—切割平巷；5—切割槽；6—锚杆；
7—运输巷道；8—回风巷道；9—电耙绞车硐室；10—联络巷道

2.2.3.2　中深孔房柱法

中深孔房柱法有切顶与不切顶两种方案。切顶方案是先将未采矿石与顶板分开，其目的是防止中深孔落矿时破坏顶板稳固性，便于用杆柱预先支护顶板和为下向中深孔设备的作业开辟工作空间。

近年来，由于地压管理及运搬设备的重大突破，出现了多种开采方案。图 2-6 为某矿开采厚度为 6~8m 近水平矿体的圆形矿柱房柱采矿法。图 2-7 为采场立体图。

每个采区内有若干个矿房。回采工作线总长约 150m 时，可分为 3 个 40~60m 的区段，分别在其内进行凿岩、装矿、锚顶作业。矿房跨度与矿柱尺寸取决于开采深度和矿岩坚固性。开采空间的地压主要靠采区矿柱支撑，采区矿柱宽度为 10~20m。房间支撑矿柱用于保证矿房跨度不超过其极限跨度。一般矿房跨度为 12~16m，圆形矿柱直径 4~8m。

采准切割工程简单（见图 2-7），沿矿体底板掘进运输巷道 10 与采区巷道 9（见图 2-6），在采区巷道内每隔 40m 掘进矿房联络道，最初的两侧联络道与切割巷道连通。从切割巷道拉开回采工作面。在采区中央掘进回风巷道 3。巷道的规格应根据自行设备的技术要求来确定。

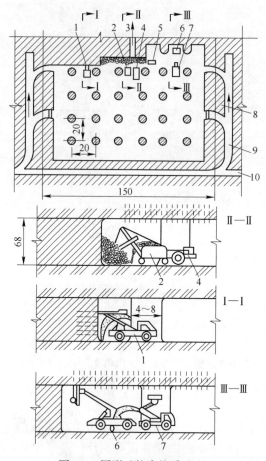

图 2-6　圆形矿柱房柱采矿法

1—自行凿岩台车；2—电铲；3—回风巷道；4—自卸汽车；5—推土机；6—顶板支柱台车；
7—顶板检查台车；8—矿柱；9—采区巷道；10—运输巷道

　　回采方法为：用履带式双机凿岩台车在直线型垂直工作面上钻凿炮孔，压气装药车装药，爆破下来的矿石用短臂电铲装入车厢容积 11m³、载重 20t 的自卸汽车，运至井底车场或转载点装入矿车；使用工作高度为 7.5m 的顶板检查、撬毛、安装杆柱的轮胎式台车进行顶板管理，金属杆柱的网度按岩石稳固程度不同，有 1m×1m~2m×2m，若有必要还可加喷厚度为 35~40mm 的砂浆加强支护。

　　开采其他厚度的矿体，除所用设备与采准布置不同外，回采方法基本相同。如果矿体厚度大于 10m，则应划分台阶进行开采，各台阶可单独布置采切工程，完全按上述方法进行生产，也可设台阶间的斜坡联络道、数个台阶共用一套采准系统；最上一个台阶高度较小时可使用前装式装载机铲装矿石。新鲜空气由运输巷道进入，经采区巷道清洗矿房工作面，污风由回风巷道排出。

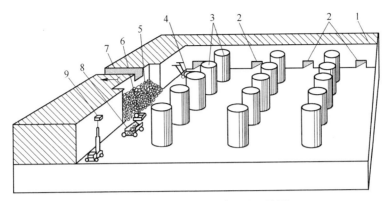

图 2-7 圆形矿柱房柱采矿法立体图

1—采区矿柱；2—矿房联络道；3—圆形矿柱；4—凿岩台车；5—矿堆；
6—电铲；7—回风巷道；8—自卸汽车；9—顶板检查台车

开采倾角较大的矿体，由于无轨设备爬坡能力的限制，不能使用上述方法进行开采。此时，最为有效的方法是采用如图 2-8 所示的沿走向布置矿房的房柱采矿法。回采工作面沿走向推进，沿矿体伪倾斜布置辅助斜坡道，采下的矿石用铲运机 8 运至溜井 4 排出。

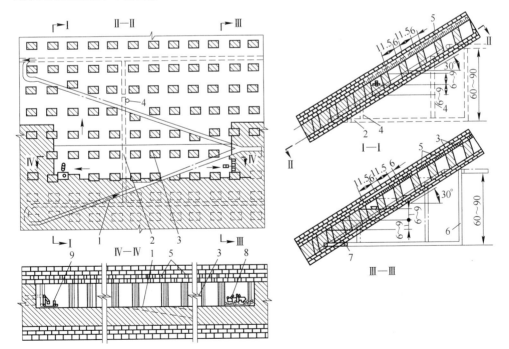

图 2-8 沿走向布置矿房房柱采矿法

1—脉内斜坡道；2—穿脉；3—矿柱；4—溜矿井；5—杆柱；6—通风天井；
7—运输巷道；8—铲运机；9—凿岩台车

2.2.3.3 无轨设备房柱法

电耙出矿生产能力较小，而且采场内崩落矿石不容易清理干净，造成矿石损失。目前，国内梅州市不少石灰石矿山引进了凿岩台车、铲运机等无轨设备，使房柱法生产面貌发生了根本变化。随着采矿技术的不断发展，相信将会有越来越多的矿山采用无轨设备，以提高矿山生产能力和资源回收率。图 2-9 为无轨设备房柱法示意图，其回采工艺是：

（1）凿岩台车钻凿中深孔，如果矿体厚度较大时，可以分层开采，上部分层超前下部分层。

（2）爆破、通风、安全检查后，电铲进入采场，铲装矿石往自卸汽车装矿，由自卸汽车运至主矿石溜井或直接运出地表。

为减少掘进工程量，无轨开采时一般几个采场共用一条溜井。

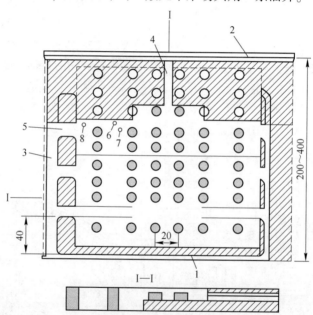

图 2-9　无轨设备房柱法示意图

1—阶段运输平巷；2—总回风平巷；3—盘区平巷；4—通风平巷；
5—进车线；6—铲运机；7—自卸汽车；8—凿岩台车

2.3　爆破安全

2.3.1　炸药爆炸的基本理论

2.3.1.1　炸药的化学反应形式

在瞬间物质发生急剧物理或化学变化、放出大量的能量，伴随着声、光、热等现象，称为爆炸。一般将在爆炸前后物质的化学成分不发生改变，仅发生物态的变化的爆炸现象称物理爆炸，如车胎爆炸、锅炉爆炸等；在爆炸前后，不仅发生物态的变化，而且物质的化学成分也发生改变的爆炸现象称为化学爆炸，如烟花爆炸、炸药爆炸等；反应过程必须高速进行，必须放出大量的热，必须生成大量的气体是发生化学爆炸的必备条件；某些物质的原子核发生裂变或聚变反应，在瞬间放出巨大的能量的爆炸现象称为核爆炸。

炸药是一种能在外部能量的作用下发生高速化学反应，生成大量的气体并放出大量的热的物质，是一种能将自身所储存的能量在瞬间释放的物质。其成分中包括了爆炸反应所需的元素或基团，主要是碳、氢、氧、氮及其组成的基团。

根据化学爆炸反应的速度与传播性质，炸药的化学反应分为4种基本形式。

（1）热分解。在一定温度下炸药能自行分解，其分解速度与温度有关（如硝铵炸药）。随着温度的升高反应速度加快，当温度升高到一定值时，热分解就会转化为燃烧，甚至转化为爆炸。不同的炸药其产生热分解的温度、热分解的速度也不同。

（2）燃烧。在火焰或其他热源的作用下，炸药可以缓慢燃烧（数毫米每秒，最大不超过数百厘米每秒）。其特点是：在压力和温度一定时，燃烧稳定，反应速度慢；当压力和温度超过一定值时，可以转化为爆炸。

（3）爆炸。在足够的外部能量作用下，炸药以数百米至数千米每秒的速度进行化学反应，能产生较大的压力，并伴随光、声音等现象。其特点是：不稳定性，爆炸反应的能量足够补充维持最高、稳定的反应速度，则转化为爆轰；能量不够补充则衰减为燃烧。

（4）爆轰。炸药以最大的反应速度稳定地进行传播。其特点是具有稳定性，特定炸药在特定条件下其爆轰速度为常数。

2.3.1.2 炸药的起爆机理

炸药在一定外能的作用下发生爆炸，称为起爆。

能够起爆炸药的外部能量有：（1）热能，利用加热使炸药起爆，火焰、火星、电热都能使炸药起爆；（2）机械能，利用机械能起爆炸药，机械能有撞击、摩擦、针刺等机械作用；（3）爆炸冲能，利用炸药爆炸产生的爆炸能、高温高压气体产物流的动能。

活化能理论认为，活化分子具有比一般分子更高的能量，炸药的爆炸反应只是在具有活化能量的活化分子相互碰撞时才能发生。炸药起爆与否，取决于起爆能的大小与集中程度。

（1）热能起爆机理：炸药在热能作用下产生热分解，随着热能的积累和温度压力上升，当温度和压力上升到一定程度，炸药热分解所释放出的热量大于热散失的热量，炸药就会发生爆炸。

（2）热点起爆机理：在机械能的作用下炸药内部某点产生的热来不及均匀分到全部炸药分子中，而是集中在炸药个别小点上。当这些小点上的温度达到炸药的爆发点时，炸药首先从这里发生爆炸，然后再扩展。在炸药中起聚热作用的物质有微小气泡、玻璃微球、塑料微球、微石英砂等。炸药中微小气泡等的绝热作用、炸药颗粒间的强烈摩擦、高黏性液体炸药的流动生热是热点形成原因；足够的温度（$300 \sim 600℃$）、足够的颗粒半径（$10^{-3} \sim 10^{-5}$ cm）、足够的作用时间（大于 10^{-7} s）、足够的热量（$4.18 \times 10^{-8} \sim 4.18 \times 10^{-10}$ J）是热点扩展为爆炸的条件。

2.3.1.3　炸药的爆轰理论

爆轰波是由于炸药爆炸而产生的一种特殊形式的冲击波。冲击波是指在介质中以超声速传播并能引起介质状态参数（如压力、温度、密度）发生突跃升高的一种特殊形式的压缩波（介质的状态参数增加，反之为稀疏波）。如雷击、强力火花放电、冲击、活塞在充满气体的长管中迅速运动、飞机在空中超声速飞行、炸药爆炸等。

图 2-10 为爆轰波结构示意图。在正常条件下，在外界冲击波的作用下，炸药中首先与冲击波接触部位受到冲击波的压缩作用而形成一个压缩区（0~1区），在这区内压力、密度、温度都呈突然跃升状态，从而使区内炸药分子获高能量而活化；随着炸药分子的活化，由于分子间的碰撞作用加强而发生化学反应，即原来的压缩区（0~1区）成了化学反应区（1~2区）；化学反应区内炸药分子或离子（等离子）相互碰撞发生激烈的化学爆炸，生成大量的气体，释放出大量的能量；随着化学反应的完成，原来的化学反应区成为反应产物的膨胀区（2~3区）；化学反应区所释放出的能量，一部分补充冲击波在传播过程中的能量损耗，一部分在膨胀区消耗掉。在炸药中传播的冲击波能够获得化学反应区的能量补充，使之能够以稳定的速度传播。

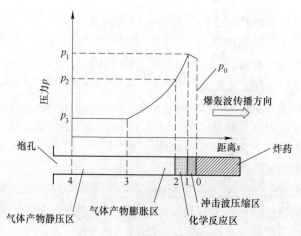

图 2-10　爆轰波结构示意图

爆轰波在炸药中传播时，在达到稳定爆轰之前，有一个不稳定的爆炸区，该区的长短取决于所施加的冲击波的波速与炸药特征爆速间的差值，差值越大，该区越长；在特定条件下，每一种炸药都有一个特征的、不变的爆速，它与起爆能的大小没有关系；每种炸药都存在一个最小的临界爆速，当波速低于此值，冲击波将衰减成声波而导致爆轰熄灭。

化学反应生成的高温高压气体产物会自反应区侧面向外扩散，在扩散的强大气流中，不仅有反应完全的爆轰气体产物，而且还有来不及反应或反应不完全的炸药颗粒、其他中间产物。由于这些炸药颗粒的逸失，造成化学反应的能量损失，称为侧向扩散作用。侧向扩散现象越严重炸药爆轰所释放的能量越少，甚至导致爆轰中断。因此，炸药稳定爆轰的条件是炸药颗粒发生化学反应的时间要小于其被爆轰波驱散的时间；通过改变炸药的约束条件、药包直径等可以控制炸药的侧向扩散作用。

炸药起爆后能以最高爆速稳定传播，称为理想爆轰。在一定条件下炸药起爆后能以稳定的爆速传播，称为稳定爆轰，也称为非理想爆轰。

研究表明：随着药包直径的减小，炸药的爆速也相应地减小，当药包的直径减小到一定值后，药包的直径继续缩小一定值时炸药的爆轰完全中断，此时的药包直径称为临界直径。随着药包直径的增大，炸药的爆速也相应地增大，当药包的直径增大到一定值后，虽然药包的直径增大但炸药的爆速趋于一定值而不再增大，此时的药包直径称为极限直径。药包直径与炸药爆速的关系，如图 2-11 所示。

单质炸药的爆速随装药密度的增大而增大，呈直线关系。混合炸药的爆速随装药密度的增大而增大，当密度增大到某一值时，随着密度的增加爆速反而下降，直到出现熄爆。炸药颗粒越细，越有利于稳定爆轰。

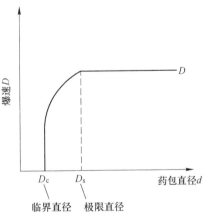

图 2-11　炸药的爆速与药包直径

2.3.2　炸药的爆炸性能

2.3.2.1　敏感度

炸药在外部能量的作用下发生爆炸的难易程度称为敏感度，简称感度。炸药起爆所需的外部能量越小则炸药的感度越高，反之亦然。炸药在热能、冲击能和摩擦能的作用下发生爆炸的难易程度分别称为热感度、撞击感度和摩擦感度。

　　炸药爆炸所产生的爆轰波引起另一炸药发生爆炸的难易程度，称为爆轰感度。工程爆破中，用雷管、导爆索、起爆药包起爆炸药，就是利用爆轰波使炸药爆炸。

　　炸药的感度受炸药颗粒的物理状态与晶体形态、颗粒的大小、装药密度、温度、惰性杂质的掺入等因素的影响，其对炸药的加工、制造、贮存、运输和使用极为重要。感度过高，安全性差；感度过低，则需要很大的起爆能，这会给爆破作业带来不便。

2.3.2.2　爆速

　　爆轰波的传播速度称为爆速。炸药的爆速是衡量炸药质量的重要指标，一般为 2000~8000m/s。

2.3.2.3　氧平衡

　　炸药爆炸，实质上是炸药中的碳、氢等可燃元素分别与氧元素发生剧烈的氧化还原反应。爆炸反应所需氧依赖炸药自身提供（外界提供，供给速度不够），故将 1g 炸药爆炸生成碳、氢氧化物时所剩余的氧量，定义为炸药的氧平衡。炸药的氧平衡有零氧平衡（炸药中的氧含量恰够将碳、氢完全氧化）、正氧平衡（炸药中的氧含量足够将碳、氢完全氧化且有多余）和负氧平衡（炸药中的氧含量不足以将碳、氢完全氧化）3 种。只有当炸药中的碳、氢完全被氧化生成 CO_2 和 H_2O 时，其放出的热量才能达到最大值。炸药的氧平衡，是生产混合炸药确定配方的理论依据，也是确定炸药使用范围的重要原则。

　　炸药爆炸时产生的有毒有害气体主要有 CO、CO_2、NO、NO_2、N_2O_5、SO_2、H_2S，产生的主要原因有两种：（1）炸药的正（负）氧平衡值较大，多余的氧原子在高温高压环境中同氮原子结合生成氮氧化物，而氧量不足时 CO_2 容易被还原成 CO；（2）炸药的爆轰反应往往是不完全的（颗粒细反应较完全），使得有毒有害气体含量增加。

2.3.2.4　殉爆

　　一个药包爆炸时可引起与之相隔一定距离的另一药包爆炸的现象叫殉爆（见图 2-12）。炸药的殉爆，反映了炸药对爆轰波的敏感程度，其大小用殉爆距离 L 来表示。殉爆距离大，爆轰感度高，反之亦然。

2.3.2.5　爆力和猛度

　　爆力是炸药爆炸时作功的能力。爆力越大，破坏的介质量越多，一般来说，炸药的爆热、爆温高，生成的气体量多，其爆力就大。

　　炸药的猛度，是指炸药爆炸时击碎与其接触介质的能力。炸药的猛度越大，介质的破碎就越细，爆速高的炸药其猛度也大。

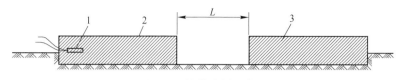

图 2-12 炸药殉爆示意图

1—雷管；2—主爆药包；3—从爆药包

2.3.3 起爆器材与起爆方法

产生起爆能以引爆炸药、导爆索和继爆管的器材称为起爆器材。雷管是工程爆破的主要起爆器材，有电雷管、导爆管雷管等。此外，导爆管、继爆管和起爆药柱（起爆弹）也是常用的起爆器材。

根据使用的起爆器材的不同，炸药的起爆方法可分为电雷管起爆法、导爆索起爆法和非电导爆管雷管起爆法。

2.3.3.1 雷管

雷管是起爆器材中最重要的一种，包含管壳、加强帽、起爆药、加强药等基本组成部分。按点燃方式和起爆能源的不同，雷管分为电雷管、非电导爆管雷管；按管壳材料可将雷管分为铜壳、纸壳、铝壳雷管。

A 电雷管

电雷管是由电能转化成热能而引发爆炸的工业雷管，它是由雷管的基本体和电点火装置组成，分瞬发电雷管、毫秒电雷管、（秒、半秒、1/4 秒）延期电雷管。

a 瞬发电雷管

瞬发电雷管是在电能的直接作用下，立即起爆的雷管，又称即发电雷管，是在雷管的基本体的基础上加上一个电点火装置组装而成（见图 2-13）。

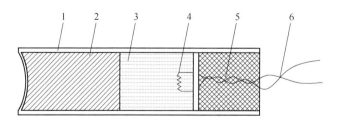

图 2-13 直插式瞬发电雷管基本体结构示意图

1—管壳；2—加强药；3—起爆药；4—点火头；5—塑料塞；6—脚线

电点火装置由两根绝缘脚线、塑料或塑胶封口塞、桥丝、点火药组成。电雷管的起爆是由脚线通以恒定的直流或交流电，使桥丝灼热引燃点火药，点火药燃烧后在其火焰热能作用下，使雷管起爆。脚线用来给桥丝输送电流，有铜和铁两种导线，外皮用塑料绝缘，要求具有一定的绝缘性和抗拉伸、抗曲扰和抗折断能力。脚线长度可根据用户需要而定制，一般多用 2m 长的脚线。每一发雷管都是由两根颜色不同的脚线组成，颜色的区分主要为方便使用和炮孔连线；桥丝，即电阻丝，通电后桥丝发热引燃点火药。常用的桥丝有康铜丝和镍铬合金丝；点火药一般是由可燃剂和氧化剂组成的混合物，它涂抹在桥丝的周围呈球状。通电后桥丝发生的热量引燃点火药，由点火药燃烧的火焰直接引爆雷管的起爆药；封口塞的作用是为了固定脚线和封住管口，封口后还能对雷管起到防潮作用。

瞬发电雷管适用于露天及井下采矿、筑路、兴修水利等爆破工程中，用来起爆炸药、导爆索、导爆管等。

b　毫秒延期电雷管

毫秒延期电雷管是段间隔为十几毫秒至数百毫秒的延期电雷管，是一种短延期电雷管。它是在电能直接作用下，引燃点火药，再引燃延期体，由延期体的火焰冲能而引发电雷管爆炸。

毫秒延期电雷管是在原瞬发电雷管的基础上加一个延期体作为延期时间装置，延期体装配在电引火装置和雷管起爆药之间，只要通电点火，它就可以根据延期时间来控制一组起爆雷管的起爆先后顺序，为各种爆破技术的应用提供了物质条件，如图 2-14 所示。

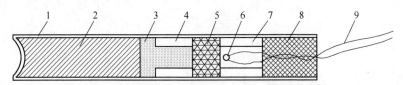

图 2-14　直插式毫秒延期电雷管基本体结构示意图
1—管壳；2—加强药；3—起爆药；4—加强帽；5—延期药；
6—点火头；7—长内管；8—塑料塞；9—脚线

使用范围：用于微差分段爆破作业，起爆各种炸药，采用毫秒微差爆破技术可以减轻地震波，减少二次爆破，根据爆炸设计顺序，先爆的炮孔为后爆的炮孔提供了自由面，直接提高了爆破效率。

毫秒延期电雷管的脚线颜色，也是由两根不同颜色的导线组成，但毫秒延期电雷管 1~10 段的脚线颜色分别代表着不同的段别，11~20 段则在每发雷管上贴上相应的段别标签（实际生产中 1~5 段由颜色区分段别，其他段别贴上相应的段别标签）。毫秒延期电雷管的段别标志见表 2-2，段别和秒量范围见表 2-3。

表 2-2 毫秒延期电雷管的段别标志

段别	1	2	3	4	5	6	7	8	9	10
脚线颜色	灰红	灰黄	灰蓝	灰白	绿红	绿黄	绿白	黑红	黑黄	黑白

表 2-3 毫秒延期电雷管的段别及秒量

段号	第一毫秒系列/ms	第二毫秒系列/ms	第三毫秒系列/ms	第四毫秒系列/ms
1	0	0	0	0
2	25	25	25	25
3	50	50	50	45
4	75	75	75	65
5	110	110	110	85
6	150		128	105
7	200		157	125
8	250		190	145
9	310		230	165
10	380		280	185
11	460		340	205
12	550		410	225
13	650		480	250
14	760		550	275
15	880		625	300
16	1020		700	330
17	1200		780	360
18	1400		860	395
19	1700		945	430
20	2000		1035	470

注：我国现阶段主要生产第一毫秒系列。

并非随便大小的电流和任意长短的通电时间都能引爆一发电雷管。如果通过的电流非常小，产生的热量就达不到点火药的发火点，这样即使再长的时间通入这个电流，雷管也不会爆炸。给电雷管通以恒定的直流电，在一定的时间内（5min）不会引爆雷管的电流的最大值，称为电雷管的最大安全电流，它是电雷管对于电流的一个最重要的安全指标。我国规定最大安全电流为 0.18A，即在 5min 内通 0.18A 以下的恒定直流电流，都不会引爆电雷管。

通过 0.18A 以下的恒定直流电流，电雷管是不会爆炸的，但随着电流逐渐增大，个别雷管就会率先引爆。当电流达到某一数值时，电雷管将 99.99% 点火，这个电流值称为电雷管的最低准爆电流。因此，最低准爆电流表示了电雷管对电流的敏感程度。我国规定最低准爆电流为 0.45A，即通 0.45A 以上的恒定直流电流，就一定会引爆雷管。

在实际使用中，雷管的联接方法多种多样，使用雷管的数目也多少不一，因此，实际爆破时，若使用交流电，则通过电流不应小于 2.5A；若使用直流电，通过电流不应小于 2A。大爆破使用的交流电不小于 4A，直流电不小于 2.5A。

电雷管是由电能作用而发生爆炸的一种雷管。与火雷管相比，它具有爆破作用的瞬间性和延时性。在爆破作业中，使用电雷管可远距离点火和一次起爆大量药包，使用安全、效率高，便于采用爆破新技术。

B　导爆管雷管

导爆管雷管是导爆管的爆轰波冲能激发而引发爆炸的一种工业雷管。它是利用导爆管的管道效应来传递爆轰波，从而引爆雷管，实现非电起爆。导爆管雷管分为瞬发导爆管雷管和延期导爆管雷管。

瞬发导爆管雷管是由雷管的基本体、卡口塞、导爆管三部分组成。延期导爆管雷管与瞬发导爆管雷管相比，多一个用于延时的延期体。

导爆管雷管适用于露天及井下无瓦斯、矿尘爆炸危险的采矿、筑路、兴修水利等爆破工程。毫秒、半秒、秒延期导爆管雷管用于微差分段爆破作业，起爆各种炸药。

2.3.3.2　其他起爆器材

塑料导爆管指内壁喷涂有猛炸药，以低速爆炸传播冲击波的挠性塑料细管，主要有普通塑料导爆管、高强度塑料导爆管两种，传爆速度为 (1650±50)ms、(1750±50)ms、(1850±50)ms 和 (1950±50)ms 4 种规格。

导爆管是以低密度聚乙烯树脂为管材，外径为 3mm，内径为 1.5mm。它的管内壁喷涂有一层高威力的黑索粉或奥克托金粉 (91%)、铝粉 (9%) 和少量附加物 (0.25%~0.5%) 的均匀混合物粉，药量为 14~16mg/m，管内能够传播爆炸冲击波，并通过管内传递的爆炸冲击波来引爆雷管。

塑料导爆管需用引爆（击发）元件来起爆，当引爆元件引爆导爆管时，管内激起的爆炸冲击波沿管内传播，管内炸药即发生化学反应，形成一种爆炸冲击波。爆炸反应释出的热量及时地补充到导爆管传播的爆炸冲击波，从而使得该爆炸冲击波能以恒定的速度稳定传播。塑料导爆管内的爆炸冲击波能量不大，不能直接起爆炸药，而只能起爆雷管，然后再由雷管来起爆炸药。

导爆管的传爆是依靠管内冲击波来传递能量的，若外界某种因素堵塞了软管中的空气通道，导爆管的稳定传爆便在此被中断；采用明火和撞击都不能引起导爆管爆炸，而在具有一定压力的空气强激波的作用下会引爆导爆管；导爆管在传爆过程中，携带的药量很少，不能直接起爆炸药，但能起爆雷管中的起爆药。

导爆管在贮存期间，需将端头烧熔封口，防止受潮、进水和尘粒，以便长期保存。

2.3.3.3 起爆方法

在工程爆破中，常用的起爆方法有：电力起爆法、导爆管起爆法、导爆索起爆法。

A 电力起爆法

电力起爆法是利用电能使雷管爆炸，进而起爆炸药的起爆方法。它所需的器材有：电雷管、导线和起爆电源。

进入电爆网路的电雷管事先须逐发检测电阻。测量电雷管的电阻，必须采用工作电流小于 30mA 的专用爆破电桥或爆破欧姆表，且电阻值应符合产品证书的规定。用于同一爆破网路的电雷管应为同厂、同批、同型号产品，康铜桥丝雷管的电阻值一般超过 0.3Ω，镍铬桥丝雷管的电阻值一般超过 0.8Ω。

电爆网路主线必须采用绝缘良好的导线专门敷设，不准利用铁轨、铁管、钢丝绳、水和大地作爆破线路。主线在联入网路前，各自两端应短路。起爆前，联接好整个爆破网路，待无关人员全部撤至安全地点之后，对总电阻进行最后导通检测，总电阻值应与实际计算值符合（允许误差±5%）。

电力起爆常用的起爆电源有干电池、蓄电池、起爆器、移动式发电机、照明电源和动力电源等。干电池和蓄电池只适用于炮孔数量不多的小规模爆破，采用串联起爆电路。起爆器可以一次起爆较多的炮孔，适宜串联网路，其起爆数量应依起爆器说明书，不可多于说明书规定的数量。

大爆破的电源，可用移动式发电机、照明电或动力电源。用动力电或照明电作为起爆电源时，起爆开关必须安放在上锁的专用起爆箱内。起爆开关箱的钥匙和起爆器的钥匙，在整个爆破作业时间内，必须由爆破工作负责人或由他指定的爆破员严加保管，不得交给其他人。

《爆破安全规程》规定，电爆网路必须确保流经每发雷管的电流满足：一般爆破，交流电不小于 2.5A，直流电不小于 2A；大爆破，交流电不小于 4A，直流电不小于 2.5A。

电爆网路中的导线一般采用绝缘良好的铜线或铝线。在爆破网路中，常按导线在电爆网路中位置和作用将其分为：端线、连接线、区域线和主线。端线，即雷管脚线的延长线，长度一般为 2m，当孔深较大时，脚线不够长，须将它加长才能引出孔口或药室外；连接线用来连接相邻炮孔或药室的导线，一般用 1～4mm^2 的铜芯或铝芯塑料皮线或多股铜芯塑料皮软线；连接分区之间的导线称为区域线，当爆破网路由几个分区组成时，区域线连接各分区并与主线连接，多用铜芯或铝芯线，其断面积比连接线稍大；主线是连接区域线与电源的导线，通常采用断面为 16~150mm² 的铜芯或铝芯电缆，其断面大小根据通过电流大小确定。

电爆网路的连接形式，要根据爆破方法、爆破规模、工程的重要性、所选起爆电源及其起爆能力等进行选择，基本连接方式有：串联、并联、串并联和并串联等。

（1）串联网路。

串联网路是将雷管的脚线或端线，依次联成一串，通电起爆时，电流连续流经网路中的每发雷管，这时网路的总电阻等于各部分导线电阻和全部雷管电阻之和，如图 2-15 所示。

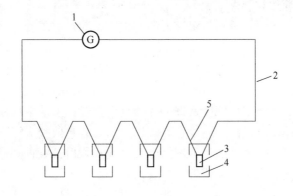

图 2-15　串联网路
1—电源；2—主线；3—雷管；4—药室；5—脚线

电爆网路总电阻 $R_{串}$ 为：　　　　　　　$\left.\begin{array}{l} R_{串} = R_{线} + nr \\[1mm] I_{串} = V/R_{串} \\[1mm] i = I_{串} \end{array}\right\}$　　(2-1)

电爆网路总电流 $I_{串}$ 为：

通过每发雷管的电流 i 为：

式中　$R_{线}$——所有线路电阻，Ω；

　　　　n——串联雷管数，发；

　　　　r——每个雷管电阻，Ω；

　　　　V——起爆电源电压，V。

串联电爆网路是最简单的连接方式，其操作简单，联线迅速，不易联错；用仪表检查方便，容易发现网路中的故障；整个网路所需的总电流小，被广泛应用在小规模爆破中。但由于串联的雷管数受电源电压限制，不能串联较多雷管。这种连接网路最适用于起爆器起爆。

（2）并联网路。

并联电爆网路是将所有雷管的两根脚线或端线分别联接到两根起爆主线上，如图 2-16 所示。

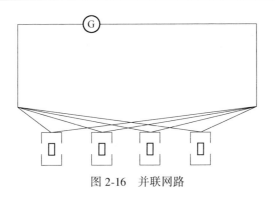

图 2-16 并联网路

并联电爆网路总电阻 $R_{并}$ 为：　　　　　　$R_{并} = R_{线} + r/m$

并联电爆网路总电流 $I_{并}$ 为：　　　　　　　$I_{并} = V/R_{并}$ 　　　　（2-2）

　通过每发雷管的电流 i 为：　　　　　　　$i = I_{并}/m$

式中　m——电爆网路中并联的数目，发。

　　并联电爆网路的优点是网路中每发雷管都能获得较大的电流，网路中敏感的雷管先爆炸后，其他雷管仍留在电路里，只要网路没有被拆断，其他未爆雷管一直有电流供给且电流逐渐增加，这确保了网路电雷管的准爆性。并联网路所需的电流强度大，当雷管数量较多时，往往超过电源的容许能量，因此适宜选用容量大的照明电和动力电源，不宜用起爆器起爆并联网路。另外所选的导线电阻尽量小些，否则电源能量大部分消耗在爆破线路上。

　　（3）混合联电爆网路。

　　混合联就是先串联后并联或先并联后串联这两种基本形式，如图 2-17 所示。

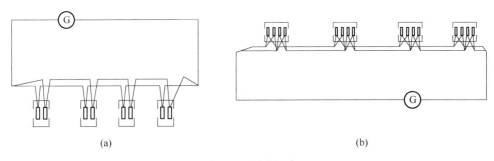

(a)　　　　　　　　　　　　　　　　(b)

图 2-17　混联网路

(a) 串并联网路；(b) 并串联网路

并联电爆网路总电阻 R 为：　　　　　　　$R = R_{线} + nr/m$

并联电爆网路总电流 I 为：　　　　　　　$I = V/R$ 　　　　（2-3）

通过每发雷管的电流 i 为：　　　　　　　$i = I/m$

式中　　m——电爆网路中并联的支路数；

　　　　n——每支路串联的雷管数，发。

电力起爆法具有较安全、可靠、准确、高效等优点，在国内外起爆方法中仍占有较大比例。在大、中型爆破中，主要仍是用电力起爆。特别是在有瓦斯、矿尘爆炸的环境中，电力起爆是主要的起爆方法。但电力起爆容易受各种电信号的干扰而发生早爆，因此在有杂散电、静电、雷电、射频电、高压感应电的环境中，不能使用普通电雷管。

B　导爆管起爆法

导爆管起爆法是利用导爆管传递冲击波引爆雷管进而起爆炸药的方法。导爆管起爆法从根本上减少了由于各种外来电的干扰造成早爆的爆破事故，起爆网路联接简单，不需复杂的电阻平衡和网路计算；但起爆网路的质量不能用仪表检查。

a　起爆器材

导爆管起爆法所需材料有：击发元件、传爆元件、连接装置、雷管等。

（1）击发元件。击发元件是用于击发导爆管的元件，其装置形式多种多样，击发枪、击发笔、高压电火花、电引火头、电雷管、导爆索等都可作为导爆管的击发元件。

击发枪是靠冲击或弹簧压缩伸张的力量撞击火帽（或纸炮）产生激波击发导爆管。

击发笔是将击发器做成笔的形式，两个电极就如笔尖，起爆时把击发笔的笔尖插入导爆管孔内，充电后，一按起爆按钮使笔尖放电产生电火花，利用放电产生的激波击发导爆管。

高压电火花，其起爆原理与击发笔相同，它是靠电流充电、电容升压、两极间短距离放电来起爆导爆管。工程爆破常用容量较大、电压高（达 1800V 以上）的起爆器，通过电线进行远距离操作，以实现起爆导爆管进而起爆整个导爆管网路。

电引火头是将电雷管的引火头塞进导爆管中心孔内，给电时，引火头发火，它产生的激波将导爆管击发。因引火头不好携带、易碎，防潮抗水能力差，故使用不多。

电雷管起爆导爆管是靠雷管爆炸时产生的冲击波来起爆导爆管，一发雷管一次可起爆 20 根甚至上百根导爆管。捆绑时，把导爆管均匀分布在雷管圆周上，用胶布或细绳均可。若雷管为金属外壳，先在雷管外壳上绕一层胶布再捆导爆管起爆更为可靠。

（2）传爆元件。传爆元件就是导爆管，它一头与击发元件联接，一头与联接装置联接。

（3）联接装置。联接装置形式多种多样，有联接块（见图2-18），联接三通、四通（见图2-19）、多通或集束式联通管等（见图2-20），它是用来固定传爆雷管或传爆导爆管的装置，起着把传爆元件传来的冲击波传递给传爆雷管或导爆管直至起爆雷管的作用。

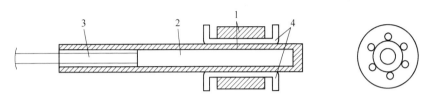

图 2-18　联接块及导爆管联通装配图

1—塑料联接块主体；2—传爆雷管；3—主爆导爆管；4—被爆导爆管

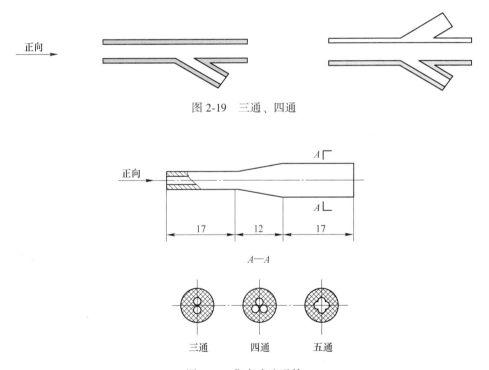

图 2-19　三通、四通

图 2-20　集束式连通管

（4）雷管。起爆雷管一头与联接装置相连，另一头装入起爆药包内，用于起爆孔内药包。

　b　导爆管起爆网路

　导爆管起爆网路有簇联、簇并联、簇串联等起爆网路。

（1）簇联。将炮孔导爆管集成一束与联接装置相联接的网路称簇联网路，也可将整束导爆管与一个雷管捆扎在一起。为了可靠引爆，规定一发雷管只引爆20 根导爆管。这种网路联接适用于炮孔集中的小型爆破。如果炮孔间隔较大，则消耗的导爆管较多。

（2）簇并联。把两组或两组以上的簇联再并联到一个联接装置上的联接网路称为簇并联网路，如图 2-21 所示，其联接方法与簇联差不多。这种网路适用于炮孔集中的较大型爆破。

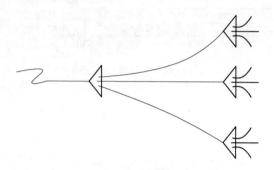

图 2-21　导爆管簇并联起爆网路

（3）簇串联。把几组簇联网路串联起来，即成为簇串联网路，如图 2-22 所示，其联接方法同前，只是将并联改为串联，也称接力联接法，它适用于爆区长并能实现孔外多段微差起爆。这种接力式起爆，接力联接装置的传爆可靠性要求很高，因此，接力传爆装置通常须采用复式联接来保证传爆的可靠性。

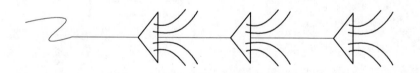

图 2-22　导爆管簇串联起爆网路

（4）混合联。这种网路是把以上网路分别并联式串联起来，如图 2-23 所示。它适用于爆区又宽又长的大区爆破。

2.3.4　矿岩的爆破破碎机理

2.3.4.1　爆破的内部作用机理

爆破作用只发生在介质内部的现象称为爆破的内部作用。根据介质的破坏特征，单个药包破坏的内部作用可在爆源周围形成压碎区、破裂区和震动区（见图 2-24）。

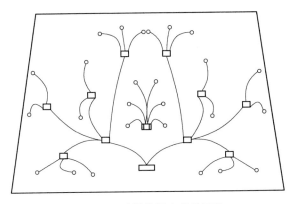

图 2-23　导爆管混合联接网路

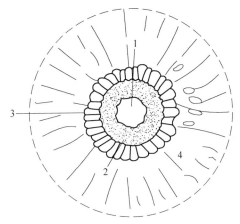

图 2-24　爆破内部作用示意图

1—装药空腔；2—压碎区；3—破裂区；4—震动区

A　压碎区

药包爆炸时，直接与药包接触的矿岩，在极短的时间内，爆轰压力迅速上升到几万甚至几十万大气压，并在此瞬间急剧冲击药包周围的矿岩。对于大多数脆性的坚硬矿岩，则被压碎；对于可压缩性较大的岩石，则被压缩成压缩空洞，并在空洞表层形成坚实的压实层。因此，压碎区又叫压缩区。压碎区的半径很小，但由于介质遭到强烈粉碎，产生塑性变形或剪切破坏，消耗能量很大。因此，为了充分利用炸药能量，应尽量控制或减小压碎区的形成。

B　破裂区

压碎区形成后，冲击波通过压碎区继续向外层岩石传播，冲击波衰减为应力波，其强度已低于矿岩的抗压强度，所以不再产生压碎破坏，但仍可使压缩区外层的岩石遭到强烈的径向压缩，使岩石的质点产生径向位移和径向扩张及切向拉伸应变。如果这种拉伸应变超过了岩石的动抗拉强度，外围的岩石层就会产生径向裂隙。当切向拉应力小到低于岩石的动抗拉强度时，裂隙便停止向前发展。

另外，在冲击波扩大药室时，压力下降了的爆轰气体也同时作用在药室四周的岩石上，在药室四周的岩石中形成一个准静应力场。在应力波造成径向裂隙的期间或以后，爆轰气体开始膨胀并挤入这些裂隙中，导致径向裂隙向前延伸。只有当应力波和爆轰气体衰减到一定程度后才停止裂隙扩展；这样随着径向裂隙、环向裂隙和剪切裂隙的形成、扩展、贯通、纵横交错、内密外疏、内宽外细的裂隙网，将介质分割成大小不等的碎块，形成了破裂区，该区的半径比压碎区大。

C　震动区

在破裂区以外的岩体中，炸药爆炸后产生的能量已消耗很多，应力波引起的应力状态和爆轰气体压力建立起的准静应力场均不足以使岩石破坏，只能引起岩石质点作弹性振动，直到弹性振动波的能量被岩石完全吸收为止，这个区域叫弹性震动区或地震区。

2.3.4.2　爆破漏斗

当单个药包在岩体中的埋置深度不大时，可以观察到自由面上出现了岩体开裂、鼓起或抛掷现象。这种情况下的爆破作用称为爆破的外部作用，其特点是在自由面上形成了一个倒圆锥形爆坑，称为爆破漏斗，如图 2-25 所示。

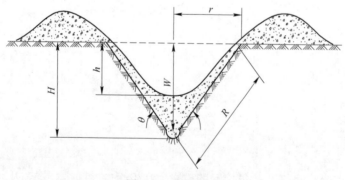

图 2-25　爆破漏斗

爆破漏斗的几何要素包括：

（1）自由面：是指被爆破的介质与空气接触的面，又称临空面。

（2）最小抵抗线：是指药包中心到自由面的最小距离。爆破时，最小抵抗线方向为岩石最容易破坏的方向，它是爆破作用和岩石抛掷的主导方向。如图 2-25 中的 W。

（3）爆破漏斗半径：是指形成倒锥形爆破漏斗的底圆半径，如图 2-25 中的 r。

（4）爆破漏斗破裂半径：又称破裂半径，是指从药包中心到爆破漏斗底圆圆周上任一点的距离，如图 2-25 中的 R。

（5）爆破漏斗深度：爆破漏斗顶点至自由面的最小距离称为爆破漏斗深度，如图 2-25 中的 H。

（6）可见漏斗深度：爆破漏斗中碴堆表面最低点到自由面的最小距离称为爆破漏斗可见深度，如图 2-25 中的 h。

（7）爆破漏斗张开角：即爆破漏斗的顶角，如图 2-25 中的 θ。

（8）爆破作用指数：爆破漏斗底圆半径与最小抵抗线的比值称为爆破作用指数，用 n 表示，即

$$n = r/w \tag{2-4}$$

爆破作用指数 n 在工程爆破中是一个极其重要的参数。其值的变化，直接影响到爆破漏斗的大小、岩石的破碎程度和抛掷效果。

根据爆破作用指数 n 值的不同，将爆破漏斗分为以下 4 种：

（1）标准抛掷爆破漏斗。如图 2-26（a）所示，当 $r = W$，即 $n = 1$ 时，爆破漏斗为标准抛掷爆破漏斗，漏斗的张开角 $\theta = 90°$。形成标准抛掷爆破漏斗的药包称为标准抛掷爆破药包。

（2）加强抛掷爆破漏斗。如图 2-26（b）所示，当 $r > W$，即 $n > 1$ 时，爆破漏斗为加强抛掷爆破漏斗，漏斗的张开角 $\theta > 90°$。形成加强抛掷爆破漏斗的药包，称为加强抛掷爆破药包。

（3）减弱抛掷爆破漏斗。如图 2-26（c）所示，当 $0.75 < n < 1$ 时，爆破漏斗为减弱抛掷爆破漏斗，漏斗的张开角 $\theta < 90°$。形成减弱抛掷爆破漏斗的药包，称为减弱抛掷爆破药包，减弱抛掷爆破漏斗又称加强松动爆破漏斗。

（4）松动爆破漏斗。如图 2-26（d）所示，当 $0 < n < 0.75$ 时，爆破漏斗为松动爆破漏斗，这时爆破漏斗内的岩石只产生破裂、破碎而没有向外抛掷的现象。从外表看，没有明显的可见漏斗出现。

2.3.4.3 爆破破碎机理

爆破是当前破碎岩石的主要手段。对于岩石等脆性介质爆破破坏机理，有许多假设，按其基本观点，归纳起来有爆轰气体膨胀压力作用破坏论、应力波及反射拉伸破坏论、冲击波和爆轰气体膨胀压力共同作用破坏论三种。

（1）爆轰气体膨胀压力作用破坏论。该理论认为炸药爆炸所引起脆性介质（岩石）的破坏，使其产生大量高温高压气体，它所产生的推力，作用在药包周围的岩壁上，引起岩石质点的径向位移，作用力的不等引起的径向位移导致在岩石中形成剪切应力，当这种剪切应力超过岩石的极限抗剪强度时就会引起岩石破裂，当爆轰气体的膨胀推力足够大时，会引起自由面附近的岩石隆起，鼓开并沿径向推出。这种观点完全否认冲击波的动作用，是不太符合实际的。

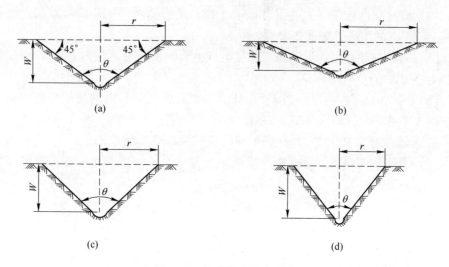

图 2-26　几种爆破漏斗形式

（a）标准抛掷爆破漏斗；（b）加强抛掷爆破漏斗；（c）减弱抛掷爆破漏斗；（d）松动爆破漏斗

（2）应力波反射拉伸破坏论。该理论认为药包爆炸时，强大的冲击波冲击和压缩周围岩石，在岩石中激发成强烈的压缩应力波，当传到自由面反射变成拉伸应力波，其强度超过岩石的极限抗拉强度时，从自由面开始向爆源方向产生拉伸片裂破坏作用。这种理论只从爆轰的动力学观点出发，而忽视了爆生气体膨胀做功的静作用，因而也具有片面性。

（3）冲击波和爆轰气体膨胀压力共同作用破坏论。该理论认为爆破时，岩石的破坏是冲击波和爆轰气体膨胀压力共同作用的结果。但在解释岩石破碎的原因是谁起主导作用时仍存在不同的观点，一种观点认为冲击波在破碎岩石时不起主要作用，它只是在形成初始径向裂隙时起了先锋作用，但在大量破碎岩石时则主要依靠爆轰气体膨胀压力的推力作用和尖劈作用；另一种观点则认为爆破时岩石破碎谁起主要作用要取决于岩石的性质，即取决于岩石的波阻抗。对于高波阻抗的岩石，即致密坚韧的整体性岩石，它对爆炸应力波的传播性能好，波速大。对于低波阻松软而具有塑性的岩石，爆炸应力波传播的性能较差，波速较低，爆破时岩石的破坏主要依靠爆轰气体的膨胀压力；对于中等波阻抗的中等坚硬岩石，应力波和爆轰气体膨胀压力同样起重要作用。

2.3.5　爆破方法与爆破设计

2.3.5.1　井巷掘进爆破

井巷掘进爆破，是在地下岩体掘进垂直、水平和倾斜巷道的一个主要工序，其特点是只有一个狭小的爆破自由面，四周岩体的夹制性很强，爆破条件差。

2.3.5.2 井下采场爆破

A 浅眼爆破

采用浅眼爆破（炮眼直径为45mm以下、炮孔深度为5.0m以下）崩矿药量分布较均匀，一般破碎程度较好而不需要进行二次破碎。浅眼爆破炮孔分水平孔和垂直（含倾斜）孔两种（见图2-27）。炮孔水平布置，顶板比较平整，有利于顶板维护，但受工作面限制，一次施工炮孔数目有限，爆破效率较低；炮孔垂直布置优缺点恰好与水平布置相反。因此，矿石比较稳固可采用垂直布置，而矿石稳固性较差时，一般采用水平炮眼。

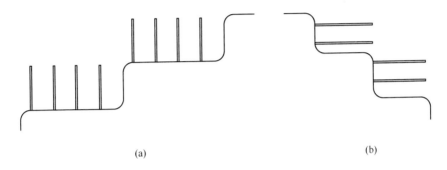

图 2-27 垂直炮孔与水平炮孔
（a）垂直上向炮孔；（b）水平炮孔

炮眼排列形式有平行排列和交错排列两类（见图2-28）。

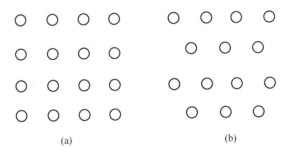

图 2-28 炮孔排列方式
（a）平行排列；（b）交错排列

浅眼爆破通常采用32mm直径的药卷，炮眼直径 d 取 $38\sim42$mm。最小抵抗线 W 和炮眼间距 a 可由式（2-5）求出：

$$\left.\begin{array}{l} W = (25 \sim 30)d \\ a = (1.0 \sim 1.5)W \end{array}\right\} \tag{2-5}$$

一些金属矿山使用 25~28mm 的小直径药卷进行爆破（炮眼直径为 30~40mm），在控制采幅宽度和降低贫化损失等方面取得了比较显著的效果。

井下浅眼爆破的单位炸药消耗量（爆破单位矿岩所需的炸药量）同矿石性质、炸药性能、炮眼直径、炮眼深度以及采幅宽度等因素有关。一般来说，采幅愈窄、眼深愈大，单位炸药消耗量愈大。单位炸药消耗量根据经验数据可取表 2-4 所示参考值。

表 2-4　井下炮眼崩矿单位炸药消耗量参考值

矿石坚固性系数	<8	8~10	10~15
单位炸药消耗量/kg·m^{-3}	0.26~1.0	1.0~1.6	1.6~2.6

B　中深孔爆破

炮眼直径 45mm 以上、炮孔深度大于 5.0m 的炮孔称为中深孔。中深孔布置方式可分为平行深孔和扇形深孔两类，如图 2-29 所示。按深孔的方向不同它们又可分为上向孔、下向孔和水平孔三类。

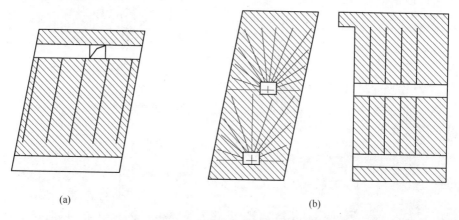

　　　　(a)　　　　　　　　　　　　　(b)

图 2-29　平行深孔扇形深孔布置
（a）平行炮孔；（b）垂直扇形炮孔

扇形深孔具有凿岩巷道掘进工程量小，深孔布置较灵活且凿岩设备移动次数少等优点，应用很广。但是，由于扇形深孔呈放射状布置、孔口间距小而孔底间距大，崩落矿石块度没有平行深孔爆破均匀，深孔利用率也较低。所以在矿体形状规则和对矿石破碎程度有要求的场合，可采用平行深孔。

除此之外，还有一种由扇形深孔发展演变的布孔形式——束状深孔。其特点是深孔在垂直面和水平面上的投影都呈扇形。束状深孔强化了扇形深孔的优缺点，通常只应用于矿柱回采和采空区处理工程。

深孔爆破参数包括孔径、最小抵抗线、孔间距和单位炸药消耗量等。

（1）孔径。

中深孔直径 d 主要取决于凿岩设备、炸药性能及岩石性质等。采用接杆法凿岩时孔径多为 55~65mm，潜孔凿岩时孔径为 90~110mm，牙轮钻时为165~200mm。

（2）最小抵抗线。

可根据爆破一个中深孔崩碎范围需用的炸药量（单位体积炸药消耗量乘以该孔所负担的爆破方量）同该孔可能装入的药量相等的原则计算出最小抵抗线：

$$W = D\sqrt{\frac{7.85\Delta\tau}{mq}} \tag{2-6}$$

式中　D——炮孔直径，dm；

　　　Δ——装药密度，kg/dm^3；

　　　τ——深孔装药系数，一般取 $\tau = 0.7 \sim 0.8$；

　　　m——炮孔密集系数，$m = a/W$，对于平行深孔取 0.8~1.1；对于扇形深孔，孔口取 0.4~0.7，孔底取 1.1~1.5；

　　　q——单位炸药消耗量，kg/m^3，主要由矿石性质、炸药性能和采幅宽度确定。

当单位炸药消耗量、炮孔密集系数、装药密度及装药系数等参数为定值时，最小抵抗线可根据孔径 d 由式（2-7）得出：

$$W = (25 \sim 35)d \tag{2-7}$$

（3）孔距。

对于平行孔，孔距 a 是指同排相邻孔之间的距离；对于扇形孔，孔距可分为孔底垂距 a_1（较短的中深孔孔底到相邻孔的垂直距离）和药包顶端垂距 a_2（堵塞较长的中深孔装药端面至相邻中深孔的垂直距离）。

平行中深孔可按最小抵抗线 W 进行布孔，扇形深孔则应先由最小抵抗线定出排间距，然后逐排进行扇形分布设计。

C　井下爆破应注意的安全问题

井下爆破应特别加以注意的安全问题有危险距离的确定、早爆和拒爆事故的防止与处理、爆后炮烟中毒的防止等。

危险距离可包括爆破震动距离、空气冲击波距离和飞石距离。在地下较大规模的生产爆破中，空气冲击波的危险距离较远。强烈的空气冲击波在一定距离内可以摧毁设备、管线、构筑物、巷道支架等，并引起采空区顶板的冒落，还可能造成人员伤亡。随着传播距离增大，空气冲击波强度减弱，很快达到不会引起破坏的程度。根据实验，爆炸时的空气冲击波安全距离可由式（2-8）给出：

$$W = K\sqrt{Q} \tag{2-8}$$

式中　Q——炸药用量，kg；

　　　K——影响系数，对于一般建筑物 $K = 0.5 \sim 1$，对人员 $K = 5 \sim 10$。

早爆事故发生的原因很多，如爆破器材质量不合格，杂散电流、静电、雷电、射频电等的存在以及高温或高硫矿区的炸药自燃起爆，误操作等。为了杜绝早爆事故，在器材使用上应尽量选用非电雷管。杂散电流的产生主要来自架线式电机车牵引网路的漏电（直流）和动力电路及照明电路的漏电（交流）。所以采用电雷管起爆方式时必须事先对爆区进行杂散电流测定，以掌握杂散电流的变化和分布规律。然后采取措施预防和消除杂散电流危害，在无法消除较大的杂散电流时采用非电起爆方法。静电产生主要来自炸药微粒在干燥环境下高速运动使输药管内产生静电积累。预防静电引起早爆事故的主要措施是采用半导体输药管，尽量减少静电产生并将可能产生的静电随时导入大地；采用抗静电雷管，用半导体塑料塞代替绝缘塞，裸露一根脚线使之与金属沟通，或采用纸壳或塑料壳。

拒爆事故的原因很多，应在周密分析发生拒爆的原因后，采取妥善措施排除盲炮。

2.3.6　矿山控制爆破

采用一般爆破方法破碎岩石往往出现爆区内破碎不均、爆区外损伤严重的局面，如使围岩（边坡）原有裂隙扩展或产生新裂隙而降低围岩（边坡）的稳定性；大块率和粉矿率过高，或出现超挖、欠挖；随着爆破规模增大而带来的爆破地震效应破坏等。针对上述问题，采取一定的措施合理利用炸药的爆炸能，以达到既满足工程的具体要求，又能将爆破造成的各种损害控制到规定范围，这就是称作控制爆破的一门新技术。

2.3.6.1　微差爆破

微差爆破又称毫秒爆破，它是利用毫秒延时雷管实现几毫秒到几十毫秒间隔延期起爆的一种延期爆破。实施微差爆破可使爆破地震效应和空气冲击波以及飞石作用降低；增大一次爆破量而减少爆破次数；破碎块度均匀，大块率低；爆堆集中，有利于提高生产效率。

微差爆破的作用原理是：先起爆的炮孔相当于单孔漏斗爆破，漏斗形成后，漏斗体内生成很多贯通裂纹，漏斗体外也受应力场作用而有细小裂纹产生；当第二组微差间隔起爆后，已形成的漏斗及漏斗体外裂纹相当于新增加的自由面，所以后续炮孔的最小抵抗线和爆破作用方向发生变化，加强了入射波及反射拉伸波的破岩作用；前后相邻两组爆破应力波相互叠加也增加了应力波作用效果；破碎的岩块在抛掷过程中相互碰撞，利用动能产生补充破碎，并可使爆堆较为集中；由于相邻炮孔先后以毫秒间隔起爆，所产生的地震波能量在时间上和空间上比较分散，主震相位相互错开，减弱了地震效应。

微差间隔时间的确定可根据最小抵抗线（或底盘抵抗线）由经验公式给出：

$$\Delta t = KW \tag{2-9}$$

式中　Δt——微差间隔时间，ms；

　　　　K——经验系数，在露天台阶爆破条件下，$K = 2 \sim 5$。

一般矿山爆破工作中实际采用的微差间隔时间为 $15 \sim 75$ms，通常用 $15 \sim 30$ms。排间微差间隔可取长些，以保证破碎质量、改善爆堆挖掘条件以及减少飞石和后冲。

控制微差间隔时间的方法有毫秒电雷管电爆网路、导爆索和继爆管起爆网路、非电导爆管和微差雷管起爆网路等，为了增加起爆段数和控制起爆间隔有时也用微差起爆器实现孔外微差爆破。

2.3.6.2 挤压爆破

挤压爆破就是在爆区自由面前方人为预留矿石（岩碴），以提高炸药能量利用率和改善破碎质量的控制爆破方法。

挤压爆破的原理在于爆区自由面前方松散矿石的波阻抗大于空气波阻抗，因而反射波能量减小而透射波能量增大。增大的透射波可形成对这些松散矿石的补充破碎；虽然反射波能量小了，但由于自由面前面的松散介质的阻挡作用延长了高压爆炸气体产物膨胀做功的时间，有利于裂隙的发展和充分利用爆炸能量。

地下深孔挤压爆破常用于中厚和厚矿体崩落采矿中。挤压爆破的第一排孔的最小抵抗线比正常排距大些（一般大 $20\% \sim 40\%$），以避开前次爆破后裂隙的影响，第一排孔的装药量也要相应增加 $25\% \sim 30\%$。一次爆破厚度可适当增加，对于中厚矿体取 $10 \sim 20$m 爆破层厚度，厚矿体取 $15 \sim 30$m。多排微差挤压爆破的单位炸药消耗量比普通微差爆破要高，一般为 $0.4 \sim 0.5$kg/t，时间间隔也比普通爆破长 $30\% \sim 60\%$，以便使前排孔爆破的岩石产生位移形成良好的空隙槽，为后排创造补偿空间，发挥挤压作用。挤压爆破的空间补偿系数一般仅需 $10\% \sim 30\%$。

露天台阶挤压爆破，也称压碴爆破。其爆破参数取值除与地下挤压爆破存在类似趋势外，自由面前面堆积碎矿石的特性也是一个重要影响因素。压碴的密度直接关系着弹性波在爆堆（压碴）中的传播速度，而压碴密度又与爆破块度、堆积形状和时间以及有无积水有关。通常情况下，爆堆的松散系数大时挤压效果好，炸药能量利用率高。为了获得较好的爆破效果可适当加大单位炸药消耗量。同样，爆堆的厚度和高度对爆破质量也有一定影响。一般取爆堆厚度为 $10 \sim 20$m，若孔网参数小则压碴厚度取大值。爆堆厚度与台阶高度和铲装设备容积也有关系，在保证爆破效果的条件下应尽量减小压碴厚度。

2.3.6.3 光面爆破

光面爆破是能保证开挖面平整光滑而不受明显破坏的爆破技术。采取光面爆破技术通常可在新形成的岩壁上残留清晰可见的孔迹，使超挖量减少到 $4\% \sim 6\%$，从而节省了装运、回填、支护等工程量和费用。光面爆破有效地保护了开挖面岩体的稳定性，由于爆破产生的裂隙很少所以岩体承载能力不会下降。由光面爆破掘进的巷道通风阻力小，还可减少岩爆发生的危害。

光面爆破的机理是：在开挖工程的最终开挖面上布置密集的小直径炮眼，在这些孔中不耦合装药（药卷直径小于炮孔直径）或部分孔不装药，各孔同时起爆以使这些孔的连线破裂成平整的光面。当同时起爆光面孔时，由于不耦合装药，药包爆炸产生的压力经过空气间隙的缓冲后显著降低，已不足以在孔壁周围产生粉碎区，而仅在周边孔的连线方向形成贯通裂纹和需要崩落的岩石一侧产生破碎作用。周边孔之间贯通的裂纹即形成平整的破裂面（光面）。

为了获得良好的光面爆破效果，一般可选用低密度、低爆速、高体积威力的炸药，以减少炸药爆轰波的冲击作用而延长爆炸气体的膨胀作用时间。不同炸药产生的裂缝破坏范围不同，为了获得预期的光面爆破效果，应尽可能用小药卷炸药。药卷与炮孔之间的不耦合系数通常取 1.1~3.0，其中 1.5~2.5 用得较多。光面爆破周边孔间距一般取孔径的 10~20 倍，节理裂隙发育的岩石取小值，整体性完好的岩石取大值。最小抵抗线一般取大于或等于孔距，炮孔密集系数 m 取 0.8~1.0，硬岩取大值，软岩取小值。线装药密度，即单位长度炮眼装药量，软岩中取 70~120g/m，中硬岩石取 100~150g/m，硬岩取 150~250g/m。光面爆破时周边眼应尽量考虑齐发起爆，以保证炮眼间裂隙的贯通和抑制其他方向的裂隙发育。周边眼的起爆间隔不宜超过 100ms。除采取周边眼齐发爆破（多打眼少装药）外，还可采取密集空孔爆破和缓冲爆破等方法实现光面爆破，前者利用间隔空孔导向作用实现定向成缝，后者则利用向孔中充填缓冲材料（细砂）保护孔壁减缓爆炸冲击作用。

2.3.6.4　预裂爆破

预裂爆破是沿着预计开挖边界面人为制造一条裂缝，将需要保留的围岩与爆区分离开，有效地保护围岩降低爆破地震危害的控制爆破方法。

沿着开挖边界钻凿的密集平行炮孔称作预裂孔，在主爆区开挖之前首先起爆预裂孔，由于采用小药卷不耦合装药，在该孔连线方向形成平整的预裂缝，裂缝宽度可达 1~2cm。然后再起爆主爆炮孔组，就可降低主爆炮孔组的爆破地震效应，提高保留区岩石壁面的稳定性。

预裂缝形成的原理基本上与光面爆破中沿周边眼中心连线产生贯通裂缝形成破裂面的机理相似，所不同的是预裂孔是在最小抵抗线相当大的情况下提前于主爆孔起爆的。

预裂爆破参数设计简述如下：

（1）炮孔直径。可根据工程性质要求、设备条件等选取。一般孔径愈小，则孔痕率（预裂孔起爆后，残留半边孔痕的炮孔占总预裂孔的比率）愈高，而孔痕率的高低是反映预裂爆破效果的重要标志。国外及水工建筑中一般采用53~

110mm 孔径，在矿山中采用 150~200mm 孔径也获得了满意的效果。可以通过调整装药参数改善爆破效果。

（2）不耦合系数。不耦合系数，即药卷断面积与炮孔断面积的比例，可取 2~5。在允许的线装药密度下，不耦合系数可随孔距的减小而适当增大。岩石抗压强度大应选用较小的不耦合系数。

（3）孔距。一般取孔径的 10~14 倍，岩石较硬时取大值。

（4）线装药密度。线装药密度关系着能否既贯通邻孔裂缝又不损伤孔壁这个实质问题，与孔径和孔距有关，可参考表 2-5 取值。

表 2-5　预裂孔爆破参数

孔径 /mm	预裂孔距 /m	线装药密度 /kg·m⁻¹	孔径 /mm	预裂孔距 /m	线装药密度 /kg·m⁻¹
40	0.30~0.50	0.12~0.38	100	1.0~1.8	0.7~1.4
60	0.45~0.60	0.12~0.38	125	1.2~2.1	0.9~1.7
80	0.70~1.50	0.4~1.0	150	1.5~2.5	1.1~2.0

2.3.7　爆破危害与爆破事故

2.3.7.1　爆破危害

爆破危害主要是指爆破地震波、噪声、冲击波、飞石、有毒有害气体等。这些危害都随与爆源距离的增加而有规律地减弱，但由于各种危害所对应炸药爆炸能量所占的比例不同，能量的衰减规律也不相同，同时不同的危害对保护对象的破坏作用不同，所以在规定安全距离时，应根据各种危害分别核定最小安全距离，然后取它们的最大值作为爆破的警戒范围。

A　爆破地震波

当炸药包在岩石中爆炸时，邻近药包周围的岩石遭受到冲击波和爆炸生成高压气体的猛烈冲击，从而产生压碎圈和破坏圈的非弹性变化过程。当应力波通过破碎圈后，由于应力波的强度迅速衰减，它再也不能引起岩石破裂，而只能引起岩石质点产生扰动，这种扰动以地震波的形式往外传播，形成地动波。

爆破产生的震动作用有可能引起土岩和建（构）筑物的破坏。为了衡量爆破震动的强度，目前国内外用震速作为判别标准。被保护对象受到爆破震动作用而不产生任何破坏（抹灰、掉落、开裂等）的峰值震动速度，称为安全震动速度。

为减少爆破地震波对爆区周围建筑物的影响，可以采取下列措施：

（1）采用分段起爆，严格限制最大一段的装药量。总药量相同时，分段越多，则爆破震动强度越小。

（2）合理选取微差间隔时间和爆破参数，减少爆破夹制作用。

（3）选用低爆速的炸药和采用不耦合装药。

（4）采取预裂爆破技术，预裂缝有显著的降震作用。

（5）在被保护对象与爆源之间开挖防震沟是有效的隔震措施。单排或多排的密集空孔，其降震率可达 20%～50%。

B　爆破冲击波

无约束的药包在无限的空气介质中爆炸时，在有限的空气中会迅速释放大量的能量，导致爆炸气体产物的压力和温度局部上升。高压气体在向四周迅速膨胀的同时，急剧压缩和冲击药包周围的空气，使被压缩的空气压力急增，形成以超声速传播的空气冲击波。装填在药室、深孔和浅孔中的药包爆炸产生的高压气体通过岩石裂缝或孔口泄漏到大气中，也会产生冲击波。空气冲击波具有比自由空气更高的压力（超压），会造成爆区附近建筑物、构筑物的破坏和人类器官的损伤或心理反应。

C　噪声

空气冲击波随着距离的增加，波强逐渐下降而变成噪声和亚声，噪声和亚声是空气冲击波的继续。超压低于 $7 \times 10^3 Pa$ 时，为噪声和亚声。

爆破产生的噪声不同于一般噪声（连续噪声），它持续时间短，属于脉冲噪声。这种噪声对人体健康和建筑物都有影响，噪声达 120dB 时，人就感到痛苦；达 150dB 时，可使窗户破裂。

在井下爆破时，除了空气冲击波以外，在它后面的气流也会造成人员的损伤，如当超压为 $(0.03～0.04) \times 10^5 Pa$ 时，气流速度达到 60～80m/s，加重了对人体的损伤。

为了预防空气冲击波的破坏作用，可采取以下措施：

（1）保证合理的填塞长度、填塞质量和采取反向起爆。

（2）大力推广导爆管，用导爆管起爆来取代导爆索起爆。

（3）合理确定爆破参数，合理选择微差起爆方案和微差间隔时间，以消除冲天炮，减少大块率，进而减少因采用裸露药包破碎大块时产生的冲击波破坏作用。

（4）在井下进行大规模爆破时，为了削弱空气冲击波的强度，在它流经的巷道中应使用各种材料（如砂袋或充水等）堆砌成阻波墙或阻波堤。

D　爆破飞石

爆破飞石产生的原因是，炸药爆炸的能量一部分用于破碎介质（岩石等），多余的能量以气体膨胀的形式强烈喷入大气并推动前方的碎块岩石运动，从而产生飞石。在爆破中，飞石发生在抵抗线或填塞长度太小的地方。由于钻孔时定位不准确和钻杆倾角不当等，都会使实际爆破参数比设计参数或大或小，若抵抗线偏小，则会产生飞石。如果炮孔未按预定的顺序起爆或炮孔装药量过大，也会产生飞石。此外，地形、地质条件（山坡、节理、裂缝、软夹层、断层等）和气候条件等也是飞石产生的关键。在矿山爆破中，可采取下列措施来控制个别飞石：

（1）设计药包位置时，必须避开软夹层、裂缝或混凝土接合面等，以免因这些方面冲出飞石。

（2）装药前必须认真校核各药包的最小抵抗线，严禁超装药量。

（3）确保炮孔的填塞质量，必要时采取覆盖措施。

（4）采取低爆速炸药、不耦合装药、挤压爆破和毫秒微差起爆等。

E　有毒有害气体

炮烟是指炸药爆炸后产生的有毒气体生成物。工业炸药爆炸后产生的毒气主要是一氧化碳和氧化氮，还有少量的硫化氢和一氧化硫。

一氧化碳（CO）是无色、无味、无臭的气体，比空气轻。它对人体内血色素的亲和力比对氧的亲和力大 250～300 倍，所以当吸入一氧化碳后，使人体组织和细胞严重缺氧，导致人中毒直到窒息死亡。

氧化氮主要是指一氧化氮（NO）和二氧化氮（NO_2），它对人的眼、鼻、呼吸道和肺部都有强烈的刺激作用，其毒性比一氧化碳大得多，中毒严重者因肺水肿和神经麻木而死亡。

为了防止炮烟中毒，可采取下列措施：

（1）采用零氧平衡的炸药，使爆后不产生有毒气体；加强炸药的保管和检验工作，禁用过期变质的炸药。

（2）保证填塞质量和填塞长度，以免炸药发生不完全爆炸。

（3）爆破后必须加强通风，按规定，井下爆破需等 15min 以上炮烟浓度符合安全要求时，才允许人员进入工作面。

（4）在爆区附近有井巷、涵洞和采空区时，爆破后炮烟有可能窜入其中、积聚不散，故未经检查不准入内。

（5）井下装药工作面附近不准使用电石灯、明火照明，井下炸药库内不准用电灯泡烤干炸药。

（6）要设有完备的急救措施，如井下设有反风装置等。

2.3.7.2　非正常起爆与预防

A　电力起爆的早爆、迟爆、拒爆及预防

a　电力起爆的早爆及预防

电力起爆的早爆及预防主要有以下几方面。

（1）高压电引起的早爆及预防。高压电在其输电线路、变压器和电器开关的附近，存在着一定强度的电磁场，如果在高压线路附近实施电爆，就可能在起爆网路中产生感应电流，当感应电流超过一定数值后，就可引起电雷管爆炸，造成早爆事故。

预防高压电感应早爆的方法有：1）尽量采用非电起爆系统；2）当电爆网路平行于输电线路时，两者的距离应尽可能加大；3）两条母线、连接线等应尽量靠近，以减小线路圈定的面积；4）人员撤离爆区前不要闭合网路及电雷管。

（2）静电引起的早爆及预防。炮孔中爆破线上、炸药上以及施工人员穿的化纤衣服上都能积累静电，特别是使用装药器装药时，静电可达 20~30kV。静电的积累还受喷药速度、空气相对湿度、岩石导电性、装药器对地电阻输药管材质等因素的影响。当静电积累到一定程度时就可能引爆电雷管，造成早爆事故。

减少静电产生的方法有：1）用装药器装药时，在压气装药系统中要采用半导体输药管，并对装药工艺系统采用良好的接地装置；2）易产生静电的机械、设备等应与大地相接，通以疏导静电；3）在炮孔中采用导电套管或导线，通过孔壁将静电导入大地，然后再装入雷管；4）采用抗静电雷管；5）施工人员穿不产生静电的工作服。

（3）杂散电流引起的早爆及预防。杂散电流是指由于泄漏或感应等原因流散在绝缘导体系统外的电流。杂散电流一般是由于输电线路、电器设备绝缘不好或接地不良而在大地及地面的一些管网中形成的。在杂散电流中，由直流电力车牵引网路引起的直流杂散电流较大，在机车起动瞬间可达数十安培，风水管与钢轨间的杂散电流也可达到几安培。因此在上述场合施工时，应对杂散电流进行检测。当杂散电流大于 30mA 时，应查明引起杂散电流的原因，采用相应的技术措施，否则不允许施爆。

对杂散电流的预防可采取以下方法：1）减少杂散电流的来源，如对动力线加强绝缘以防止漏电，一切机电设备和金属管道应接地良好，采用绝缘道砟、焊接钢轨、疏干积水及增设回馈线等。2）采用抗杂散电雷管或采用非电起爆系统等。3）采用防杂散电流的电爆网路。杂散电流引起早爆一般在接成网路后爆破线接触杂散电流源，在电雷管与爆破线连接的地方接入氖灯、电容、二极管、互感器、继电器、非线性电阻等隔离元件时发生。4）撤出爆区的风、水管和铁轨等金属物体，采取局部停电的方法进行爆破。

（4）雷电引起的早爆及预防。由于雷电具有极高的能量，而且在闪电的一瞬间产生极强的电磁场，如果电爆网路遭到直接雷击或雷电高强磁场的强烈感应，就极有可能发生早爆事故。雷电引起的早爆事故有直接雷击、电磁场感应和静电感应三种形式。

预防雷电引起的早爆方法有：1）及时收听天气预报，禁止在雷雨天进行电气爆破；2）采用非电起爆；3）采用电爆时，在爆区设置避雷系统或防雷消散塔；4）装药、连线过程中遇有雷电来临征兆或预报时，应立即拆开电爆网路的主线与支线，裸露芯线用胶布捆扎并对地绝缘，爆区内一切人员迅速撤离危险区。

b　电力起爆的迟爆及预防

（1）电力起爆延迟爆炸的主要原因有：

1）雷管起爆力不够，不能激发炸药爆轰而只能引燃炸药。炸药燃烧后才把拒爆的雷管烧爆，结果烧爆的拒爆雷管又反过来引爆剩余的炸药，由于这个过程需要一定的时间，从而发生了延迟爆炸。

2）炸药钝感，雷管起爆以后没有引爆炸药，而只是引燃了炸药。当炸药烧到拒爆或助爆的雷管时，被烧爆的雷管又起爆了未燃炸药（这部分炸药不太钝感），结果发生了延迟爆炸事故。

（2）预防电力起爆延迟爆炸的方法有：1）必须加强爆破器材的检验，不合格的器材不准用于爆破工程，特别是起爆药包和起爆雷管，应经过检验后方可使用；2）在起爆雷管的近处增设助爆雷管对延迟爆炸有害无益，应禁止使用；3）消除或减少拒爆，也是避免迟爆事故发生的重要措施。

c　电力起爆的拒爆及预防

（1）雷管制造引起的拒爆及预防。

1）雷管制造造成拒爆的主要原因有：

桥丝焊接（压接）质量不好，个别雷管的桥丝与脚线连接不牢固，有"杂散"电阻（电阻不稳定）的雷管未被挑出，通电时使这个雷管或全部串接的雷管拒爆。

①雷管的正起爆药压药密度过大，出现"压死"现象；或由于受潮变质，引火头不能引爆而产生拒爆。

②毫秒（或半秒）延期药密度过大或受潮变质（特别是纸壳雷管）而引起拒爆。

③引火药质量不好或与桥丝脱接引起拒爆。

2）预防因雷管制造造成拒爆的方法有：

①应该加强电雷管的检测验收，尽量把不合格的产品排除在使用之前。

②在网路设计中，应该采取准确、可靠起爆的网路形式。

（2）网路设计引起的拒爆及预防。

1）网路设计引起拒爆的原因有：

①计算错误或考虑不周致使起爆电源能量不足，有的未考虑电源内阻、供电线电阻，使较钝感的雷管拒爆。

②使用不同厂、不同批生产的雷管同时起爆，使雷管性能差异较大。在某种电流条件下，较敏感的雷管首先满足点燃条件而发火爆炸、切断电源，致使其余尚未点燃的雷管拒爆。

③网路设计不合理，各组电阻不匹配，使各支路电流差异很大，导致部分雷管拒爆。

2）预防因网路设计引起拒爆的方法有：

①网路设计时最好有电气方面的技术人员参加。

②加强设计的复核和审查，使在网路设计方面尽量不出差错。

（3）施工操作引起的拒爆及预防。

1）施工操作引起拒爆的原因有：

①导线接头的绝缘不好，使电流旁路而减少了通过雷管的电流，引起部分雷管拒爆。

②采用孔外微差时（包括微差起爆器起爆），由于间隔时间选择不合理，使先爆炮孔的地震波、冲击波把起爆炮孔的线路打断，从而使得不到电流的雷管发生拒爆。

③施工组织不严密、操作过程混乱，造成线路连接上的差错（如漏接、短接），又没有逐级进行导通检查就盲目合闸起爆，结果使部分药包拒爆。

④技术不熟练，操作中不谨慎，装填中把脚线弄断又没有及时检测，使这部分药包拒爆。

⑤在水下爆破时，药包和雷管的防潮措施不好而发生拒爆，特别是在深水中爆破时显得更为突出。

2）预防因施工操作引起拒爆的方法有：

①加强管理，加强教育，严格执行操作规程，操作人员一定要经过培训考核后方可作业。

②一些技术性比较强的工作，应在技术人员指导下进行施工。

B　导爆管起爆系统的拒爆及预防

a　因产品质量造成的拒爆及预防

（1）因产品质量造成拒爆的原因有：

1）导爆管生产中，由于药中有杂质或下药机出问题未及时发现，使炸药长度达15cm以上，这种导爆管使用时不能继续传爆而造成拒爆。

2）导爆管与传爆管或毫秒雷管连接处卡口不严，使异物（如水、泥沙、岩屑）进入导爆管。管壁破损、管径拉细，导爆管过分打结、对折也会产生拒爆。

3）延期起爆时，首段爆破产生的振动飞石使延期传爆的部分网路损坏。

（2）预防因产品质量造成拒爆的方法有：

1）加强管理和检验。购买导爆管时要严格挑选，导爆管和非电雷管购回后和使用前应该进行外观检查和性能检验,若发现有小封口和断药等,应严格进行传火和爆速试验。

2) 严格按操作要求作业,防止网路被损坏及确保传爆方向正确。

b 因起爆系统造成的拒爆

因起爆系统造成拒爆的原因有:当爆区范围较长时,始发段雷管选择不当会引起拒爆。导爆管的固有延时为0.5~0.6m/s,而地震波的传播速度可达5000m/s,这个速度比导爆管的阵面速度高2倍多,当爆区较长时,首段爆炸产生的地震波比导爆管的爆轰波传播快,超前到达未起爆的区域,由于地震波的拉伸和压缩作用,使未爆的网路拉断或拉脱而造成拒爆。

c 因起爆网路造成的拒爆及预防

(1) 因起爆网路引起拒爆的主要原因为:导爆管捆扎时过于偏离一边而引起拒爆。

(2) 防止因起爆网路引起拒爆的方法有:1) 加强基本知识和基本功训练;2) 网路连好后要严格进行检查;3) 雷管起爆时,雷管集中穴要朝向导爆管传爆的相反方向。

2.3.7.3 盲炮的产生原因、预防及处理

盲炮又称瞎炮、哑炮,是指炮孔装炸药、起爆材料回填后进行起爆,部分或全部产生不爆现象。若雷管与部分炸药爆炸,但在孔底还残留未爆的药包,则称为残炮。

爆破中发生盲炮(残炮)不仅影响爆破效果,在处理时危险性更大。如未能及时发现或处理不当,将会造成伤亡事故。因此,必须掌握发生盲炮的原因及规律,以便采取有效的防止措施和安全的处理方法。

A 盲炮的产生原因

造成盲炮的原因很多,可归纳为下列几种。

(1) 由于炸药产生盲炮的原因有:

1) 炸药存放时间过长,受潮变质。

2) 回填时由于工作不慎,石粉或岩块落入孔中,将炸药与起爆药包或者炸药与炸药隔开,不能传爆。

3) 在水中或水汽过浓的地方,防水层密闭不严或操作不慎擦伤防水层,使炸药吸水产生拒爆。

4) 由于炸药钝感、起爆能力不足而拒爆。

(2) 由于雷管产生盲炮的原因有:

1) 雷管钝感加强帽堵塞或失效。

2) 电雷管的桥丝与脚线焊接不好,引火头与桥丝脱离等。

3) 电雷管不导电或电阻值大。

4）雷管受潮或同一网路中使用不同厂家、不同批号和不同结构性能的电雷管。由于雷管电阻差太大，致使电流不平衡，从而每个雷管获得的电能有较大的差别，获得足够起爆电能的雷管首先起爆而炸断电路，造成其他雷管不能起爆。

（3）由于电爆网路产生盲炮的原因有：

1）电爆网路中电雷管脚线、端线、区域线、主线连接不良或漏接，造成断路。

2）电爆网路与轨道或管道、电气设备等接触，造成短路。

3）导线不符合要求，造成网路电阻过大或者电压过低。

4）起爆方法错误，或起爆器起爆电源、起爆能力不足，通过雷管的电流小于准爆电流。

5）在水孔中，特别是溶有铵梯类炸药的水中，线路接头绝缘不良而造成电流分流或短路。

B　盲炮的预防

预防盲炮最根本的措施是，对爆破器材要妥善保管，在爆破设计、施工和操作中严格遵守有关规定，牢固树立安全第一的思想，严格按照下列几点进行操作：

（1）爆破器材要进行严格检验和使用前试验，禁止使用技术性能不符合要求的爆破器材。

（2）同一串联支路上使用的电雷管，其电阻差不应大于 0.8Ω，重要工程电阻差不超过 0.3Ω。

（3）提高爆破设计质量。设计内容包括炮孔布置、起爆方式、延期时间、网路敷设、起爆电流、网路检测等。对于重要的爆破，必要时需进行网路模拟试验。

（4）在填装炸药和回填堵塞物时，电雷管的脚线和端线必要时要加以保护。使用防水药包时，防潮处理要严密可靠，以确保准爆。

（5）有水的炮孔在装药前要将水吸干，清除灰泥，如继续漏水应装填防水药包。

（6）采用电力起爆时，要防止起爆网路漏接、错接和折断脚线。网路上各条电线要绝缘可靠，导电性能良好，型号符合设计要求，网路接头处用电工胶布缠紧。爆破前还应对整个网路的导电性能及电阻进行测试，网路接地电阻不得小于 10Ω，确认符合要求后方能起爆。

C　盲炮的处理

发现盲炮应及时处理，方法要确保安全，力求简单有效。因爆破方法的不同，处理盲炮的方法也有所区别。

（1）裸露爆破白炮处理。处理裸露爆破的盲炮，允许用手小心地去掉部分封泥，在原有的起爆药包上重新安置新的起爆药包，加封泥起爆。

（2）浅孔爆破盲炮处理。具体措施有：

1）重新连线起爆。经检查确认炮孔的起爆线路（电雷管脚线）完好时，可重新连线起爆。这种方法只适用于因连线错误和外部起爆线破坏造成的盲炮。应该注意的是，当局部盲炮的炮孔已将盲炮孔壁抵抗线破坏时，若采用二次起爆应注意产生飞炮的危险。

2）另打平行孔装药起爆。当炮孔完全失去了二次起爆的可能性而雷管炸药幸免未失去效能时，可另打平行孔装药起爆。平行孔距盲炮孔口不得小于0.4m，对于浅孔药壶法，平行孔距盲炮药壶边缘不得小于0.5m。为确保平行炮孔的方向，允许从盲炮孔口起取出长度不超过20cm的填塞物。当采用另打平行孔方法处理局部盲炮时，应由测量人员将盲炮的孔位、炮孔方向标示出来，防止新打炮孔与原来炮孔的位置重合或过近，以免触及药包造成重大事故。因另打平行孔的方法较为可靠和安全，故在实际中应用比较广泛。应注意的是，在另凿新孔时不允许电铲继续作业（即使是采装已爆炮孔处的石料也是不允许的），因为这时可能造成误爆。这种方法多用于深孔爆破。当采用浅孔爆破时，成片的盲炮也可以采用这种方法处理。

3）掏出堵塞物，另装起爆药包起爆。这种方法是用木、竹或其他不发生火星的材料制成的工具，轻轻将炮孔内大部分填塞物掏出，另装起爆药包起爆或者采用聚能穴药包诱爆，严禁掏出或拉出起爆药包。

4）采取风吹或水冲法处理盲炮。方法是在安全距离外用远距离操纵的风、水喷管吹出盲炮填塞物及炸药，但必须采取措施回收雷管。

（3）深孔爆破盲炮处理具体措施有：

1）重新连线起爆。爆破网路未受破坏且最小抵抗线无变化时，可重新连线起爆；最小抵抗线有变化时，应验证安全距离，并加大警戒范围后再连线起爆。

2）另打平行孔装药起爆。在距盲炮孔门不小于10倍炮孔直径处另打平行孔装药起爆，爆破参数由爆破工程技术人员或负责人确定。

3）往炮孔中灌水后使爆药失效。如果所用炸药为非抗水硝铵类炸药且孔壁完好，可取出部分填塞物，向孔内泄水使之失效，然后做进一步处理。这种方法多用于电雷管或导爆线确认已爆而孔内炸药未被引爆的盲炮处理。

4）用高压直流电再次强力起爆。对电雷管电阻不平衡造成的盲炮可采用这种处理方法；当炮孔中的连线损坏或电雷管桥丝已不导通时，也可考虑采用这种方法处理。

（4）硐室爆破盲炮处理。具体措施有：

1）重新连线起爆。如能找出起爆网路的电线或导爆管，经检查正常仍能起爆者，可重新测量最小抵抗线、重新划警戒范围，连线起爆。

2）取出炸药和起爆体。沿竖井或平硐清除堵塞物后，取出炸药和起爆药包。

无论是什么爆破方法出现的盲炮，凡能连线起爆者均应注意最小抵抗线的变化情况，如变化较大时，在加大警戒范围、不危及附近建筑物时，仍可连线起爆。

在通常情况下，盲炮应在当班处理。如果不能在当班处理或未处理完毕，应将盲炮数量、炮孔方向、装药数量、起爆药包位置、处理方法和处理意见在现场交代清楚，由下一班继续处理。

（5）盲炮处理程序如下：

1）发生盲炮，应首先保护好现场，盲炮附近设置明显标志并报告爆破指挥人员，无关人员不得进入爆破危险区。

2）电力起爆发生盲炮时，必须立即切断电源，及时将爆破网路短路。

3）组织有关人员进行现场检查，审查作业记录，进行全面分析，查明造成盲炮的原因，采取相应的技术措施进行处理。

4）难处理的盲炮，应立即请示爆破工作负责人，派有经验的爆破员处理。大爆破的盲炮处理方法和工作组织，应由单位总工程师或爆破负责人批准。

5）盲炮处理后应仔细检查爆堆，将残余的爆破器材收集起来。未判明爆堆有无残留的爆破器材前，应采取预防措施。

6）盲炮处理完毕后，应由处理者填写登记卡片。

常见盲炮现象及其产生原因、处理方法、预防措施归纳于表 2-6 中。

表 2-6　常见盲炮现象及其产生原因、处理方法、预防措施

现象	产生原因	处理方法	预防措施
孔底剩药	1. 炸药受潮变质，感度低； 2. 打岩粉相隔，影响传爆； 3. 管道效应影响，传爆中断或起爆药包被邻炮带走	1. 用水冲洗； 2. 取出残药卷	1. 采取取水措施； 2. 装药前吹净炮孔； 3. 密实装药； 4. 防止带炮，改进爆破参数
只剩雷管炸药未爆	1. 炸药受潮变压； 2. 雷管起爆力不足或未爆； 3. 雷管与炸药脱离	1. 掏出炮泥，重新装起爆药包起爆； 2. 用水冲洗炸药	1. 严格检验炸药质量； 2. 采取防水措施； 3. 雷管与起爆药包应绑紧
雷管炸药全部未爆	对电雷管起爆： 1. 电雷管质量不合格； 2. 网路不符合准爆要求； 3. 网路连接错误、接头接触不良等	1. 掏出炮泥，重新装起爆药包起爆； 2. 装聚能药包进行殉爆起爆； 3. 查出错连的炮孔，重新连线起爆； 4. 距盲炮 0.3m 以外钻平行孔装药起爆； 5. 水洗炮孔； 6. 用风水吹管处理	1. 严格检验起爆器材，保证质量； 2. 点火注意避免漏电； 3. 点爆网路必须符合准爆条件，认真连接，并按规定进行检测； 4. 点火及爆破不乱； 5. 保护网路

2.4 石灰石地下开采优化

2.4.1 中深孔房柱法优化

2.4.1.1 浅孔房柱法应用现状及存在的问题

A 浅孔房柱法应用现状

梅州梅县某石灰岩矿的采矿方法为无底部结构水平层状浅孔房柱采矿法,现简述如下。

a 矿块构成要素

矿块垂直走向布置,水平上每隔30m划分成1个矿块,矿块划分成矿房、间柱、顶柱3个部分。矿房长80~100m,高15m,宽15m;间柱宽15m,顶柱厚20~30m。无底部结构水平层状浅孔房柱采矿法如图2-30所示。

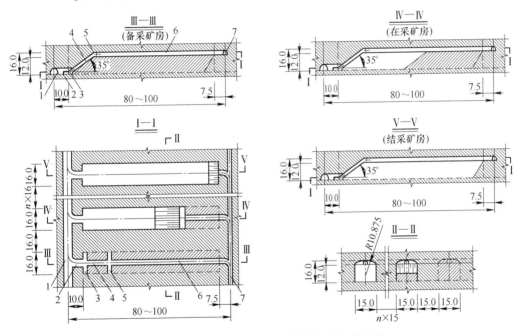

图 2-30 无底部结构水平层状浅孔房柱采矿法
(图中尺寸以 m 为单位,平巷断面规格均为半圆拱)
1—运输平巷 (6.0m×5.0m);2—矿房运输联络平巷 (5.0m×4.5m);3—矿房切割平巷 (2.5m×3.0m);
4—矿房切割斜天井 (3.0m×2.0m);5—矿房切顶平巷 (2.5m×3.0m);
6—矿房回风平巷 (2.5m×3.0m);7—回风平巷 (2.5m×3.0m)

b 采切工作

采切工程包括矿房联络道、切割斜天井、切割平巷、矿房顶部回风平巷、运输平巷及矿房运输联络平巷等。

采准工作首先从运输水平开始，依次掘进矿房联络平巷、矿房切割斜天井（35°）、矿房切割平巷、矿房回风巷（上水平）、矿房切顶平巷（上水平）等工作。

切割工作是先在切顶平巷内以回风平巷作自由面，采用浅孔光面爆破形成长2～3m的预切顶空间。然后以切割斜天井作自由面，自下而上按分段斜高2.5m左右凿倾斜炮孔落矿，形成倾角35°左右、宽2m左右的切割斜槽。

　　c　回采工作

矿房回采是按倾角35°左右倾斜工作面浅孔分层爆破往前推进的（见图2-31）。凿岩采用浅孔凿岩机，爆破采用2号岩石炸药，非电导爆管系统或电雷管毫秒微差分段起爆。崩落的矿石采用挖掘机或装载机装车，由载重自卸汽车经斜坡道运至地表破碎站。

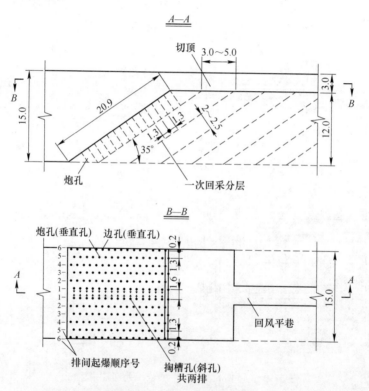

图 2-31　无底部结构水平层状浅孔房柱采矿法爆破布孔图

回采过程中采用人工或机械设备方式及时清理顶板和两侧矿柱壁面松石。若遇裂隙较发育段，则使用垂直锚杆、悬挂金属网等方式支护加固。

　　d　采场通风

新鲜风流从矿房运输联络巷进入采场，污风经矿房回风平巷主回风巷道排出。爆破后为了迅速排烟降尘加强通风效果，采用局扇进行辅助通风。

e 主要技术经济指标

无底部结构水平层状浅孔房柱采矿法主要技术经济指标见表2-7。

表2-7 主要技术经济指标表

矿块生产能力 /t·d⁻¹	采切比 /m·kt⁻¹	回采率 /%	废石混入率 /%	爆破材料消耗		
				炸药 /kg·t⁻¹	电雷管 /发·t⁻¹	电线 /m·t⁻¹
160~190	3.92	18.75	1	0.127	0.148	0.42

B 存在的主要问题

无底部结构水平层状浅孔房柱采矿法,布置了规则的矿房、连续矿柱、切顶空间和顶部回风平巷,可以保证采场的安全稳定和良好的通风效果。但实际生产中往往不能按照上述设计要求去做,主要原因是采切工作量大,效率低,成本高。具体而言,主要是顶部回风平巷和切顶空间断面过小,只能采用浅孔凿岩爆破独头掘进,通风效果差,出渣效率低,与矿山使用的大型铲装运输设备不适宜,致使矿山根本不愿意掘进回风平巷和拉切顶空间,形成完善的安全通道和通风系统,从而大多矿山选择独头掘进巷道式开采,将矿房沿全断面一次性向前推进。

因此,该采矿方法如果是采矿价值较高的矿体在技术上是可行的,但满足不了石灰岩地下矿山安全高效开采的要求,在实际生产中可操作性不强,主要存在着以下不足之处:

(1)采场结构参数不合理,采切工作量大,分层回采高度小,采出矿量少,回采率很低,不能充分发挥大型无轨设备的效率,生产能力难以提高。

(2)由于矿山不能按照设计要求形成上部预切顶空间和回风平巷,独头掘进巷道式开采通风效果差,安全性不好。

(3)矿房回采工作采用浅孔凿岩爆破,工人劳动强度大,每次爆破量少,不能满足产量的要求。工人长期暴露在顶板下,安全性差。

2.4.1.2 中深孔房柱法选择及优化

广东省冶金建筑设计研究院结合广东省梅州市石灰石地下矿山开采现状,以梅州市梅县某石灰岩矿为试验采场,组织开展了房柱法开采优化的研究工作,作者参与了研究工作,现将有关情况介绍如下。

A 中深孔房柱法选择

近几十年来,随着采矿技术的进步和采矿设备的发展,无轨自行设备回采中深孔房柱法已在国内金属非金属矿山得到成功运用。中深孔房柱法与浅孔房柱法相比明显具有采准工作量小,回采工艺简单,通风条件良好等优点。使用无轨设备回采机械化程度高,劳动生产率高,采矿成本低,矿块生产能力大。无轨设备机械化回采，可减少井下回采工作人数，缩短矿块回采时间，减少工人在空场下暴露时间，在切顶空间下便于对顶板进行锚固，防止冒顶事故，是一种安全、高效的采矿方法。

根据石灰岩层状产出、厚度较大、一般硬度较大、稳固性较好，以及石灰岩价值低等特点，只能尽量采用简单高效的采矿方法。结合梅州梅县某石灰岩矿采用斜坡道开拓，具有多年采用浅孔房柱法开采经验，以及采用无轨设备采装运输的现状，因此选择无轨自行设备回采中深孔房柱法。

B 中深孔房柱法技术方案比较

根据该石灰岩矿矿体赋存条件和开采技术条件、矿山生产技术管理水平，以及可能选择与应用的中深孔凿岩设备，拟定两个可选的中深孔房柱法技术方案进行了比较。

a 方案 I——预切顶下向平行中深孔房柱法

方案 I 是将矿房分上下分层两步骤回采。首先在矿房顶部掘进一条切顶巷道，凿岩设备采用掘进台车，巷道断面为 5m×6m，作为人行、通风、出渣的运输巷道。其次，以切顶巷道作为爆破自由面，逐步扩帮形成宽 12~15m、高 6~8m 的切顶空间，并根据顶板岩石的稳固程度进行喷混凝土或喷锚支护。再次，利用潜孔钻机在切顶空间下钻凿 8~10m 深的下向平行中深孔，选用 2 号岩石炸药，人工连续柱状装药，采用分段微差爆破技术以切割槽为补偿空间崩矿。最后，崩下的矿石用 PC-200 挖掘机或 ZL50C 装载机装矿，10t 载重自卸式汽车运输，经斜坡道运出地表。

方案 I 技术方案示意图如图 2-32 所示。

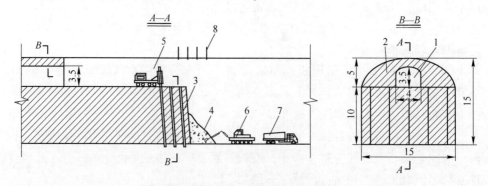

图 2-32 预切顶下向平行中深孔房柱法

1—切顶巷道；2—切顶空间；3—中深孔；4—矿堆；5—凿岩钻机；6—挖掘机；7—汽车；8—锚杆

b 方案 II——上向扇形中深孔房柱法

方案 II 为一步骤回采，凿岩、采装、运输全部工作在凿岩巷道完成。首先在矿房底部掘进一条凿岩巷道，采用浅孔凿岩掘进，巷道断面为 3m×3.5m，作为人行、通风、凿岩、出渣的主要巷道。然后在凿岩巷道内采用凿岩钻机钻凿上向扇形中深孔，利用装药器装药，并向预先准备好的切割槽崩矿。最后崩下的矿石用装载机装矿，7t 载重自卸式汽车经斜坡道运出地表。

方案Ⅱ技术方案示意图如图 2-33 所示。

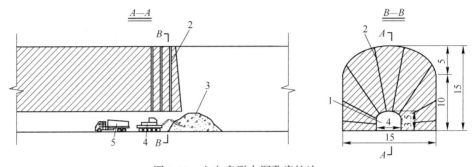

图 2-33　上向扇形中深孔房柱法

1—凿岩巷道；2—中深孔；3—矿堆；4—装载机；5—汽车

方案Ⅰ、Ⅱ技术方案工艺特征及优缺点比较见表 2-8。

表 2-8　方案Ⅰ、Ⅱ技术方案工艺特征及优缺点比较

	项目名称	方案Ⅰ	方案Ⅱ
采矿工艺特征	采矿方法	预切顶下向平行中深孔房柱法	上向扇形中深孔房柱法
	凿岩设备	潜孔钻机	配 5 钻架
	掘进设备	掘进台车	手持式浅孔钻机
	炮孔形式	下向平行孔	上向扇形孔
	最长炮孔/m	10.5	18
	炮孔直径/mm	79	50~80
	装药方式	人工装药	BQ-101 装药器
	炸药类型	2 号岩石卷装炸药	2 号岩石粉状炸药
	爆破方式	分段微差爆破	分段微差爆破
	装矿设备	挖掘机（1m³）	装载机
	运输设备	10t 载重自卸式汽车	7t 载重自卸式汽车
	优点	1. 预切顶便于支护顶板，有利于维护顶板稳定； 2. 潜孔钻机钻凿下向平行孔，凿岩效率高； 3. 无轨设备铲装，机械化程度高，生产能力大； 4. 回采工艺简单，通风条件好	1. 无切顶层，采切工作量小； 2. 巷道内凿岩、铲装作业，安全性好； 3. 无轨设备铲装，机械化程度高，生产能力较大； 4. 凿岩设备投资小

续表2-8

项目名称	方案Ⅰ	方案Ⅱ
缺点	1. 采切工程量大； 2. 顶板暴露时间长，不易检查，安全性差些； 3. 凿岩设备投资大	1. 爆破质量较难控制，对顶柱和矿柱破坏性大； 2. 凿岩效率低，崩矿块度不均匀，大块率高； 3. 凿岩巷道容易堵塞，通风效果一般

通过对方案Ⅰ、Ⅱ技术方案进行比较，可以判断方案Ⅰ在采矿凿岩效率、生产能力和通风安全方面的优点均较明显。因此，优选方案Ⅰ——预切顶下向平行中深孔房柱法技术方案。

2.4.1.3　采场结构参数及回采工艺

经2.4.1.2节方案比选，确定回采技术方案为预切顶下向平行中深孔房柱法。

采场矿块结构参数及回采工艺如下：

（1）采场结构参数。沿矿体走向每隔30m左右划分一个矿块，矿块分成矿房、间柱、顶柱3部分，矿房长80~100m，宽15m，高18m，间柱宽为15m，顶柱厚30m。矿房分两层回采，先采上分层，后采下分层，上分层高8m，下分层高10m。采矿方法如图2-34所示。

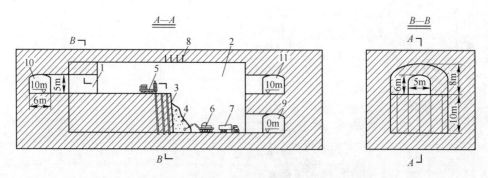

图2-34　预切顶下向平行中深孔房柱采矿方法

1—切顶巷道；2—切顶空间；3—中深孔；4—矿堆；5—凿岩钻机；6—挖掘机；7—汽车；
8—锚杆；9—0m中段运输巷；10—10m中段运输巷；11—回风巷道

（2）上分层回采。上分层回采即是形成切顶空间的过程。首先，在上分层（+10m水平）沿矿块长轴方向拉通预切顶巷道，一端与+10m中段运输巷道联通，另一端与矿房的回风巷道联通，形成上分层的运输、通风与安全出口通道。预切顶巷道凿岩设备采用掘进台车，巷道形式为三心拱，规格为5m×6m。然后利用切顶巷道扩帮形成切顶空间。扩帮工作是在倾斜工作面或留矿堆上采用浅孔凿岩分层爆破逐层推进的。凿岩采用凿岩机，崩矿采用 2 号岩石炸药分次爆破，最后形成规格为 15m×8m 的切顶空间。崩落矿石采用 1m³ 反铲挖掘机装矿，10t 自卸式汽车运输，经主斜坡道直接运到地表破碎站。切顶空间形成后，也即完成了上分层回采工作。

（3）下分层回采。在下分层回采之前，先要进行下分层的采准切割工作。首先，从斜坡道 0m 标高处掘进 0m 水平运输巷道与各矿房联通，规格为 5m×6m。下分层运输巷道在矿房中间部位，作为下分层的运输、通风与安全出口通道，同时也是下分层崩矿的自由面和补偿空间。下分层的回采采用类似露天台阶下向平行中深孔爆破技术。凿岩设备为潜孔钻机，在上分层切顶空间下钻凿 10m 左右的下向平行炮孔，选用 2 号岩石炸药，人工连续柱状装药，分段微差爆破技术崩矿。最后崩下的矿石直接用挖掘机装矿、10t 载重自卸式汽车运输出地表破碎站。大块矿石用挖掘机安装液压碎石器进行二次破碎。

（4）采场通风。在上分层预切顶巷道拉通后，采场就形成了完善的通风系统，全部采场可采用贯穿风流通风。即新鲜风流从主斜坡道进入，经 +10m 和 0m 水平运输巷道进入采场，清洗工作面后的污风，由预切顶巷道、回风巷道汇入总回风系统排出地表。在采场和独头掘进工作面爆破后，为了迅速排烟降尘，加强通风效果，应采用局扇进行辅助通风。

（5）顶板管理。在上分层回采过程中，配备高空作业升降车进行顶板松石清理。当矿岩异常破碎的顶板经过处理后仍无法保证作业场所安全的情况下，考虑如布置锚杆、悬挂金属网等其他可行的顶板支护方式。下分层回采时，在每次进入采场作业前，先进行顶板检查，确保安全的情况下方可进入采场作业。

2.4.2 中深孔房柱法采场结构参数研究

中深孔房柱法合理采场结构参数是实现安全、高效回采的前提，因为采场结构参数直接决定了中深孔房柱法的回采率、生产效率及安全性。运用多种经验理论公式计算方法，结合矿山实际，推导出合理的顶柱厚度、矿房极限跨度及矿柱宽度，为确定合理采场结构参数提供了理论依据。

2.4.2.1 顶柱安全厚度的确定

该石灰岩矿 +10m 水平为正在开采的水平，采场上方预留 30m 厚顶柱，用以隔离 +10m 水平采场与上覆不稳定岩层。根据矿山的矿区地质地形图可知，试验采场上方地表平均标高约为 100m，+10m 水平中深孔房柱法切顶层的高度为 8m，故切顶层上覆岩层（含 10m 的表土层）厚度约为 82m。该矿顶柱厚度是参考其他类似矿山的经验进行选取的，本节将通过经验理论计算公式对合理顶柱安全厚度进行确定。

　　该矿灰岩结构致密，岩体多呈相对完整的层状结构体，具有这种特征的灰岩可以用连续介质力学模型。目前，在顶柱受力分析时，多数是将实际工程问题简化为理想的材料力学、结构力学中的简单模型，将顶柱简化成宽度为单位长度的岩梁，岩梁上覆岩层载荷简化为均布载荷，分别通过材料力学、结构力学、荷载传递交汇线法及 K.B 鲁别涅依他公式法计算顶柱的临界安全厚度。通过合理选择这几种计算方法及综合分析并运用 Matlab 软件进行数据处理，得出在特定安全系数条件下的采场灰岩顶柱厚度与采场跨度的关系式。

　　A　材料力学法

　　由于该矿采场延伸长度要远远大于其断面宽度，故可将采场简化为平面应变模型，将灰岩顶柱简化为岩梁结构，并假设岩梁的宽度为单位宽度，上覆岩层载荷简化成均布载荷，按材料力学中岩梁抗剪及抗拉强度计算顶柱的安全厚度，其基本力学模型示意图如图 2-35 所示。

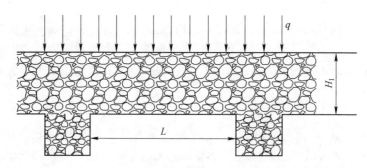

图 2-35　材料力学法计算模型

　　在计算中把顶柱看做简支梁，最大弯矩：

$$M = \frac{1}{8}qL^2 \tag{2-10}$$

　　顶柱发生拉断破坏的临界条件为：

$$\frac{6M}{bH_1^2} = [\sigma] \tag{2-11}$$

式中　q——顶柱均布载荷，$q = \gamma H_Z$；

　　　γ——顶柱上方载荷层的平均重力密度，26400N/m³；

　　　H_Z——采场顶柱上方载荷层高度，取 82m；

　　　H_1——顶柱在抗拉强度条件下的临界安全厚度，m；

　　　L——采场跨度，m；

　　　b——顶柱岩梁沿巷道走向的宽度取值，为便于计算，取单位长度；

　　　$[\sigma]$——岩梁极限抗拉强度，取 1.8MPa；

M——岩梁的最大弯矩。

由式（2-10）和式（2-11）推理可得到抗拉强度条件下的顶柱临界厚度：

$$[\sigma] = \frac{3\gamma H_Z L^2}{4bH_1^2} \tag{2-12}$$

考虑安全系数：

$$[\sigma] \leqslant \frac{\sigma_{极}}{n} \tag{2-13}$$

上覆岩层载荷 $q = \gamma H_Z$，b 取值为 1，考虑安全系数后得到的顶板厚度、采场跨度及安全系数的关系式为：

$$\sigma_{极} \geqslant n\left(\frac{3\gamma H_Z L^2}{4H_1^2}\right) \tag{2-14}$$

式中　n——安全系数，取 2；

$\sigma_{极}$——极限抗拉强度，取 1.8MPa；

H_Z——采场顶柱上方载荷层高度，取 82m；

γ——顶柱上方载荷层的平均重力密度，取 26400N/m³。

B　结构力学法

采用结构力学方法计算时，先假设采场顶柱岩体为两端固定的平板梁结构，上覆载荷即为岩体自重及附加载荷，从梁板受弯考虑，控制指标为采场顶柱岩层的抗弯拉强度。顶柱厚梁内的弯矩以及应力大小如下：

$$M = \frac{(10\gamma h + q)l_n^2}{12} \tag{2-15}$$

$$\omega = \frac{bh^2}{6} \tag{2-16}$$

顶柱岩体允许的应力 σ_t 等于：

$$\sigma_t \leqslant \frac{\sigma_{极}}{nK_c} \tag{2-17}$$

式中　n——安全系数；

$\sigma_{极}$——极限抗拉强度，为 1.8MPa；

K_c——结构削弱系数。

K_c 值由岩石的特性（坚固性、夹层弱面、岩石裂隙特点等）所决定，取 $n = 2$，$K_c = 1.5$。

通过推导可得到采空区顶板的安全厚度计算公式：

$$h = 0.25l_n\frac{\gamma l_n + \sqrt{(\gamma l_n)^2 + 8bq\sigma_t}}{\sigma_t b} \tag{2-18}$$

式中　σ_t——岩体允许拉应力，经过计算为 0.6MPa；

　　　γ——顶柱矿岩容重，26400N/m³；

　　　l_n——采场跨度，m；

　　　b——顶柱单位计算宽度，为方便计算，假设为 1；

　　　q——附加荷载，经计算为 2168kPa。

C　荷载传递交汇线法（仅适用于+10m 水平顶柱厚度计算）

荷载传递交汇线法假定荷载由隔离层中心按竖直线成 30°~35°扩散角向下传递，当传递线位于顶与开采空区的交点以外时，即认为开采空区壁直接支承顶柱上的外载荷与岩石自重，隔离层是安全的。其计算示意图如图 2-36 所示。

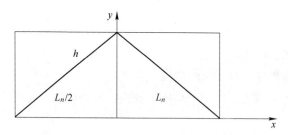

图 2-36　荷载传递交汇线法计算示意图

设 β 为荷载传递线与隔离层顶部中心线间夹角，本次计算取 35°。

隔离层安全厚度计算公式为：

$$h \geqslant \frac{L_n n}{2\tan\beta}$$

(2-19)

式中　L_n——采空区跨度，m；

　　　h——隔离层计算厚度，m；

　　　n——安全系数，取 2。

D　K.B 鲁别涅依他公式（仅适用于+10m 水平以下分段顶柱厚度计算）

K.B 鲁别涅依他公式法考虑因素为采空区跨度及顶柱岩体特性（强度及构造破坏特性），同时考虑作业设备的影响。其计算公式为：

$$H = K[\,0.25rb^2 + (r^2b^2 + 800\sigma_B g)^{\frac{1}{2}}\,]/(98\sigma_B)$$

(2-20)

式中　H——安全顶柱厚度，m；

　　　K——安全系数，取 2；

　　　r——顶板岩石容重，2.64t/m³；

　　　b——采空区跨度，m；

　　　σ_B——弯曲条件下考虑到强度安全系数 K_3 和结构削弱系数 K_0 条件下顶板

强度极限，MPa，$\sigma_B = \sigma_{n3}/(K_0 K_3)$，其中，$K_0 = 2 \sim 3$，$K_3 = 7 \sim 10$；

σ_{n3}——弯曲条件下的岩石强度极限，$\sigma_{n3} = (7\% \sim 10\%)\sigma_c$；

σ_c——岩石单轴抗压强度，MPa；

g——电铲及其他设备对顶柱的压力，MPa。

E 综合法（不同方法计算得出的相近的结果综合分析）

由于采场岩性极其复杂，通过经验类比法或是抽象的理论方法得到的结果与实际情况必定有出入，而且理论计算结果的适用范围有限，有时只能作参考。如果运用各计算方法得到的结果相近，可认为这几种结果的可信度较高，如果存在某一个或几个计算结果偏差较大，则必须进行反复验算，必要的时候进行工程实验来确定最终结果。

a +10m 水平采场顶柱厚度计算

由于+10m 水平灰岩顶柱上覆岩层由砂、砾、黏土和土壤组成，顶柱直接支撑了上覆岩层的重量，采场开挖完成后，采场空区跨度大小从 9~18m 不等，取安全系数为 $n = 2$，采用材料力学法、结构力学梁理论法及荷载传递交汇线法分别计算得到了顶柱安全厚度和采场跨度之间的关系见表 2-9 及图 2-37。

表 2-9　不同采场跨度下各方法计算隔离厚度值　　　　　　（m）

方　法	采场跨度			
	9	12	15	18
材料力学法	12.088	16.118	20.147	24.176
结构力学梁理论法	13.012	17.779	22.743	28.002
荷载传递交汇线法	12.857	17.143	21.429	25.714

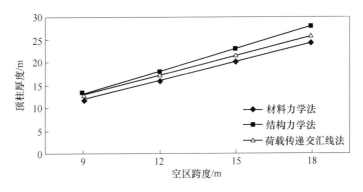

图 2-37　不同跨度下各方法计算隔离厚度图

根据表 2-9 及图 2-37 可以看出，3 种方法计算结果相差不大，可认为材料力学法、结构力学梁理论法及荷载传递交汇线法这 3 种方法计算结果的可信度较高，数据拟合选取这 3 种方法计算得到的数据。通过 Matlab7.0 软件对这 3 种计算方法得到的计算结果进行求和归一法处理，可以得到顶柱安全厚度在不同跨度下 H_{an} 项式数值逼近，采场顶柱安全厚度与采场跨度关系如图 2-38 所示，并可得顶柱安全厚度 H 与跨度 L 的关系式为：

$$H = 2 \times 10^{-4}L^3 - 0.0036L^2 + 1.5L - 0.37 \tag{2-21}$$

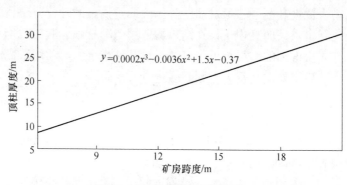

图 2-38　综合法计算隔离厚度

当用式（2-21）计算安全厚度时，没有考虑爆破扰动的影响，为保证开采安全高效进行，应在式中计算结果的基础上增大 2~4m，本次计算选 2m。表 2-10 列出了两种方案（未考虑爆破扰动及考虑爆破扰动影响）的计算结果。

表 2-10　不同采场跨度下采场顶板安全厚度

采场跨度/m	理论计算/m	考虑爆破因素/m
9	12.984	14.984
12	17.457	19.457
15	21.995	23.995
18	26.630	28.630

b　+10m 水平以下分段顶柱厚度计算

在开采+10m 水平以下分段时，由于上下分段需留间隔矿柱即下分段的顶柱，顶柱的计算方法如+10m 水平顶柱的计算方式，不同的是不考虑上覆岩层如砂、砾、黏土和土壤的质量，只需考虑顶柱自重和上分段作业设备质量。当取安全系数为 $n = 2$ 时，采用材料力学法、结构力学梁理论法及 K.B 鲁别涅依他公式法分别计算得到了顶柱安全厚度和采场跨度之间的关系见表 2-11 及图 2-39。

表 2-11 不同采场跨度下各方法计算顶柱厚度值 （m）

方 法	采场跨度			
	9	12	15	18
材料力学法	5.664	7.551	9.439	11.327
结构力学梁理论法	4.816	6.921	9.311	11.999
K.B 鲁别涅依他公式法	5.117	6.382	8.006	9.990

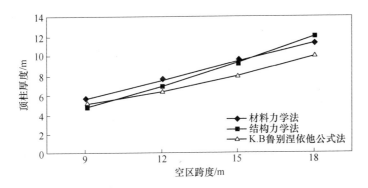

图 2-39 不同跨度下各方法计算顶柱安全厚度

　　根据表 2-11 及图 2-39 可以看出，3 种方法计算结果相差不大，可认为材料力学法、结构力学梁理论法及 K.B 鲁别涅依他公式法这 3 种方法计算结果的可信度较高，数据拟合选取这 3 种方法计算得到的数据。通过 Matlab7.0 软件对这 3 种计算方法得到的计算结果进行求和归一法处理，可以得到顶柱安全厚度在不同跨度下 H_{an} 项式数值逼近，采场顶柱安全厚度与采场跨度关系如图 2-40 所示，并可得顶柱安全厚度 H 与跨度 L 的关系式为：

$$H = 2.6 \times 10^{-4}L^3 - 0.0057L^2 + 0.67L - 0.65 \quad (2-22)$$

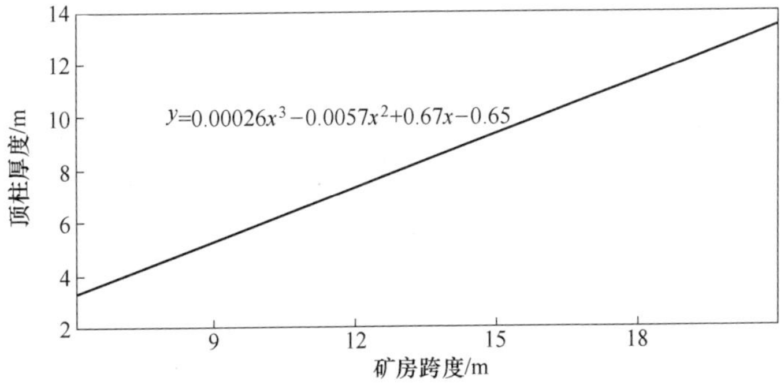

图 2-40 综合法采场跨度与顶柱安全厚度关系

当用式（2-22）计算顶柱安全厚度时，没有考虑到爆破扰动的影响，为保证开采安全高效进行，应在式中计算结果的基础上增大至少2~4m，本次计算选3m。表2-12列出了两种方案（未考虑爆破扰动及考虑爆破扰动影响）的计算结果。

表2-12　不同空区跨度下采场顶柱厚度表

空区跨度/m	理论计算/m	考虑爆破因素/m
9	5.108	8.108
12	7.018	10.018
15	8.995	11.995
18	11.079	14.079

2.4.2.2　矿房极限跨度的确定

决定矿房尺寸的主要因素是矿岩力学性质和地质构造，然而这两种因素对矿房尺寸的影响往往又是很复杂的。本节采用前人总结的经验公式对该矿矿房尺寸进行确定。

矿房极限跨度按光弹性计算公式：

$$B_{max} = \frac{4.5 \times (9.8\lambda\gamma H + [\sigma_1])}{9.8\gamma H(1 - 0.8\lambda) - 0.8[\sigma_1]} \qquad (2-23)$$

式中　B_{max}——矿房极限跨度，m；

　　　$[\sigma_1]$——顶板岩层中允许拉应力；

　　　γ——上覆岩层的加权平均体重，为2640kg/m³；

　　　λ——原岩应力场侧压系数，为0.24；

　　　H——矿房顶至地面的深度，约为82m。

代入数据可得 $B_{max} = 22$m。

根据光弹性计算公式，采场矿房极限跨度为22m，故矿山在实际生产中，矿房跨度应小于22m，才能保证采场稳定和安全回采。

2.4.2.3　矿柱宽度的确定

矿柱（房间矿柱）尺寸的确定需在保证矿柱稳定的条件下进行，影响矿柱稳定的因素主要有两方面：（1）矿柱结构方面如布置形式、尺寸、数量等；（2）强度及承载力方面。通过矿柱载荷及强度公式，可求得在一定安全系数条件下合理的矿柱尺寸，其为该矿采场安全开采提供依据。

矿柱形状和尺寸的选择十分重要，因为它们关系到采场的稳定性和矿石回采率，在生产实际中必须兼顾二者。由于石灰岩矿廉价，一般不充填采空区，为保证采场稳定性，该矿一直用连续矿柱支撑采空区，连续矿柱之间的距离应小于采场极限跨度，才能保证顶板的安全性。而对于矿柱本身而言，其断面尺寸必须满足强度要求才能保证矿柱不发生破坏。当前，一般是应用理论计算的方法分析矿柱的应力状态和矿柱上的应力平均值，并与矿柱强度进行对比，取适当的安全系数，在保证矿柱稳定的前提下进行矿柱宽度的计算。

（1）矿柱载荷。从面积承载理论可知，顶板范围内（矿房和矿柱面积范围内）直通地表的上覆岩柱的重力即为连续矿柱所承受的载荷，这些载荷分摊在矿柱面积上，从而可以计算出矿柱的平均应力值。矿柱平均应力计算公式如下：

$$\sigma_p = \gamma H \frac{A_s + A_p}{A_p} \tag{2-24}$$

式中　A_s——矿房面积，$A_s = W_s L$，m^2；

　　　A_p——矿柱面积，$A_p = W_p L$，m^2；

　　　W_s——矿房宽度，m；

　　　W_p——矿柱宽度，m；

　　　L——矿房长度，m；

　　　γ——上覆岩层容重，取 25.8kN/m^3；

　　　H——上覆岩层厚度，取 82m。

（2）矿柱的强度。采用经验公式计算矿柱的强度，本次计算使用 Bieniawski 于 1981 年推荐使用的矿柱强度公式。公式如下：

$$S_p = \sigma_c \left(0.64 + 0.36 \frac{W_p}{h} \right)^\alpha \tag{2-25}$$

式中　σ_c——矿岩抗压强度参数，取 10MPa；

　　　W_p——矿柱的宽度，m；

　　　h——矿柱的高度，取 18m；

　　　α——常数，当连续矿柱的宽度与高度的比值小于 5 时，$\alpha = 1.0$，当连续矿柱的宽度与高度的比值大于 5 时，$\alpha = 1.4$。

（3）安全系数。引入安全系数 K，可以结合式（2-24）和式（2-25），并可以把 K 作为连续矿柱稳定性的评价指标，可得：

$$K = \frac{S_p}{\sigma_p} \tag{2-26}$$

将式（2-24）和式（2-25）代入式（2-26），可得到矿房宽度与矿柱宽度的关系式如下：

$$W_s = \frac{\sigma_c W_p \left(0.64 + 0.36 \frac{W_p}{h} \right)^\alpha - K\gamma H W_p}{K\gamma H} \tag{2-27}$$

式（2-27）中各参数意义同前。

为保证矿山安全生产，安全系数 K 取值为 2，通过式（2-27）计算，可得出矿柱与矿房尺寸关系见表 2-13。

表 2-13　矿房跨度与矿柱宽度关系计算表

矿房跨度/m	9	12	15	18
矿柱宽度/m	9.4	11.3	13.2	15.1

试验采场采用中深孔房柱法开采，矿柱高度即为采场高度，考虑梅州梅县某石灰岩矿使用的液压潜孔钻机的作业高度为 8m，该液压潜孔钻机所钻垂直孔深为 10m，因此，矿柱高度也即采场高度为 18m。

2.4.3　中深孔房柱法采场稳定性数值模拟

通过多方案数值模拟计算和分析，比较不同采场结构参数条件下采场围岩应力、位移、塑性区的分布规律，并通过分析计算结果判断采场稳定性，最终确定合理的采场结构参数，从而在保证矿山安全生产的前提下，为最大限度的提高采场生产能力和提高矿石回收率提供依据。

2.4.3.1　数值模拟方法

20 世纪 70 年代以来，有限单元法、有限差分法、离散单元法和边界单元法等数值模拟方法随着计算机的发展得到了迅猛的发展，并应用于各个领域，如在采矿工程中的应用就非常广泛。本研究采用三维有限元程序 ANSYS 软件和三维快速拉格朗日分析程序 FLAC^{3D} 数值分析软件，充分利用两种软件的优点进行数值模拟计算分析。在进行模型前处理方面，ANSYS 软件的功能非常强大，ANSYS提供了与多数 CAD 软件的接口程序，能方便的实现数据的共享和交换，与FLAC^{3D} 软件相比，能更方便复杂模型建立和网格划分。在进行后处理方面，由于利用动态运动方程进行求解，FLAC^{3D} 软件能够模拟振动、失稳和大变形等，能够很好地应用在采矿工程中。而且，从模拟效率来看，FLAC^{3D} 软件采用的是显式法求解，无需像有限元存储刚度矩阵，大大地减少了模拟计算的时间，提高了模拟计算的效率。因此，结合这两种软件的优点，本次数值计算采用 ANSYS软件进行模型的建立和网格划分，采用 FLAC^{3D} 软件进行后处理计算。

A　ANSYS 软件模型创建与网格划分

ANSYS 软件模型创建与网格的划分一般分三个步骤：

（1）设置单元属性。单元属性包括单元类型、实常数、材料属性等。对单元设置属性之前，必须先定义相应的单元类型、材料属性以及实常数列表等。

（2）设置网格控制。ANSYS 软件使用默认的网格控制可以给所分析的模型提供一个较适合的网格，用户也可以根据实际需要进行网格控制。用户通过网格控制参数设置来进一步达到精度的要求。

（3）执行网格划分。用户创建几何模型，设置单位属性和网格控制参数，就可以执行网格划分命令，从而生成所需要的有限元网格。

B FLAC³ᴰ软件计算原理

FLAC³ᴰ的基本原理是三维拉格朗日法，包括离散模型方法、有限差分法和动态松弛方法。FLAC³ᴰ分别提供了摩尔-库仑模型、德鲁克-普拉格模型、各向同性弹性模型、正交各向异性弹性模型、横向同性弹性模型、修正剑桥模型等，此外，它本身自带的程序设计语言还可以用来构造新的模型，以便用户可以根据实际情况建立合适的模型。

FLAC³ᴰ采用的是显式方法求解的算法，不用求解联立方程组，即其控制方程中的变量都可以用由场变量构成的代数表达式来描述，且不需要规定各个场变量在单元内的变化模式。

（1）导数的表示：

$$\frac{\partial F}{\partial x_i} = \lim\left(\frac{1}{A}\int F n_i \mathrm{d}s\right) \tag{2-28}$$

式中，F 为矢量或张量；x_i 为位置矢量分量；A 为积分区域；$\mathrm{d}s$ 为弧长增量；n_i 为垂直于 $\mathrm{d}s$ 的单位法线分量。

（2）运动方程：

$$\rho\left(\frac{\partial u_i}{\partial t}\right) = \frac{\partial \sigma_{ij}}{\partial x_i} + \rho g_i \tag{2-29}$$

式中，ρ 为密度；σ_{ij} 为应力张量；u_i 为速度；g_i 为体力分量；t 为时间。

对于某一随时间变化的力 F 作用的某质量体的运动方程为：

$$\frac{\partial u}{\partial t} = \frac{F}{m} \tag{2-30}$$

可以用包含半时间步长的速度的中心差分格式来求解。其加速度可以写为：

$$\frac{\partial u}{\partial t} = \frac{u^{(t+\Delta t/2)} - u^{(t-\Delta t/2)}}{\Delta t} \tag{2-31}$$

将式（2-30）代入式（2-31）可得：

$$u^{(t+\Delta t/2)} = u^{(t-\Delta t/2)} + \left[F^{(t)}/m\right]\Delta t \tag{2-32}$$

（3）应变增量方程。

在增量形式中，应变张量为：

$$\Delta e_{ij} = \frac{1}{2}\left(\frac{\partial u_i}{\partial x_j} + \frac{\partial u_j}{\partial x_i}\right)\Delta t \tag{2-33}$$

式中，Δe_{ij} 为应变增量张量；u_i 为 i 向速度分量；x_i 为 i 向坐标分量；u_j 为 j 向速度分量；x_j 为 j 向坐标分量；Δt 为时间步长。有限差分计算循环图如图 2-41 所示。

有限差分法中，用于表示基本方程组和边界条件的微分方程都近似地改用

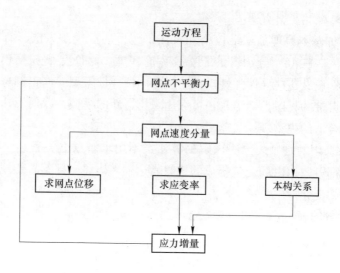

图 2-41　有限差分计算循环图

以代数方程来表示的差分方程，即由空间离散点处的场变量（应力、位移）的代数表达式代替。由于这些变量在单元内是非确定的，因而把求解微分方程的问题改换成求解代数方程的问题。有限差分法相对高效地在每个计算步骤重新生成有限差分方程，并且通常采用显式时间递步法解算代数方程。有限差分数值计算方法用相隔等间距 h 而平行于坐标轴的两组平行线划分成网格，如图2-42 所示。

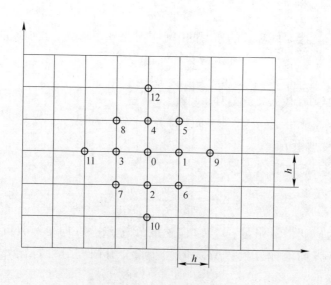

图 2-42　有限差分网格

建立有限差分方程的理论基础是弹性力学中的差分法,有限差分法首先从物理现象引出相应的微分方程,再经离散化处理得出差分方程,由参数的差分公式求解微分方程。采矿工程问题中采场稳定性分析解决的问题即在地应力的作用下,由于开挖活动所引起的顶板、矿柱、底板的应力和应变的变化规律。地应力和应力、应变之间的关系就是一个复杂的微分方程组,不能由解析法获得精确解,因此可用数值法获得最优近似解。

2.4.3.2 数值模拟计算过程

A 基本假设

由于梅州梅县某石灰岩矿地质结构复杂,影响采场稳定的因素很多,为方便建模和数值模拟计算,需做如下假设:

(1) 虽然斜坡道、阶段运输巷道、联络道等工程对采场的稳定性有一定的影响,但对宏观采场的稳定性影响很小,因此,本次研究忽略这些工程对采场稳定性的影响。

(2) 数值计算中矿体和围岩假设为各向同性的连续介质。

(3) 在所建模形中不考虑模拟范围内的裂隙、节理和断层。

(4) 在模拟计算中,只考虑重力对模型的影响,不考虑爆破震动、地震波及地下水对围岩稳定性的影响。

B 破坏准则

梅州梅县某石灰岩矿矿岩主要由大理岩、灰岩等岩性岩石组成,适用莫尔-库仑破坏准则,力学模型为:

$$f_s = \sigma_1 - \sigma_3 \frac{1 + \sin\phi}{1 - \sin\phi} - 2C\sqrt{\frac{1 + \sin\phi}{1 - \sin\phi}} \tag{2-34}$$

$$f_t = \sigma_3 - \sigma_1 \tag{2-35}$$

式中 σ_1——岩体最大主应力,MPa;

σ_3——岩体最小主应力,MPa;

C——岩体内聚力,MPa;

ϕ——岩体内摩擦角,(°)。

当岩体中的某一处应力满足 $f_s < 0$ 时,此处岩体发生剪切破坏;当满足 $f_t < 0$ 时,此处岩体出现了拉伸破坏。

C 模拟方案

采场结构参数几个主要影响因素如采场跨度、间柱宽度、隔离矿柱厚度都有较大取值范围,为使其有充分的代表性,采场跨度取 12~18m,顶柱厚度取 10~16m,间柱宽度取 11~17m,矿房高度为 18m,初选方案见表 2-14。

表 2-14　初选方案表

方案编号	采场跨度/m	间柱宽度/m	顶柱厚度/m
方案 1	12	11	10
方案 2	12	13	12
方案 3	15	13	12
方案 4	15	15	14
方案 5	18	15	14
方案 6	18	17	16

D　数值模型

a　模型建立及参数选取

本次模拟试验采场位于东矿区+10m 中段、0 号勘探线以东斜坡道两侧附近。考虑模型的范围为开挖范围往外推 3~5 倍，模型大小为长 400m、宽 400m、高约 250m，模型建立地表曲面，表土层取 10m。模型的长度方向为垂直矿体的走向方向，宽度方向为沿矿体走向方向，高度方向为竖直方向。开挖模型简化处理，开挖 12 个矿房，上分段为 1~6 号矿房，下分段为 7~12 号矿房。具体如图 2-43 和图 2-44 所示。

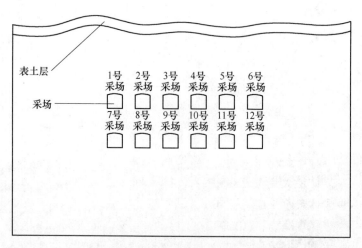

图 2-43　沿走向布置矿房剖面图

通过选取试验采场具有代表性的矿岩试件，送往广东省物料检验中心，委托其对矿岩的抗剪切、抗压强度、抗拉强度、弹性模量及泊松比、内聚力、内摩擦角、容重等力学参数进行测定。根据室内岩块的试验得到的岩石力学参数，采用工程化处理后的岩体强度参数作为数值模拟中所用的岩体强度，力学参数见表 2-15。

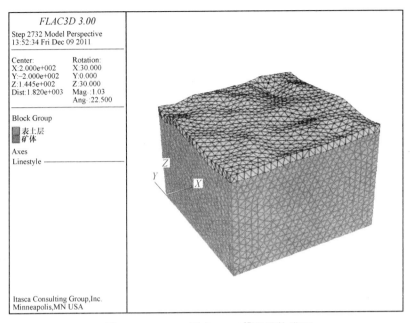

图 2-44　ANSYS 转入 FLAC^{3D}的整体模型

表 2-15　数值模拟计算模型材料力学参数表

材料	内摩擦角 /(°)	内聚力 /MPa	泊松比 ν	容重 /N·m^{-3}	体积模量 /MPa	剪切模量 /MPa	抗压强度 /MPa	抗拉强度 /MPa
大理岩	30.1	3.53	0.29	26900	8.10×10^3	3.95×10^3	10	1.8
灰岩	30.7	3.61	0.27	26400	6.96×10^3	3.78×10^3	9.8	1.6
第四系表土	28.0	0.21	0.3	18000	0.17×10^3	0.08×10^3	—	0

b　网格划分

采场结构参数数值模拟的关键在于考虑体现采场开采完毕后采场围岩的变形破坏状态，通过对采场围岩采用不同的精度划分网格，达到既减少总单元数的同时又提高模拟精度的目的。对采场采用了 4 精度的划分，对围岩采用了 20 精度的划分，对表土层采用了 20 精度的划分，网格划分采用渐变划分法，越接近所要重点分析模型处网格相对越密。方案 1~6 节点和单元数见表 2-16。

表 2-16　模型方案节点数和单元数

方案	1	2	3	4	5	6
节点数	33903	35213	35632	36988	40088	41448
单元数	197806	205845	208375	215941	236332	243690

E　边界条件与原岩应力场计算

边界条件分为点、线、面边界条件，各边界条件既可施加荷载，也可设定为固定边界条件。当模型足够大时，认为工程开挖对边界附近岩体的影响可以忽略，这时可以加载固定边界条件。对模型两侧设定为水平约束，底部设定为全约束。

原岩应力的准确性直接关系到计算结果的精确性，其原因是地下开挖所引起的岩体应力、位移变化都是在原岩应力存在状态下发生的。由于原岩应力测试工作的复杂性，该矿还未对原岩应力进行测定，采用的是忽略构造应力，只考虑岩体自重的方法，按常规进行假设计算。

由于前面已假定岩体为均质、连续的各向同性体，因此岩体的自重应力场为：

$$\sigma_Z = \gamma H \tag{2-36}$$

$$\sigma_X = \sigma_Y = \frac{\mu}{1 - \mu} \sigma_Z \tag{2-37}$$

式中　　　μ——泊松比；

　　　　　H——岩体至地表的距离，m；

　　　　　γ——上覆岩层容重，N/m^3；

σ_X，σ_Y，σ_Z——X、Y、Z方向的自重应力场，MPa。

取 $H = 250$m，$\gamma = 26400$N/m^3，代入式（2-36）和式（2-37）即可计算得梅州梅县某石灰岩矿矿体模型的原岩应力为：$\sigma_Z = 6.6$MPa，$\sigma_X = \sigma_Y = 2.5$MPa。图 2-45 为用 FLAC^{3D}模拟 Z 方向的初始应力场云图。

通过对原岩应力的模拟，使得模型中各单元都存在应力，同样使得矿体处于原岩应力场中，在此条件下进行的模拟开挖与实际情况较为接近。

2.4.3.3　数值模拟结果及比较分析

通过 FLAC^{3D}软件进行数值模拟计算，可以得到应力、位移、塑性区等重要信息，因为计算结果的信息量很大，计算结果的分析和比较主要是对关键部位、关键数据进行的，本研究对 6 种方案的应力、位移、安全率、塑性区并结合回采率因素进行比较和分析以得出最优方案。

A　各方案模拟结果

在 FLAC^{3D}设置中，以压应力为负，拉应力为正。在分析应力输出结果时，它给定的最大主应力，实际上是主应力分量中的应力值最小的分量；相反，最小主应力是实际上的主应力分量中，应力值最大的分量。用这两个应力指标，可表征地压活动在介质应力状态变化方面产生应力集中（concentration）或应力松弛（relaxation）的程度。

方案 1 的数值模拟得到的应力及位移结果如图 2-46~图 2-51 所示。

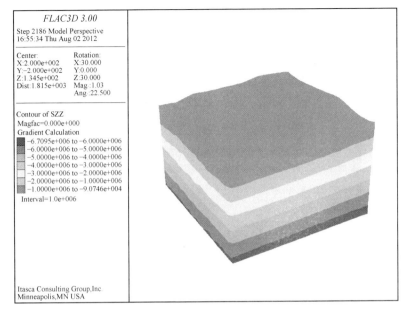

扫二维码
查看彩图

图 2-45 Z 方向的初始应力场云图

a 应力模拟结果

图 2-46～图 2-51 显示了只开采上分段及上、下分段全部回采后各主要应力图。

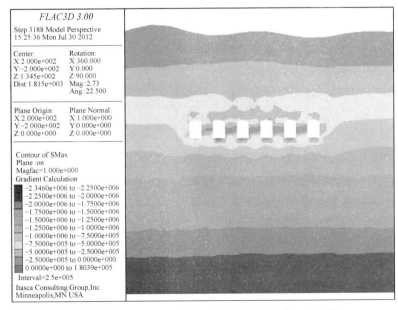

扫二维码
查看彩图

图 2-46 方案 1 最大主应力云图（上分段）

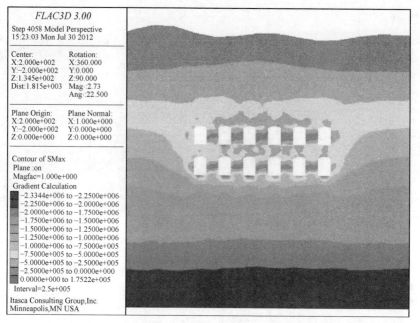

图 2-47　方案 1 最大主应力云图（上下分段）

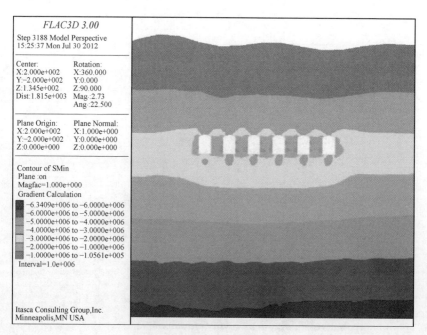

图 2-48　方案 1 最小主应力云图（上分段）

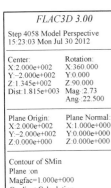
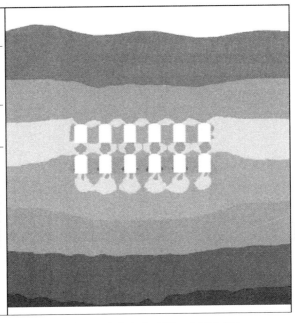

图 2-49　方案 1 最小主应力云图（上下分段）

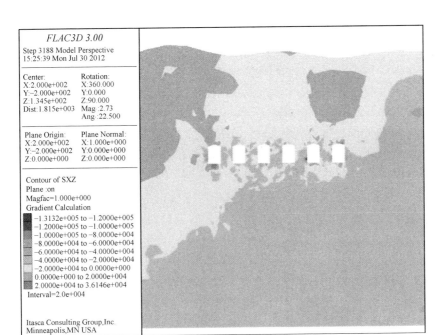

图 2-50　方案 1 剪应力云图（上分段）

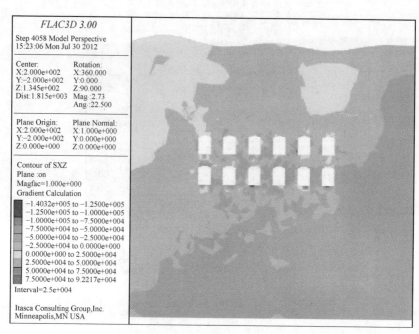

图 2-51　方案 1 剪应力云图（上下分段）

通过所得到的方案 1 的模拟图，以方案 1 为例，可以得到应力分布的情况：

（1）当只开采上分段时，主应力最大值位于间柱与矿房顶、底板的接触点处，最大值为 6.341MPa，表现为压应力；在矿房回采过程中，拉应力大部分位于间柱及底板中央区域，出现的最大拉应力值为 0.18MPa，拉应力明显小于围岩最小抗拉强度 1.8MPa；与最大主应力、拉应力一样，采场开采后产生剪应力集中，剪应力随着采场开采的进行而增大。

（2）当上、下两分段全部开采完之后，主应力最大值位于下分段矿柱与矿房顶、底板的接触点处，最大值为 6.292MPa，表现为压应力；在下分段矿房回采过程中，下分段顶板拉应力集中区域大部分位于间柱中央，出现的最大拉应力值为 0.175MPa，小于围岩最小抗拉强度 1.8MPa；与最大主应力、拉应力一样，采场开采后产生剪应力集中，剪应力随着采场开采的进行而增大。

b　位移模拟结果

图 2-52 和图 2-53 显示了采场开采完成后位移特征图。通过模拟图，以方案 1 为例，可以得位移情况：

（1）只开采上分段时，根据计算结果应力等值图可以看出顶板最大竖直位移为 2.49mm，即顶板下沉 2.49mm，位于 2 号、3 号、4 号矿房顶部中央区域，在矿房上方呈漏斗形状展开，向两边递减。底板中央处位移出现正值，大小为 3.734mm，说明底板中央处出现了 3.734mm 的竖直向上的位移。

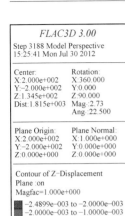
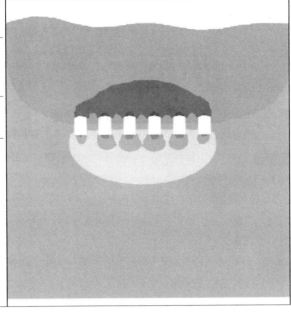

图 2-52 方案 1 垂直位移等值云图（上分段）

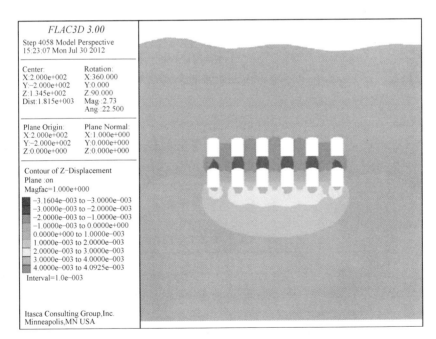

图 2-53 方案 1 垂直位移等值云图（上下分段）

（2）上、下两分段开采完之后，根据计算结果应力等值图可以看出最大竖直位移为3.16mm，即顶板下沉3.16mm，位于下分段矿房顶板正中间，在矿房上方呈漏斗形状展开，向两边递增。底板中央处位移出现正值，大小为4.093mm，说明底板中央处出现了4.093mm的竖直向上的位移。

方案2～6的数值模拟结果此处省略，方案1～6的数值模拟结果见表2-17和表2-18。

表2-17　开采上分段时方案1～6各采场应力位移值

指标名称	方案1	方案2	方案3	方案4	方案5	方案6
拉应力最大值/MPa	0.180	0.373	0.459	0.411	0.377	0.450
拉应力集中位置	各采场间柱中间区域	2～5号采场底板中间区域	主要在各采场底板中央区域	采场底板中央及间柱中间区域	间柱中间少部分区域	顶板间柱少部分区域
主应力最大值/MPa	-6.341	-6.355	-6.30	-6.300	-6.332	-6.340
主应力最大值集中位置	间柱左下角位置	间柱左下角位置	间柱左下角位置	间柱左下角位置	采场左下角	2～5号采场左下角
剪应力最大值/MPa	-0.131	-0.081	-0.074	-0.102	-0.087	-0.087
剪应力最大值集中位置	5号采场间柱左下隅角	2～5号采场左、右上隅角	2～5号采场左、右下隅角	2～5各采场间柱与顶底板的接触处	各采场间柱与顶底板接触右下角处	3～5号采场间柱与顶底板接触右下角处
顶板竖直位移/mm	-2.490	-2.414	-3.034	-2.957	-3.630	-3.511
底板竖直位移/mm	3.734	3.562	4.417	4.270	4.872	4.713

注：1. 表中压应力为"-"，拉应力为"+"；
　　2. 表中位移"-"表示沿Z轴负方向，反之为正。

表2-18　开采上、下分段时方案1～6各采场应力位移值

指标名称	方案1	方案2	方案3	方案4	方案5	方案6
拉应力最大值/MPa	0.175	0.230	0.658	0.662	0.613	0.735
拉应力集中位置	各采场间柱中间区域	采场底板中央及间柱中间区域	7～12号采场底板中央少部分区域	7～12号采场底板中央少部分区域	7～12号底板中央部分区域	7～11号采场底板中央大部分区域

指标名称	方案 1	方案 2	方案 3	方案 4	方案 5	方案 6
主应力最大值 /MPa	-6.292	-6.319	-6.292	-6.292	-6.531	-6.536
主应力最大值集中位置	7~12 号采场间柱左右下角处集中	7~11 号采场间柱左右下角处集中	7~12 号采场间柱左右下角处集中	7~11 号采场间柱左右下角处集中	7~12 号采场间柱左下角处集中	7~12 号采场间柱左右下角处集中
剪应力最大值 /MPa	-0.14	-0.127	-0.175	-0.146	-0.211	-0.133
剪应力最大值集中位置	9 号、12 号采场间柱左右下角	8 号、9 号采场右上角	9 号采场间柱与顶底板接触的尖角处少量区域	各采场间柱与顶底板的接触处大部分区域	10 号采场间柱与顶底板接触处	各采场间柱与顶底板接触处
顶板竖直位移 /mm	-3.164	-3.028	-3.831	-3.870	-4.604	-4.646
底板竖直位移 /mm	4.093	4.023	4.942	4.939	5.527	5.568

注：1. 表中压应力为 "-"，拉应力为 "+"；

　　2. 表中位移 "-" 表示沿 Z 轴负方向，反之为正。

B　应力对比分析

a　应力产生原因及其对采空区稳定性的影响

一般情况下，由于矿体的开挖，岩体原有的原岩应力平衡状态遭到了破坏，在二次应力场的作用下，采空区顶板中央形成了等值应力迹线拱，越往上，迹线拱径逐渐变大，拉应力出现在顶板中央，拉应力随着等值迹线拱径的逐渐变大而减小，最后变成了压应力，此后，压应力随着拱径的增大而增大。本次模拟的采场顶板为拱形，由于各方案选择采用拱形顶板，拱高的合理选择使得部分方案顶板处于等值应力迹线拱所对应的压应力区域，顶板拉应力集中现象不明显，而在矿柱及底板中央出现拉应力集中现象，因此，矿房开采时使用拱形顶板能很好地解决顶板中央拉应力集中问题，增加了工人在顶板下作业的安全性。

从应力等值云图 2-46~图 2-51 可知，矿房顶、底板与间柱的接触点通常出现应力最大值，这些地方的稳定性对采场稳定性的影响比较大；由于对矿体进行开挖使得矿柱从处于原岩应力状态变成单向受力状态，依据强度理论和岩体的破坏机制可知，矿柱中间位置及矿房 4 个隅角处也较易发生剪切破坏，剪切破坏也是影响采场稳定性的不可少的一个因素。

综上所述，对采场稳定性影响较大的应力主要有间柱及底板所受的拉应力、采场顶底板与矿柱的接触角点最大应力、矿柱及矿房 4 个隅角处最大剪切应力。

为进一步了解顶板应力随着开挖的进行所出现的变化情况，本次数值模拟在各方案下分段 9 号采场顶板中央靠近矿房处设置监测点，各方案监测点应力变化情况如图 2-54~图 2-59 所示。各方案开挖过程中最大主应力最大值见表 2-19。

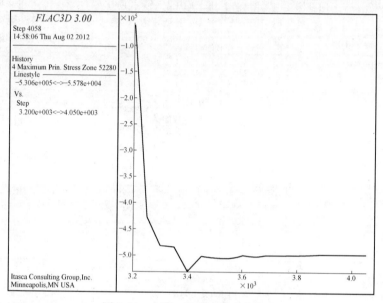

图 2-54　方案 1 监测点最大主应力

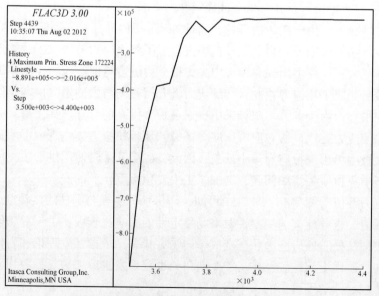

图 2-55　方案 2 监测点最大主应力（9 号采场）

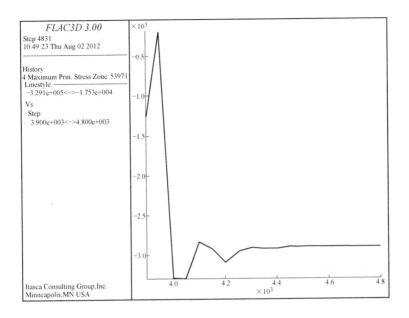

图 2-56 方案 3 监测点最大主应力

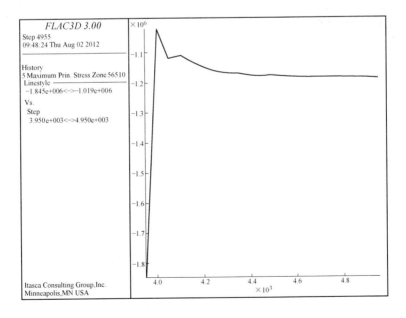

图 2-57 方案 4 监测点最大主应力（9 号采场）

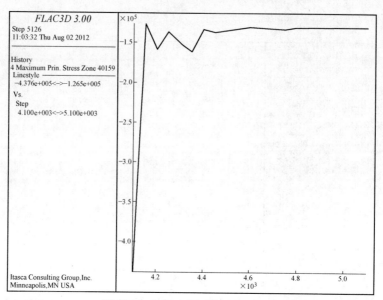

图 2-58　方案 5 监测点最大主应力

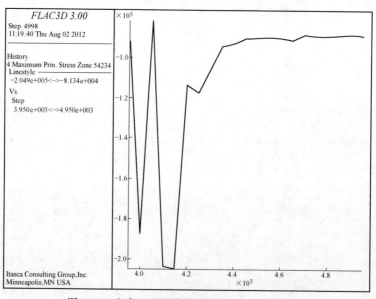

图 2-59　方案 6 监测点最大主应力（9 号采场）

表 2-19　各方案开挖过程中最大主应力最大值表

方案	方案 1	方案 2	方案 3	方案 4	方案 5	方案 6
开挖过程中最大主应力最大值/MPa	−0.531	−0.889	−0.329	−0.910	−0.438	−0.204

通过各方案顶板监测点应力变化图 2-54~图 2-59 可知，各方案监测点最大主应力最大值都小于围岩抗压强度，说明顶板处没发生由于压应力而产生的破坏；在 FLAC³ᴰ中，从最大主应力云图（图 2-45 和图 2-46）中往往可以看出有没有产生拉应力的情况，本次模拟中最大主应力没出现正值，说明各方案该监测点没出现拉应力，因此可以看出，采用拱形顶板能够很好地降低拉应力造成的顶板的变形破坏。

b 各方案应力对比分析

根据数值分析得到的应力等值云图结果绘制拉应力最大值、主应力最大值、矿柱剪切应力最大值对比图，如图 2-60~图 2-62 所示。

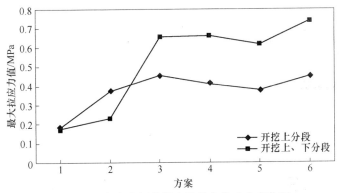

图 2-60 各方案间柱及底板最大拉应力变化图

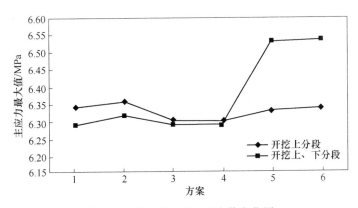

图 2-61 各方案主应力最大值变化图

由图 2-60 可知，各方案出现的拉应力最大值都小于围岩最小抗拉强度 1.8MPa，说明 6 个方案从拉应力角度考虑，安全性都良好。通过比较开挖下分段拉应力值可以看出，方案 1 和方案 2 的拉应力最大值明显小于其他 4 个方案，但方案 1 和方案 2 矿房跨度太小，相同走向长度上布置的矿块数更多，增大了采

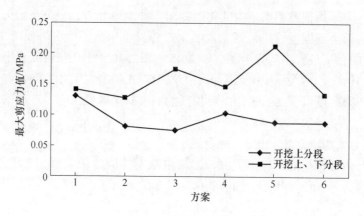

图 2-62　各方案最大剪应力变化图

切工程量，降低了生产效率，方案 3~6 为可选方案，方案 3~6 中方案 3 和方案 5 的拉应力小于方案 4 和方案 6 的拉应力。因此，从拉应力角度考虑，方案 3 和方案 5 为可选方案。

根据图 2-61 即主应力最大值变化图可知，6 个方案的主应力最大值都小于岩体的抗压强度 10MPa，说明 6 个方案从主应力角度考虑，安全性良好。通过比较各方案拉应力最大值可以看出，方案 3、方案 4 主应力最大值相比方案 1、方案 2、方案 5、方案 6 小，并且开挖下分段前后，方案 3 和方案 4 主应力最大值变化较小，说明方案 3 和方案 4 中由于开挖对采场所产生的扰动小，采场安全性比其他方案更高。因此，从主应力角度考虑，方案 3 和方案 4 为可选方案。

根据图 2-62 即剪应力变化图可知，各方案最大剪应力值都远远小于岩体的抗剪强度，开挖上分段时，方案 3 的剪应力值最小，开挖下分段后，方案 2 的剪应力值较小。因此，从剪应力角度考虑，方案 3 和方案 2 为可选方案。

综合比较可知，方案 3 为最优方案。

C　位移对比分析

a　位移产生的原因及其对采空区稳定性的影响

矿体开挖后，原有的应力平衡状态被矿体开挖所打破，由于受到垂直、水平应力的挤压作用，采场顶板、底板产生向空区移动的变形位移。最大水平位移出现在矿柱和采场的边帮上，最大竖直位移一般出现在顶底板。一般情况下，对顶、底板位移分析考虑竖直位移比考虑水平位移更多，原因是过量的竖直位移是导致顶板冒落和地表沉陷的根源，因此把顶、底板的竖直位移作为重点来分析。

为进一步了解顶板位移变化情况，本次数值模拟在各方案下分段 9 号采场顶板中央靠近矿房处设置监测点，各方案监测点位移变化情况如图 2-63~图 2-68 所示。各方案监测点位移最大值见表 2-20。

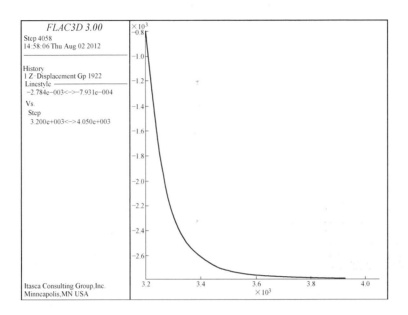

图 2-63　方案 1 监测点位移变化

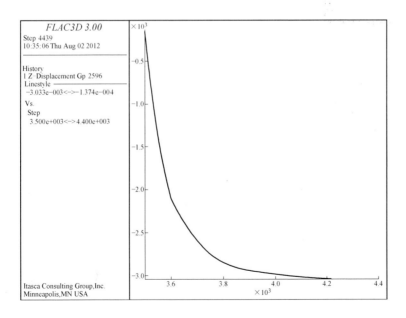

图 2-64　方案 2 监测点位移变化（9 号采场）

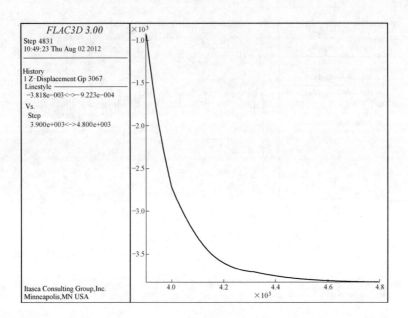

图 2-65　方案 3 监测点位移变化

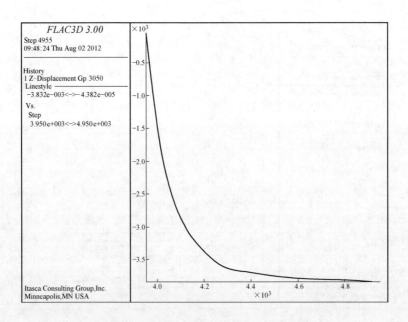

图 2-66　方案 4 监测点位移变化（9 号采场）

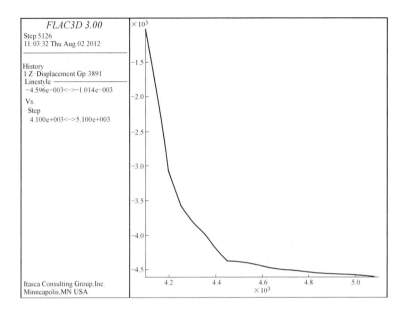

图 2-67 方案 5 监测点位移变化

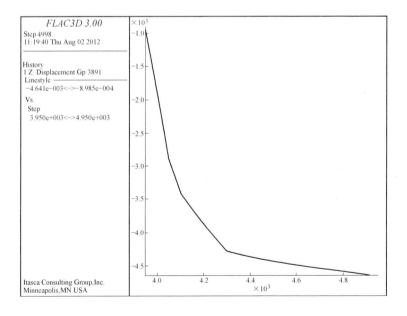

图 2-68 方案 6 监测点位移变化（9 号采场）

表 2-20 各方案监测点位移最大值表

方案	方案 1	方案 2	方案 3	方案 4	方案 5	方案 6
各方案监测点 位移最大值/mm	−2.784	−3.033	−3.818	−3.832	−4.596	−4.641

通过各方案顶板监测点位移变化图 2-63 ~ 图 2-68 可知，随着采场的开挖，采场顶板位移值越来越大，开挖完成后，顶板位移值达到最大值，并且最大值都在保证顶板安全的允许范围内；通过比较各方案监测点位移图与位移等值云图（图 2-45 ~ 图 2-68）可知，监测点位移最大值与位移等值云图中出现的最大值非常接近，进一步说明顶板中央为出现位移值最大处。

b 各方案对比分析

根据数值分析位移云图结果绘制顶板最大竖直位移、底板最大竖直位移对比图，详见图 2-69 和图 2-70。

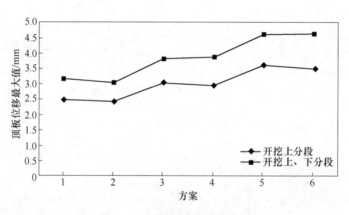

图 2-69 顶板竖直位移变化图

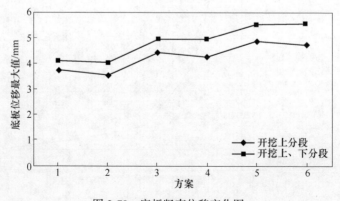

图 2-70 底板竖直位移变化图

　　根据位移等值云图可知，随着采场跨度尺寸的增大，顶板下沉位移值呈递增趋势，底板上升位移值也呈递增趋势。当采场跨度一定时，顶、底板位移值随着矿柱尺寸的增加而呈现减小的趋势，但不是很明显，最大位移为5.568mm，即顶板下沉5.568mm，总体来看这些变形都在允许范围之内。因此，就顶、底板最大竖直位移量因素影响而言，各方案的优劣顺序为：方案2、方案1、方案4、方案3、方案6、方案5。由于方案1和方案2的采切工程量较大，方案6和方案5采场跨度过大，在可选的方案3和方案4中，在两方案位移大小相比不明显的情况下，由于方案3的回采率高于方案4，因此方案3为可选方案。

　　D　塑性区对比分析

　　由岩石力学理论可知，当岩体进入塑性状态后，岩体的强度大大降低，承载能力也随着强度的降低而降低，塑性区体积的大小也是判断其稳定性的重要指标。塑性区图如图2-71~图2-76所示。

　　由图2-71~图2-76可以看出，方案1~6中，方案5和方案6出现了面积极小的塑性区，对采场安全造成的影响较小，各采场稳定性良好。从保证矿柱的稳定性，尽量避免出现塑性区角度考虑，方案1~4为可选方案，结合前面分析的应力、位移、采切工程量及回采率因素，方案3为可选方案。

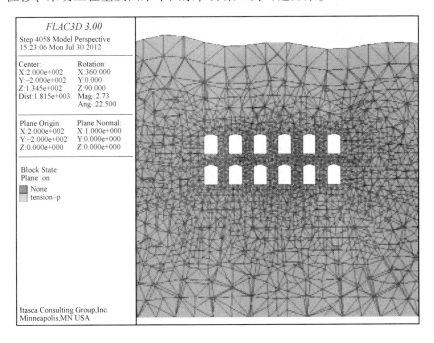

图 2-71　方案 1 塑性区图

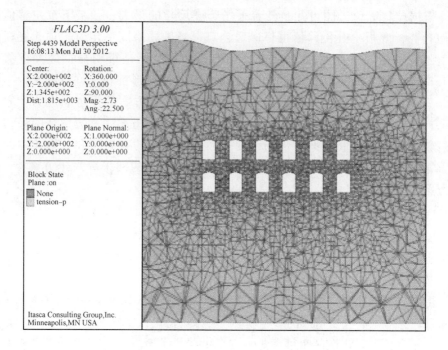

图 2-72　方案 2 塑性区图

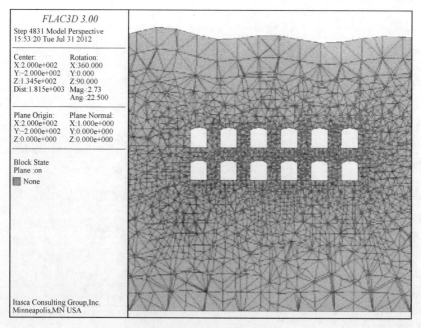

图 2-73　方案 3 塑性区图

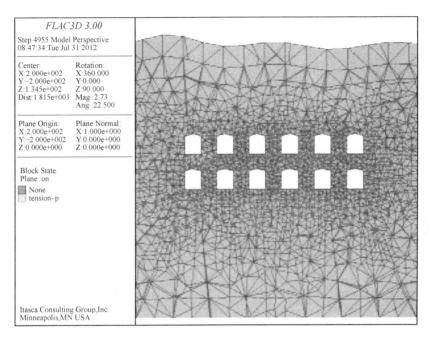

图 2-74　方案 4 塑性区图

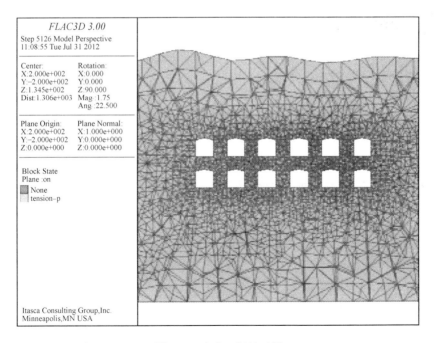

图 2-75　方案 5 塑性区图

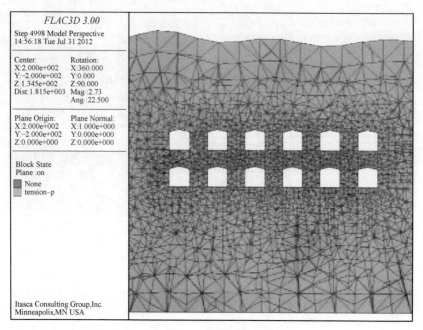

图 2-76　方案 6 塑性区图

E　回采率对比分析

回采率是矿房回采中一项重要的技术指标，经过计算可以得出各方案中段回采率见表 2-21 及图 2-77。

表 2-21　各方案中段回采率表

方　案	方案 1	方案 2	方案 3	方案 4	方案 5	方案 6
回采率/%	33.54	28.8	32.14	28.13	30.68	27.23

注：本次计算的回采率不包括回收部分矿柱的回采率。

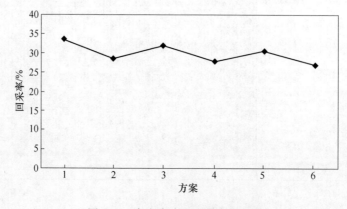

图 2-77　各方案中段回采率变化图

由图 2-77 可以看出，方案 1 回采率最高，其次是方案 3、方案 5、方案 2、方案 4、方案 6，因此，从回采率角度分析，方案 1 及方案 3 为可选方案，但在同一走向长度上，方案 1 比方案 3 所布置的矿房数更多，采切工程量更大，因此，从既兼顾回采率因素，又兼顾采切工程量因素角度出发，方案 3 为可选方案。

2.4.4　中深孔爆破参数优化研究

中深孔爆破参数合理选取是开展中深孔房柱法安全高效回采技术研究的重要内容之一，直接关系到中深孔房柱法能否成功运用的关键问题之一，对矿山提高生产效率、降低生产成本和保证安全生产具有重要的作用。通过采用经验爆破参数计算公式初步确定中深孔爆破参数，并运用现场正交试验对中深孔爆破参数进行优化，得出适合该石灰岩矿的中深孔爆破参数，以更好地指导生产实践。

2.4.4.1　中深孔爆破参数初取

中深孔爆破参数主要包括孔深、超深、孔径、底盘抵抗线、排距、孔距、填塞长度和单位炸药消耗量等，可运用爆破经验公式并结合现场实际对各参数进行合理的选取。

A　孔径及孔深

试验采场凿岩设备采用液压潜孔钻机钻凿垂直中深孔。

钻孔直径 d：$d = 79\text{mm}$。

孔深 L 采用式（2-38）计算：

$$L = H/\sin\alpha + h = 10/\sin 90° + 0.8 = 10.8 \tag{2-38}$$

式中　L——钻孔深度，m；

H——台阶高度，取 10m；

h——炮孔超钻深度，m；

α——倾斜孔角度，取 90°。

依据石灰岩岩石性质，结合施工经验，超深 $h = (8 \sim 12)d$，超深为 0.8m，则孔深为 10.8m。

B　底盘抵抗线

结合该石灰岩矿现场实际，并参照类似矿山实践经验，底盘抵抗线（W_d）按式（2-39）计算：

$$W_d = (0.24Hk + 3.6)d/150 \tag{2-39}$$

式中　H——台阶高度，取 10m；

k——与岩石坚固性有关的系数，取 0.65；

d——钻孔直径，取79mm。

将各参数代入式（2-39），则底盘抵抗线（W_d）有：

$$W_d = (0.24 \times 10 \times 0.65 + 3.6) \times 79/150 = 2.8(\mathrm{m})$$

C　排距与孔距

采用三角形（梅花形）布孔，排距、孔距分别为：

排距：$b = mW_d = 0.90 \times 2.8 = 2.52(\mathrm{m})$，取$b = 2.5\mathrm{m}$；

孔距：$a = 1.25b = 1.25 \times 2.5 = 3.1(\mathrm{m})$，取$a = 3.0\mathrm{m}$；

其中，m为炮孔邻近系数，$m = 0.7 \sim 1.3$，取$m = 0.9$。

D　填塞长度

填塞长度L_2按式（2-40）计算：

$$L_2 = ZW_d = 0.8 \times 2.8 = 2.2(\mathrm{m}) \tag{2-40}$$

式中　Z——填塞系数，垂直孔$Z = 0.7 \sim 0.8$，斜孔$Z = 0.9 \sim 1$，取$Z = 0.8$。

E　单位炸药消耗量

参照露天矿中深孔微差爆破单位炸药消耗量（q，kg/m³）计算公式为：

$$q = 0.083 \sqrt{\gamma f} \tag{2-41}$$

式中　γ——矿岩的容重，t/m³；

　　　f——岩矿的普氏硬度系数。

按矿岩坚固系数$f = 5 \sim 10$和矿山生产经验选取，$q = 0.35 \sim 0.5\mathrm{kg/m^3}$，取0.45。

F　单孔装药量计算及验算

（1）单孔装药量（Q_k）计算：

$$Q_k = qabh = 0.45 \times 3.0 \times 2.5 \times 10 = 33.8(\mathrm{kg}) \tag{2-42}$$

式中　Q_k——单孔装药量，kg。

（2）装药量（Q_{ky}）验算：

$$Q_{ky} = [(L - L_2)\pi d^2 \Delta/4] \times 10^{-3} \tag{2-43}$$

式中　Q_{ky}——验算的单孔装药量，kg；

　　　d——药卷直径，mm；

　　　Δ——装药密度，kg/dm³，2号岩石乳化炸药$\Delta = 0.95 \sim 1.2\mathrm{kg/dm^3}$。

代入式（2-43）计算：

$$Q_{ky} = [(10.8 - 2.2) \times 3.14 \times 70^2 \times 1.15/4] \times 10^{-3} = 38.0(\mathrm{kg})$$

经计算可知，$Q_k < Q_{ky}$，满足装药条件要求。

G　装药结构

主炮孔采用连续装药结构，在主炮孔孔底先装3条2号岩石乳化炸药药卷（4.5kg），药卷直径ϕ70mm，接着放入起爆药包。预裂炮孔采用导爆索连接，把

φ70mm 的 2 号岩石乳化炸药药卷沿纵轴线剖开捆绑于导爆索上，采用间隔装药结构，每个预裂炮孔装药量为 8~12kg。

填塞材料就近取材，使用孔渣岩粉压实。

H 起爆网络

（1）微差间隔时间（Δt）：

$$\Delta t \geqslant 4W/C_0 + K_1 W/C_P + S/V \qquad (2\text{-}44)$$

式中　W——抵抗线，m；

C_0——岩体中弹性纵波速度，m/s；

K_1——系数，取 23；

C_P——裂缝扩展速度，m/s；

S——破裂体移动距离，取 $0.08 \sim 0.1$m；

V——破裂体移动的平均速度，m/s。

经计算，合理的微差时间 $\Delta t = 25$ms。

（2）起爆网络和起爆顺序。

采用微差爆破技术，相邻两段间隔时间为 25~50ms。先起爆预裂炮孔，再起爆主炮孔。

主炮孔采用导爆管雷管起爆网络，每个炮孔装两个同段导爆管雷管起爆药包，预裂炮孔用导爆索连接并起爆药包。起爆网络联接方式为簇联（俗称"一把抓"）的方式，起爆方式为孔底起爆。

中深孔布置及起爆网络示意图如图 2-78 所示。中深孔爆破参数见表 2-22，爆破材料消耗见表 2-23。

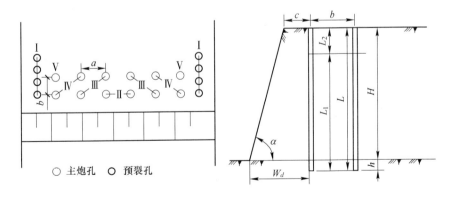

图 2-78　中深孔布置及起爆网络示意图

H—阶段高度；L—钻孔深度；h—超钻深度；L_1—装药长度；L_2—堵塞长度；

α—坡面角；c—坡顶线至前排孔距离；W_d—底盘抵抗线；a—孔间距；b—排距；

Ⅰ~Ⅴ—起爆顺序

表 2-22　中深孔爆破参数

序号	项　　目	单位	参数
1	台阶高度（H）	m	10
2	孔径（d）	mm	79
3	孔深（L）	m	10.8
4	炮孔倾角	(°)	90
5	超深（h）	m	0.8
6	最小抵抗线（W_d）	m	2.8
7	孔间距（a）	m	3.0
8	排间距（b）	m	2.5
9	填塞长度（L_2）	m	2.2
10	单孔装药量（Q_k）	kg	33.8

表 2-23　爆破材料消耗

序号	材料名称	单位	数量	备注
1	炸药	kg/m³	0.45	
2	雷管	个/m³	0.006	
3	导爆管	m/t	0.1	
4	导爆索	m/t	0.24	

2.4.4.2　中深孔爆破正交试验

穿孔爆破是矿床开采的必要工序。爆破质量的好坏直接影响着铲装、运输和破碎效率。爆破成本大约占地下采矿总成本的 20% ~ 35%，而爆破参数（孔径、孔深、超深、抵抗线、孔距、排距、堵塞长度、单位炸药消耗量等）的确定，又是直接影响爆破质量的最重要的因素。因此，优化爆破参数并确定其最佳组合，对提高爆破效果、降低成本具有非常重要的意义。

过去，爆破参数的确定和各参数的组合主要是靠长期经验的积累（或经验公式计算）。因此，要探索出一套最优的爆破参数及其最佳的组合需要进行长期试验（各参数的最佳组合如果用排列组合的方法去确定，需要上百次试验）。在矿山生产实际中，这无疑是不经济和不安全的，并且时效性也差。弹性波理论和电子计算机的应用，虽然使爆破参数的优化有了很大的进展，但在实际生产应用上，尚有一定的距离。而正交试验法（优选法）优化爆破参数及其最佳组合的研究，就较好地弥补了上述问题。

正交试验法设计是一种广泛使用的安排试验的方法。其理论基础是拉丁方理论和群论，可以用来安排多因素试验，试验次数对各因素各水平的全排列组合来说是大大减少了，是一种优良的试验设计方法。20世纪70年代和80年代，此方法在国内得到了广泛的推广。用正交设计表安排试验，相对于全面试验而言，它只是部分试验，可用比全面试验法少得多的试验，得到能基本上反映全面情况的试验资料。用正交表设计试验方案程序如下：（1）确定实验指标、明确试验目的，确定考核目标；（2）确定因子与水平；（3）选用正交表；（4）进行实验及结果分析。

A　正交试验设计

影响爆破作用的因素很多，归纳起来主要有三个方面：岩石特性、炸药性能、爆破参数。其中爆破参数中的孔网参数、装药结构、爆破网络、起爆顺序等对爆破作用的影响最为主要，另外孔径、孔深、超深、抵抗线、孔距、排距、堵塞长度、单位炸药消耗量等参数，是直接影响爆破质量的最重要因素，参数间的合理搭配牵涉炸药能量的时空分布和合理利用，对企业提高效率、降低成本有重要的作用。

受采场结构参数和凿岩设备条件的制约，一些爆破参数已经确定，如孔径、孔深、超深等。由于中深孔爆破的各个参数是相互影响的，因此，在应用正交试验法的研究中，根据矿山实际情况选择了炸药单耗、孔排距、堵塞长度3个重要影响因素进行优化试验研究，确定其合理取值和最佳组合。爆破参数的初选参见2.4.4.1节的理论计算，详见表2-24。

由于正交试验选择的影响爆破作用的因素：炸药单耗、孔排距、堵塞长度，都有较大取值范围，为使其有充分的代表性，在各取值范围内，取较小、中间、较大三个数据，炸药单耗 q 取 $0.38kg/m^3$、$0.40kg/m^3$、$0.42kg/m^3$ 3个水平；孔排距 $a×b$ 取 $2.8m×2.5m$、$3.0m×2.5m$、$3.5m×2.5m$ 这3个水平；填塞长度 L 取 $1.8m$、$2.0m$、$2.2m$ 这3个水平。据此确定为三因素三水平试验，采用L9（3^4）正交表。正交表中列出9组试验，根据这9组试验的因素组合，在试验采场进行了9次中深孔爆破试验。爆破效果用大块率、粉矿率、延米炮孔爆破量进行考核。

中深孔爆破试验采用三角形布孔，为减少爆破作用对顶板和矿柱的损伤，共布置2排主炮孔，前排7~8个孔，后排8~9个孔，临近矿柱两侧布置3~4个预裂孔。炸药选用2号岩石乳化炸药，装药结构为连续装药，炮孔堵塞用孔渣岩粉压实。采用预裂爆破和毫秒延期微差控制爆破技术，相邻两段时间间隔为25~50ms。起爆网络联接方式为簇联，起爆方式为孔底起爆。起爆顺序为先起爆预裂孔，后起爆主炮孔。

试验方案参数及爆破效果统计见表2-24和表2-25。

表 2-24　正交试验表

试验号	炸药单耗/kg·m⁻³	孔排距/m×m	填塞长度/m
1	0.38	2.8×2.5	1.8
2	0.38	3.0×2.5	2.0
3	0.38	3.5×3.0	2.2
4	0.40	2.8×2.5	2.0
5	0.40	3.0×2.5	2.2
6	0.40	3.5×3.0	1.8
7	0.42	2.8×2.5	2.2
8	0.42	3.0×2.5	1.8
9	0.42	3.5×3.0	2.0

表 2-25　正交试验爆破效果统计表

试验号	考核指标		
	x 大块率/%	y 粉矿率/%	z 延米炮孔爆破量 /t·m⁻¹
1	4.9	3.3	14
2	4.9	3.0	16
3	5.1	3.4	15
4	4.9	2.9	15
5	4.7	3.0	18
6	5.0	2.9	17
7	5.2	3.0	13
8	4.9	3.1	15
9	4.8	2.9	16

B　试验结果分析

根据表 2-24 和表 2-25 中的数据，进行单一指标的极差分析，即计算每一指标中各因素各水平的和 K_1、K_2、K_3 及其平均值 k_1、k_2、k_3 与极差 R，从中确定出较优水平，并划分出各因素的主次顺序，结果见表 2-26。

表 2-26　爆破效果分析表

极差分析	大块率/%			粉矿率/%			延米炮孔爆破量/t·m⁻¹		
	A	B	C	A	B	C	A	B	C
K_1	14.9	15	14.8	9.7	9.2	9.3	45	42	46
K_2	14.6	14.5	14.6	8.8	9.1	8.8	50	49	47

续表 2-26

极差分析	大块率/%			粉矿率/%			延米炮孔爆破量/t·m⁻¹		
	A	B	C	A	B	C	A	B	C
K_3	14.9	14.9	15	9	9.2	9.4	44	48	46
k_1	4.97	5	4.93	3.23	3.07	3.1	15	14	15.33
k_2	4.87	4.83	4.86	2.93	3.03	2.93	16.67	16.33	15.67
k_3	4.97	4.97	5	3	3.07	3.13	14.67	16	15.33
$D = R_{max-min}$	0.1	0.17	0.13	0.3	0.03	0.2	2	2.33	0.33
较优水平	2	2	2	2	2	2	2	2	2
主次因素	2	3	1	1	3	2	2	1	3

设 A 代表炸药单耗，B 代表孔排距，C 代表填塞长度，从表 2-26 中的极差 R 可以看出，对爆破大块率的影响程度而言，$R_B > R_C > R_A$，即孔排距影响最显著，填塞长度次之，炸药单耗再次之。对粉矿率而言，$R_A > R_C > R_B$，即炸药单耗的影响最显著，填塞长度次之，孔排距再次之。对延米炮孔爆破量而言，$R_B > R_A > R_C$，即孔排距影响最显著，炸药单耗次之，填塞长度再次之。

从表 2-26 中可以看出，对于大块率、粉矿率、延米爆破量 3 个考核指标而言，优化得出炸药单耗、孔排距及填塞长度这 3 个因素的最优水平均为第二水平。因此，通过正交试验得出最优爆破参数组合为：炸药单耗为 0.4kg/m³，孔排距为 3.0m×2.5m，填塞长度为 2.0m。

经过正交试验及结果分析，得出优化后的爆破参数见表 2-27。爆破参数可以在生产实践中继续调整、修正，使爆破设计方案趋于更优。

表 2-27 中深孔爆破参数优化表

序号	项目名称	单位	数量	序号	项目名称	单位	数量
1	台阶高度（H）	m	10	8	排间距（b）	m	2.5
2	孔径（ϕ）	mm	79	9	填塞长度（L_2）	m	2.0
3	孔深（L）	m	10.8	10	炸药单耗	kg/m³	0.4
4	炮孔倾角	(°)	90	11	单孔装药量（Q_k）	kg	31.5
5	超深（h）	m	0.8	12	预裂炮孔距	m	1.0
6	底盘抵抗线（W_d）	m	2.8	13	预裂炮排距	m	1.5
7	孔间距（a）	m	3.0	14	预裂孔单孔装药量	kg	8.0

2.4.4.3 中深孔爆破振动测试

为了研究中深孔爆破震动对矿柱和巷道安全影响，确定该矿中深孔爆破震动的衰减规律，为中深孔爆破试验设计和优化提供理论依据，对中深孔爆破试验进行了震动测试与分析。

A　工程概况

本次中深孔爆破试验布置 2 排 12 个主炮孔。中深孔孔深 10.8m，孔径 79mm，孔距 3.0m，排距 2.5m，底盘抵抗线 2.8m，堵塞长度 2m。爆破选用 2 号岩石乳化炸药，药卷直径 ϕ70mm（1.5kg/条）。采用连续装药结构，每孔装药量为 36~39kg。为了减少爆破震动对矿柱的破坏，在矿房两侧各布置了 3 个预裂孔，孔排距为 1.0m。预裂孔采用导爆索连接，将 ϕ70mm 药卷从中间对半剖开均匀间隔捆绑在导爆索上，每个预裂孔装药量为 9~12kg。

中深孔爆破采用多排微差爆破技术和预裂爆破技术，相邻两段时间间隔 25ms。预裂孔超前主炮孔 50ms 起爆。最大段由两个主炮孔并联，起爆药量 78kg。采用非电起爆网络，每个炮孔装两发导爆管雷管起爆药包，起爆方式为孔底起爆。炮孔布置和起爆网络如图 2-79 所示。

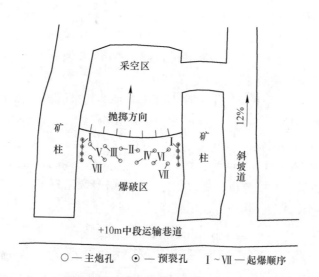

○ — 主炮孔　⊙ — 预裂孔　Ⅰ~Ⅶ — 起爆顺序

图 2-79　炮孔布置及起爆网络图

B　爆破振动测试

a　测试仪器和方法

振动监测仪由三维速度传感器、专用电缆、数据采集分析系统组成。三维速度传感器可以同时测量 X、Y、Z 三个方向的速度，安放固定时应保持金属外壳底面与水平平行，用专用电缆与放在安全地带的数据采集分析系统相连。起爆前，测试系统开机，起爆后测点位置的加速度传感器把它接收到的地震波转换成电信号通过专用信号电缆传送到测试仪中，通过记录的数据进行分析，就可得到测点质点的振动速度。

b　测点布置

此次中深孔爆破试验测试重点监测爆破震动对矿柱和主要运输巷道的安全影响，因此在爆破区附近重点监测部位布置了3个测点，即爆破后矿柱、+10m水平运输巷道、主斜坡道，分别距离爆破中心12m、30m和48m。测点布置如图2-80所示。

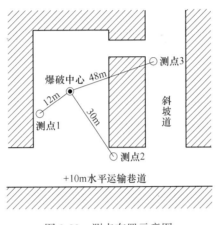

图 2-80　测点布置示意图

c　爆破实测结果

2010年12月15日，按预定的监测方案进行了中深孔爆破试验震动测试。在爆破前对爆破参数情况进行了详细的统计和记录，并在爆破前半小时内将测震仪器放置固定好，共取得了3个点次的有效实测数据（见表2-28）。现场典型实测爆破振速波形如图2-81所示。

表 2-28　爆破震动测试结果

测点序号	传感器编号	灵敏度/cm·s^{-1}	触发电平/V	采样率/ksps	最大振速/cm·s^{-1}	频率/Hz	距离/m
1	TP3V-4.510006	283	0.04	2	25	13.4	12
2	TP3V-4.510007	283	0.04	2	5.3	25.3	30
3	TP3V-4.510008	283	0.04	2	2.4	39.1	48

C　测试结果分析

a　爆破振速预测

爆破振动速度按萨道夫斯基经验公式计算：

$$V = K\left(\frac{\sqrt[3]{Q}}{R}\right)^{\alpha} \qquad (2\text{-}45)$$

式中　V——爆破产生的质点振动速度，cm/s；

K——与地质、爆破方法等因素有关的系数，$K = 50 \sim 350$；

α——与地质条件有关的地震波衰减系数，$\alpha = 1.3 \sim 2.0$；

Q——最大段起爆药量，kg；

R——测点与爆心的直线距离，m。

由上述爆破振动速度计算公式（2-45），可以通过已知和监测的 Q、R、V 3 个变量，求解出 K、α 值。通过对所测数据进行回归分析，得出适合该矿爆破震动衰减规律的经验公式：

$$V = 141.2 \left(\frac{\sqrt[3]{Q}}{R} \right)^{1.69} \tag{2-46}$$

该矿爆破振动速度衰减公式中的 $K = 141.2$，$\alpha = 1.69$ 与《爆破安全规程》（GB 6722—2003）中推荐值相符。

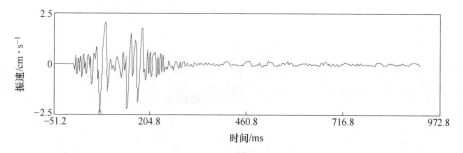

图 2-81　测点 3 爆破震动波形图

b　最大段药量控制

根据萨道夫斯基经验公式，最大段起爆药量可按式（2-47）计算：

$$Q_{\max} = R^3 \left(\frac{[V]}{K} \right)^{\frac{3}{\alpha}} \tag{2-47}$$

式中，$[V]$ 为爆破产生的质点振动速度，cm/s；其他符号意义同前。

根据《爆破安全规程》（GB 6722—2003）规定，当深孔爆破地震频率为 $10 \sim 60\text{Hz}$ 时，矿山巷道安全振速为 $15 \sim 30\text{cm/s}$。本研究对矿山巷道的爆破振速安全允许标准取 $[V] = 20\text{cm/s}$，则可推出最大段起爆药量与安全距离的关系：

$$Q_{\max} = R^3 \left(\frac{[v]}{141.2} \right)^{\frac{3}{1.69}} = R^3 \left(\frac{20}{141.2} \right)^{\frac{3}{1.69}} = 3.11 \times 10^{-2} R^3 \tag{2-48}$$

由式（2-48）可求得不同安全距离处应控制的最大段起爆药量。

3 石灰石地下矿山通风安全

3.1 空气在井巷中流动的基本规律

3.1.1 空气压力

3.1.1.1 空气压力的概念

某一点的压力称为点压力，两点间的压力之差称为压力差或压差。空气压力一般用毫米水柱或毫米水银柱表示。

一个标准大气压力＝10336 毫米水柱＝760 毫米水银柱，而一毫米水柱的压力相当于 $1kg/m^2$。

点压力可以用绝对压力和相对压力表示。（1）绝对压力是从真空计算的压力，因为真空的压力为零，所以绝对压力总为正值；（2）相对压力是与某一标准大气压力相差的压力值，大于此标准压力的为正压，小于此标准压力的为负压。

3.1.1.2 静压与动压

在流动的空气中，空气任一点的压力都是由静压和动压（也称速压）组成。

（1）静压是指空气分子之间的压力或空气对巷道壁的压力。

（2）动压是指流动的空气作用于风流的垂直平面压力，其数值永远为正值。静压和动压之代数和称为全压。

3.1.1.3 巷道两点压力差

如果巷道中 A、B 两点的压力大小不相等，如图 3-1 所示，则在 A、B 两点之间产生压力差。由于这种压力差是由矿井肩风机或自然风力造成的，故压力差又称为通风压力。它是用来克服巷道阻力的，其数值一般可通过测定求得。

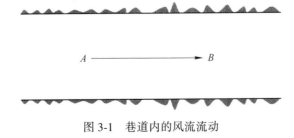

图 3-1 巷道内的风流流动

3.1.2　气体流动的连续性

空气流经巷道不同断面，沿途如无漏损，则任何断面在单位时间内所通过的风量不变。

$$Q_1 = Q_2 = 常数 \tag{3-1}$$

而单位时间内空气的流量为

$$Q = VS \tag{3-2}$$

式中　Q——单位时间内空气的流量，m^3/s；

　　　V——空气的流动速度，m/s；

　　　S——巷道的断面积，m。

这时，可将式（3-2）试改写成

$$V_1 S_1 = V_2 S_2 \tag{3-3}$$

式中　S_1，S_2——不同巷道的断面面积，m；

　　　V_1，V_2——对应不同巷道断面的空气流动速度，m/s。

式（3-3）表示了空气在井巷流动时的连续规律，即巷道断面越小，其风流速度越大；巷道断面越大，其风流速度越小。

3.1.3　巷道通风阻力

通风压力与通风阻力是矛盾的两个方面，是作用力与反作用力的关系，即力的方向相反，数值相等。巷道的通风阻力有：

（1）摩擦阻力。

风流与井巷周壁互相摩擦以及空气分子间互相碰撞面产生的阻力，它与巷道断面的大小、巷道壁的粗糙程度以及支架形式有关。根据水力学的实验及计算，摩擦阻力大小为：

$$h_摩 = \alpha \frac{LP}{S^3} Q^3 \tag{3-4}$$

式中　$h_摩$——井巷摩擦阻力，mmH_2O；

　　　α——井巷摩擦阻力系数，$kg \cdot s^2/m$；

　　　L——井巷的长度，m；

　　　P——井巷的周边长度，m；

　　　S——井巷净断面积，m；

　　　Q——井巷中流过的风量，m^3/s。

摩擦阻力系数值的大小可在现场实际测得，也可根据经验公式计算或查表得出。

通常设式（3-4）中

$$\alpha \frac{Lp}{S^3} = R_摩 \tag{3-5}$$

则式（3-4）可写成

$$h_摩 = R_摩 Q^2 \tag{3-6}$$

式中，$R_摩$ 为摩擦风阻，kg/m^3（千微米）。

摩擦阻力占井巷通风阻力的 80%~90%，是造成空气压力（通风压力）损失的主要因素，因此必须了解它的特性。

（2）局部阻力。

风流在巷道中流动，当巷道断面突然扩大（见图 3-2（a））或突然缩小（见图 3-2（b））以及转弯时，空气分子间有冲击而产生的阻力称为局部阻力。该阻力大小按式（3-7）计算：

$$h_局 = \xi \frac{v^2}{2g} \gamma \tag{3-7}$$

式中 $h_局$——井巷局部阻力，mmH_2O；

ξ——局部阻力系数，无因次；

v——局部阻力处的风速，m/s；

g——重力加速度，m/s^2；

γ——空气的重率，kg/m。

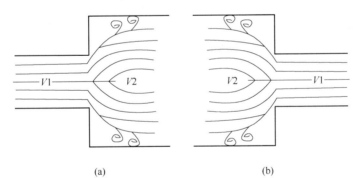

(a)　　　　　　　　　　(b)

图 3-2　巷道断面突然扩大和突然缩小

（a）突然扩大；（b）突然缩小

若式（3-7）右边的分子分母同乘以巷道断面积 S_2 则可写成

$$h_局 = \xi \frac{v^2 S^2}{2gS^2} \gamma = \xi \frac{\gamma}{2gS^2} Q^2 \tag{3-8}$$

式中，Q 为井巷通过的风量，m^3/s；$h_局$ 为局部阻力系数，mmH_2O。

令：

$$\xi \frac{\gamma}{2gS^2} = R_局 \tag{3-9}$$

则式 (3-9) 可以写成

$$h_局 = R_局 Q^2 \tag{3-10}$$

局部阻力系数与相应的风速有关，由实验求得。局部阻力一般都比较小，在计算整个通风阻力时，可以忽略不计。

(3) 正面阻力。

当巷道中有障碍物（堆积物，矿车等）时，风流流动时产生的阻力叫做正面阻力，其阻力值的大小可按式 (3-11) 计算：

$$h_正 = R_正 Q^2 \tag{3-11}$$

式中　$h_正$——井巷的正面阻力，mmH_2O；

　　　Q——井巷通过的风量，m^3/s；

　　　$R_正$——井巷的正面风阻，$10^3 \mu m$。

正面阻力在井巷中比较小，一般都忽略不计，已包括在摩擦阻力与局部阻力之中，综上所述，井巷通风总阻力应为

$$h_阻 = h_摩 + h_局 = (R_摩 + R_局) Q^2 \tag{3-12}$$

$$h_阻 = R_总 Q^2 \tag{3-13}$$

3.1.4　井巷风阻的特性曲线

对于某一条管道来说，风阻 R 可以看成常数，不同的风量 Q，相应地会产生不同的压力差 h。若以 h 为纵坐标，Q 为横坐标，按照已给定的阻值，即可以做出一条 h-Q 关系曲线，这就是井巷风阻特性曲线（见图 3-3）。井巷风阻特性曲线是一个二次抛物线，这条曲线清楚地表示出矿井通风的难易程度。曲线越陡，说明风阻越大，通风困难。反之，曲线越缓，说明风阻越小，通风容易。图 3-3 中的风阻 R_1 大于 R_2。

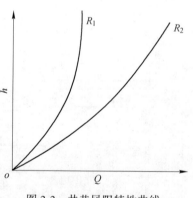

图 3-3　井巷风阻特性曲线

3.2　矿井总风量计算

根据矿井生产的特点，全矿所需总风量应为各工作面需要的最大风量与需要独立通风的硐室的风量之总和，同时还应考虑到矿井漏风、生产不均衡以及风量调节不及时等因素，给予一定的备用风。

全矿总风量可按式 (3-14) 计算：

$$Q_t = k\left(\sum Q_s + \sum Q'_s + \sum Q_d + \sum Q_r \right) \tag{3-14}$$

式中　Q_t——矿井总风量，m^3/s；

　　　Q_s——回采工作面所需的风量，m^3/s；

　　　Q_s'——备用回采工作面所需的风量，m^3/s，对于难以密闭的备用工作面，如电耙巷道群和凿岩天井群，其风量应与作业工作面相同；能够临时密闭的备用工作面，如采场的通风天井或平巷可用盖板、风门等临时关闭者，其风量可取作业工作面风量的一半，即 $Q_s' = 0.5Q_s$；

　　　Q_d——掘进工作面所需风量，m^3/s；

　　　Q_r——要求独立风流通风的硐室所需的风量，m^3/s；

　　　k——矿井风量备用系数，风量备用系数是考虑到矿井有难以避免的漏风，同时也包含风量调整不及时和生产不均衡等因素而设立的大于 1 的系数；如果地表没有崩落区 $k = 1.25 \sim 1.40$；地表有崩落区 $k = 1.35 \sim 1.5$。

在编制矿井远景规划时，可根据矿井年产量和万吨耗风量，估算矿井总风量，计算式如下：

$$Q = AY \tag{3-15}$$

式中　Q——矿井总风量，m^3/s；

　　　A——矿井年产量，万吨/a；

　　　Y——万吨耗风量，$m^3/(s \cdot 万吨)$，小型矿井取 $Y = 2.0 \sim 4.5$，中型矿井 $Y = 1.5 \sim 4.0$，大型矿井 $Y = 1.2 \sim 3.5$，特大型矿井（年产 250 万吨以上）$Y = 1.0 \sim 2.5$。

3.2.1　回采工作面风量计算

回采工作面的风量是根据不同的采矿方法，按爆破后排烟和凿岩出矿时排尘分别计算，然后取其较大值作为该回采工作面的风量。在回采过程中爆破工作又根据一次爆破用的炸药量的多少分为浅孔爆破和大爆破两种。因此，回采工作面所需风量也按两种情况分别计算。

3.2.1.1　浅孔爆破回采工作面所需风量的计算

（1）巷道型回采工作面的风量计算。

$$Q = \frac{25.5}{t}\sqrt{AL_0 S} \tag{3-16}$$

式中　Q——巷道型回采工作面风量，m^3/s；

　　　A——一次爆破的炸药量，kg；

　　　L_0——采场长度的一半，m；

　　　S——回采工作面横断面面积，m^2；

　　　t——通风时间，s。

（2）大爆破回采工作面的风量计算。

$$Q = 2.3 \frac{V}{kt} \lg \frac{500A}{V} \qquad (3-17)$$

式中　Q——大爆破回采工作面风量，m^3/s；

　　　　A——一次爆破的炸药量，kg；

　　　　V——采场空间体积，m^3；

　　　　t——爆破后排烟通风时间，s；

　　　　k——风流紊乱扩散系数，其值可按表 3-1 选取，取决于硐室及其进风巷道的形状及位置关系，当硐室有多个进、排风口时，可取 k 值为 0.8~1.0。

表 3-1　紊流扩散系数取值

圆形射流		扁平形射流	
$\alpha L\sqrt{S}$	k	$\alpha L/b$	k
0.420	0.335	0.600	0.192
0.554	0.395	0.700	0.224
0.605	0.460	0.760	0.250
0.750	0.529	1.040	0.318
0.945	0.600	1.480	0.400
1.240	0.672	2.280	0.496
1.680	0.744	4.000	0.604
2.420	0.810	8.900	0.726
3.750	0.873		
6.600	0.925		

注：α 为自由风流结构系数，圆形射流为 0.07，扁平形射流为 0.1；L 为硐室长度，m；S 为引导风流进入硐室的巷道断面积，m^2；b 为进风巷道宽度的一半，m。

3.2.1.2　按排除粉尘计算风量

按排尘计算风量有两种方法：（1）按作业地点产尘量计算风量；（2）按排尘风速计算风量。

（1）按作业地点产尘量计算风量。

回采工作面空气中的粉尘主要来源于产尘设备，其产尘量大小取决于设备的产尘强度和同时工作的设备的台数，对于不同的作业面和作业类别，可按表 3-2 确定排尘风量。

表 3-2 排尘风量取值 (m³/s)

工 作 面	设备名称	设备数量	排尘风量
巷道型采场	轻型凿岩机	1	0.7~2.6
		2	1.1~1.3
		3	1.6~3.5
硐室型采场	轻型凿岩机	1	3.0
		2	4.0
		3	5.0
中深孔凿岩	重型凿岩机	1	2.5~3.5
		2	3.0~4.0
	轻型凿岩机	1	1.5
		2	2.0
装运机出矿电耙出矿	装运机	1	3.5~4.0
放矿点、二次破碎	装岩机	1	2.5~4.0
喷锚支护	电耙	1	1.5~2.0

（2）按排尘风速计算风量。

$$Q = vS \tag{3-18}$$

式中 v——作业工作面要求的排尘风速，m/s，对于巷道型作业工作面，可取 $v=$
0.1~0.5m/s（断面小且凿岩机多时取大值，反之取小值，但必须保证
一个工作面的风量不能低于 $1m^3/s$），耙矿巷道可取 $v=0.5m/s$，对于
无底柱分段崩落采矿法的进路通风可取 $v=0.3~0.4m/s$，其他巷道可
取 $v=0.25m/s$；

S——采场内作业地点的过风断面，m^2。

根据采掘计划的作业安排和布置以及所用的采矿方法分别计算各作业工作面
的风量后，汇总便可获得作业工作面的总回风量。

3.2.2 掘进工作面风量计算

在初步设计和施工图设计阶段，掘进工作面的分布和数量一般根据采掘比大
致确定，其风量值可依据巷道断面按表 3-3 选取。

表 3-3 掘进工作面风量计算

序号	掘进断面/m²	掘进工作面需风量/m³·s⁻¹
1	<5.0	1.0~1.5
2	5.0~9.0	1.5~2.5
3	>9.0	2.5~3.5

注：1. 选用时，应使巷道平均风速大于 0.25m/s；2. 高海拔矿井取表中的大值。

表 3-3 中不同断面的计算风量已考虑了断面大、使用设备多的因素和局部通风的必备风量。对于某一具体掘进工程的通风设计，可由生产部门按局部工作面需风量计算方法进行。

3.2.3 硐室风量计算

井下硐室有的要求独立风流通风，需要进行风量的计算，以便确定矿井总风量。井下炸药库、充电硐室、破碎硐室和主溜井卸矿硐室需单独给风，计入矿井总风量中。其他硐室虽分风，但回风可重新使用不计入矿井总风量中。

（1）井下炸药库要求独立的贯穿风流通风，其风量可取 $1 \sim 2 m^3/s$。

（2）电机车库需要时可取 $1 \sim 1.5 m^3/s$。

（3）充电硐室要求独立的贯穿风流通风，其目的是将充电过程中产生的氢气量冲淡到允许浓度（0.5%）以下。

氢气产生量 q 按式（3-19）计算：

$$q = 0.000627 \frac{101.3}{p_1} \times \frac{273 + t}{273} (I_1 a_1 + I_2 a_2 + \cdots + I_n a_n) \qquad (3\text{-}19)$$

式中　　　　　q——氢气产生量，m^3/h；

0.000627——1A 电流通过一个电池每小时产生的氢气量，m^3；

p_1——充电硐室的气压，kPa；

t——硐室内空气温度，℃；

$I_1, I_2, \cdots, I_n$——各电池的充电电流，A；

$a_1, a_2, \cdots, a_n$——蓄电瓶内的电池数。

充电硐室所需风量按式（3-20）计算：

$$Q = \frac{q}{0.005 \times 3600} \qquad (3\text{-}20)$$

式中，Q 为充电硐室所需风量，m^3/s。

（4）压气机硐室的风量可按式（3-21）计算：

$$Q = 0.04 \sum N \qquad (3\text{-}21)$$

式中　Q——压气机硐室风量，m^3/s；

$\sum N$——硐室内同时工作的电动机额定功率之总和，kW。

（5）水泵或卷扬机硐室所需风量，需要时可按式（3-22）计算：

$$Q = 0.008 \sum N \qquad (3\text{-}22)$$

3.2.4 大爆破的通风计算

大爆破的采场是指采用深孔、中深孔爆破的大量落矿采场。大爆破后通风的首要任务就是将充满于巷道中的大量炮烟在比较短的时间内，以较大的风量进行稀释并排出。在放矿时，存留于崩落矿岩中的炮烟随矿石的放出而涌出。在正常通风时，除正常作业所需要的风量外，考虑到排出这部分炮烟，还需适当加大一些风量。

大爆破后，大量炮烟涌出到巷道中，其通风过程与巷道型采场相似。大爆破通风的风量可按式（3-23）计算：

$$Q = \frac{40.3}{t} \sqrt{iAV} \qquad (3-23)$$

式中　Q——大爆破通风风量，m^3/s；

　　　t——通风时间，s，通常取 7200~14400s，炸药量大时，还可延长；

　　　A——大爆破的炸药量，kg；

　　　i——炮烟涌出系数，可由表 3-4 查得；

　　　V——充满炮烟的巷道容积，m^3，$V = V_1 + iAba$，V_1 为排风侧巷道容积，m^3，ba 为 1kg 炸药所产生的全部气体量，b 大致等于 $0.9m^3/kg$。

表 3-4　炮烟涌出系数

采矿方法	采落矿石与崩落区接触面的数量	i
"封闭扇形" 分段崩落法	顶部和 1 个侧面	0.193
	顶部和 2~3 个侧面	0.155
阶段强制崩落法	顶部	0.157
	顶部和 1 个侧面	0.125
	顶部和 2~3 个侧面	0.115
空场处理	表土下或表土下 1~2 个阶段	0.095
	若干个阶段以下	0.124
房柱法深孔落矿	$V/A < 3$	0.175
	$3 < V/A < 10$	0.250
	$V/A > 10$	0.300

大爆破采场放矿过程中的通风量，可比一般采场放矿时的通风量增加 20%。

大爆破作业多安排在周末或节假日进行，通常采用适当延长通风时间和临时调节分流、加大爆破区通风量的方法。为了加速大爆破后的通风过程，在爆破前，对爆破区的通风路线要做适当调整，以尽量缩小炮烟污染范围。

3.2.5　柴油设备的风量计算

使用柴油设备时，其风量应满足将柴油设备所排出的尾气全部稀释和带走，并降至允许浓度以下。

（1）按稀释有害成分的浓度计算风量：

$$Q = \frac{g}{60c_1} \times 1000 \tag{3-24}$$

式中　Q——稀释有害成分浓度所需的风量，m^3/min；

　　　g——有害成分的平均排量，g/h；

　　　c_1——有害成分的允许浓度，mg/m^3。

这一计算方法在国外有两种主张：1）分别按稀释各种有害成分计算风量，选其最大值为需风量；2）按稀释各种有害成分分别计算风量后，取其叠加值为需风量。

（2）按单位功率计算风量：

$$Q = q_0 N \tag{3-25}$$

式中　Q——按单位功率计算的风量，m^3/min；

　　　q_0——单位功率的风量指标，$q_0 = 3.6 \sim 4.0 m^3/(min \cdot kW)$；

　　　N——各种柴油设备按作业时间比例的功率数，kW；$N = N_1 k_1 + N_2 k_2 + \cdots + N_n k_n$；$N_1$，$N_2$，$\cdots$，$N_n$ 分别为各柴油设备的功率数，kW；k_1，k_2，$\cdots$，k_n 分别为时间系数，作业时间所占的比例。

3.3　通风系统方案网路解算

3.3.1　矿井通风网路中风流运动的基本规律

在任何矿井通风系统中，所有巷道的风流按其分岔与会合的结构可构成一个有向的连通体系。在这样的连通体内，空气遵循一定的自然规律流动。对任一矿井通风系统，如果不考虑各风路交会点和通风巷道的位置、长度、形状及断面大小等情况，仅以单线表示各交汇点与风路的连接关系，这种表示的通风系统图称为矿井通风网路图。

3.3.1.1　风量平衡定律（风量连续定律）

在通风网路中，流进节点或闭合回路的风量等于流出节点或闭合回路的风量，即任一节点或闭合回路的风量代数和为零（见图3-4和图3-5），有

$$Q_1 + Q_2 = Q_3 + Q_4 + Q_5$$
$$Q_1 + Q_2 - Q_3 - Q_4 - Q_5 = 0$$
$$Q_{1-2} + Q_{3-4} - Q_{6-5} - Q_{8-7} = 0$$

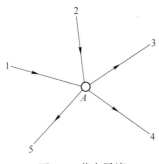

图 3-4 节点风流

图 3-5 闭合回路风流

用通式表示：

$$\sum Q_i = 0 \tag{3-26}$$

式中，Q_i 为流入或流出某节点的风量，以流入者为正，流出者为负。

3.3.1.2 风压平衡定律

在任一闭合回路中，无扇风机工作时，各巷道风压降的代数和为零，即顺时针的风压降等于逆时针的风压降（见图 3-6（a）），则：

$$h_1 + h_2 + h_3 + h_4 + h_5 = h_3 + h_6 + h_7 \text{或} h_1 + h_2 + h_3 + h_4 + h_5 - h_3 - h_6 - h_7 = 0 \tag{3-27}$$

可用式（3-28）表示：

$$\sum h_i = 0 \tag{3-28}$$

式中，h_i 为闭合回路中任一巷道的风压损失，顺时针为正，逆时针为负。

有扇风机工作及存在自然风压时，各巷道风压降的代数和等于扇风机风压与自然风压之和（见图 3-6（b）），则：

$$h_3 + h_4 + h_5 - h_1 - h_2 = h_f \tag{3-29}$$

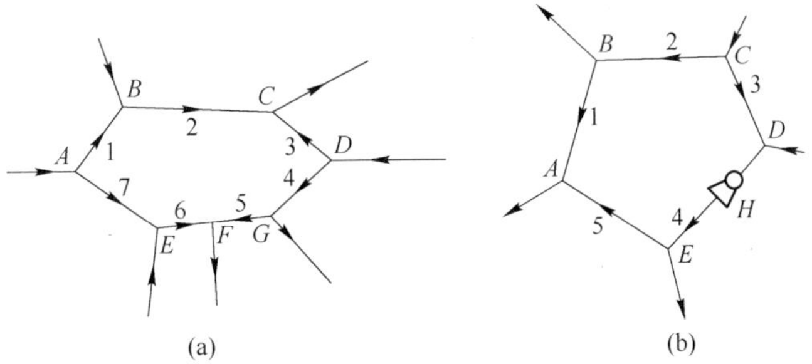

（a）   （b）

图 3-6 闭合回路风压降

（a）无扇风机工作时；（b）有扇风机工作及存在自然风压时

既有扇风机，又有自然风压作用时，可用式（3-30）计算：

$$\sum h_i = \sum h_f + \sum h_n \qquad (3\text{-}30)$$

式中，h_f，h_n 分别为扇风机风压和自然风压，顺时针为正，逆时针为负。

3.3.2　串联、并联通风网路的基本性质

通风网路连接形式很复杂，基本连接形式可分为串联、并联、角联和复杂连接。

3.3.2.1　串联通风网路

一条巷道紧连接着另一条巷道，中间没有分岔，称为串联网路，如图 3-7 所示。串联网路的基本性质如下：

（1）根据风量平衡定律，在串联网路中各条巷道的风量相等。

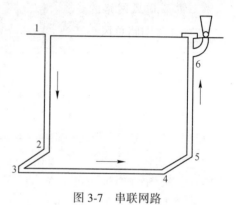

$$Q_0 = Q_1 = Q_2 = Q_3 = \cdots = Q_n \qquad (3\text{-}31)$$

（2）根据风压损失叠加原理，串联网路的总风压降为各条巷道风压降之和。

$$h_0 = h_1 + h_2 + h_3 + h_4 + \cdots + h_n \qquad (3\text{-}32)$$

图 3-7　串联网路

（3）根据阻力定律，$h = RQ^2$，串联网路的总风阻为各条巷道风阻之和。

$$R_0 = R_1 + R_2 + R_3 + R_4 + \cdots + R_n \qquad (3\text{-}33)$$

（4）当井巷风阻用等积孔面积 A_1 表示时，串联网路的总等积孔面积 A 可按式（3-34）计算：

$$\overline{A} = \cfrac{1}{\sqrt{\dfrac{1}{A_1} + \dfrac{1}{A_2} + \dfrac{1}{A_3} + \dfrac{1}{A_4} + \cdots + \dfrac{1}{A_n}}} \qquad (3\text{-}34)$$

串联是一种最基本的连接方式，但串联通风网路有以下缺点：

（1）总风阻大，通风困难。

（2）串联通风网路中各条巷道的风量是不能调节的，而且，前面工作面中所产生的烟尘直接影响后边工作面，一旦某段巷道发生火灾就会影响其他巷道，且不易控制。因此，在进行通风设计时或在通风管理中，应避免串联通风。

3.3.2.2　并联通风网路

如果一条巷道在某节点分为两条或两条以上分支巷道，而后又在另一点会合，在通风网路中称为并联网路。并联网路分为简单并联（见图 3-8）和复杂并联（见图 3-9）。

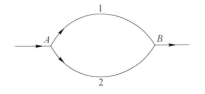

图 3-8 简单并联

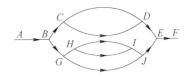

图 3-9 复杂并联

A 并联通风网路的性质

(1) 并联网路总风量 Q_0 为各分支风量之和。

$$Q_0 = Q_1 + Q_2 + Q_3 + Q_4 + \cdots + Q_n \qquad (3\text{-}35)$$

(2) 并联网路总风压降 h_0 等于各分支巷道的风压降。

$$h_0 = h_1 = h_2 = h_3 = \cdots = h_n \qquad (3\text{-}36)$$

(3) 并联网路总风阻 R_0 与各分支巷道的风阻存在如下关系：

$$\frac{1}{\sqrt{R_0}} = \frac{1}{\sqrt{R_1}} + \frac{1}{\sqrt{R_2}} + \frac{1}{\sqrt{R_3}} + \frac{1}{\sqrt{R_4}} + \cdots + \frac{1}{\sqrt{R_n}} \qquad (3\text{-}37)$$

对于两条巷道组成的并联网路，则：

$$R_0 = \frac{R_1}{\left(\sqrt{\dfrac{R_1}{R_2}} + 1\right)^2} \quad \text{或} \quad R_0 = \frac{R_2}{\left(\sqrt{\dfrac{R_2}{R_1}} + 1\right)^2} \qquad (3\text{-}38)$$

当 $R_1 = R_2$ 时，则：

$$R_0 = \frac{R_1}{4} \qquad (3\text{-}39)$$

(4) 以等积孔表示井巷风阻时，并联网路总等积孔面积 A 等于各分支巷道等积孔面积之和。

$$A_0 = A_1 + A_2 + A_3 + A_4 + \cdots + A_n \qquad (3\text{-}40)$$

B 并联通风网路的风量自然分配

(1) 两条并联通风网路的风量自然分配按式（3-41）计算：

$$Q_2 = \frac{Q_0}{1 + \sqrt{\dfrac{R_2}{R_1}}}; \quad Q_1 = \frac{Q_0}{1 + \sqrt{\dfrac{R_1}{R_2}}} \qquad (3\text{-}41)$$

(2) 多条并联巷道的风量自然分配按式（3-42）计算：

$$
\left.
\begin{aligned}
Q_1 &= \frac{Q_0}{1 + \sqrt{\dfrac{R_1}{R_2}} + \sqrt{\dfrac{R_1}{R_3}} + \cdots + \sqrt{\dfrac{R_1}{R_n}}} \\[2em]
Q_2 &= \frac{Q_0}{1 + \sqrt{\dfrac{R_2}{R_1}} + \sqrt{\dfrac{R_2}{R_3}} + \cdots + \sqrt{\dfrac{R_2}{R_n}}}
\end{aligned}
\right\}
\qquad (3\text{-}42)
$$

C　并联通风网路优点

并联通风网路的总风阻，比任一分支巷道风阻都要小。各分支巷道的风流是独立的，通风效果好，并能进行风量调节。当某一分支巷道发生火灾时，易于控制。在实际工作中，多采用并联通风网路。

3.3.3　角联通风网路的基本性质

角联通风网路是在两并联巷道中间有一条联络巷道，使两侧巷道相连，起连接作用的巷道称为对角巷道（图 3-10 中的 BC 巷道）。构成角联通风网路的两支并联巷道称为边缘巷道（图 3-10 中的 AB、BD、AC、CD 巷道）。仅一条对角巷道的通风网路称为简单角联通风网路，有两条和两条以上对角巷道的通风网路则为复杂角联网路（见图 3-11）。

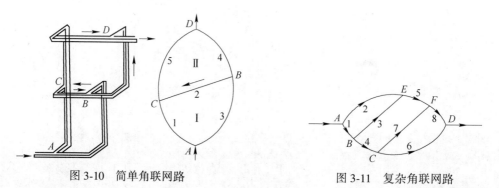

图 3-10　简单角联网路　　　　　　　　图 3-11　复杂角联网路

边缘巷道风流方向是稳定的，而对角巷道风流方向不稳定，它随其两侧边缘巷道风阻的变化而变化，可能出现无风或反风现象，给通风管理工作带来麻烦。在通风网路设计中应设法避免出现角联，在日常通风管理中，对角联网路应注意控制。

判断对角巷道的风流方向是解算角联通风网路的重要一步。对角巷道风流方向有以下三种情况：

（1）对角巷道中无风流动时：

$$\frac{R_1}{R_5} = \frac{R_3}{R_4} \tag{3-43}$$

即当角联通风网路中一侧边缘巷道在对角巷道前的风阻与对角巷道后的风阻之比等于另一侧边缘巷道相应巷道风阻之比时,则对角巷道中无风流动。

(2) 对角巷道中,风流由 B 点流向 C 点时:

$$\frac{R_1}{R_5} > \frac{R_3}{R_4} \tag{3-44}$$

(3) 对角巷道中,风流由 C 点流向 B 点时:

$$\frac{R_1}{R_5} < \frac{R_3}{R_4} \tag{3-45}$$

由此可得出结论,当角联通风网路的一侧分流中,对角巷道前的巷道风阻与对角巷道后巷道风阻之比大于另一侧分流相应巷道风阻之比,则对角巷道中的风流流向该侧;反之,流向另一侧。

确定对角巷道的风流方向,主要取决于对角巷道前后各边缘巷道风阻的比值,而与对角巷道本身风阻大小无关。因此,要改变对角巷道的风流方向,应改变边缘巷道风阻的配比关系才能达到目的。

3.3.4 复杂通风网路风流自然分配计算

由串联、并联、角联和更复杂的连接方式组成的通风网路,统称为复杂通风网路。复杂通风网路中,各巷道自然分配的风量和对角巷道的风流方向,用直观的方法很难判定,需要进行解算。复杂通风网路解算是在已知各巷道风阻及总风量(或扇风机特性曲线)的情况下,求算各巷道自然分配的风量,并确定对角巷道的风流方向。

任何复杂的通风网路均由 N 条分支、J 个节点和 M 个网孔所构成,它们之间存在如下关系:

$$M = N - J + 1 \tag{3-46}$$

在网路解算中,应用阻力定律可列出 N 个方程式,用以求算 N 条巷道的风压未知数。应用风量平衡定律又可列出 $(J-1)$ 个有效的节点方程式(在 J 个节点方程式中有一个是重复的),用以求算 $(J-1)$ 条巷道的风量值。需要用风压平衡方程式求解的风量未知数就只剩下 $(N-J+1)$ 个,由式(3-46)可知,它正好等于网孔数 M。由此可见,每一个网孔列出一个风压平衡方程式,共列出 M 个方程式,就可以求算出各巷道自然分配的风量。

复杂网路自然分配风量的计算方法很多,归纳起来可分为:图解法、图解分析法、数学分析法、模拟计算法及电子计算机解算法。目前使用最普通的是改进后的斯考德-恒斯雷近似计算法(数学分析法中的一种)。

斯考德-恒斯雷近似计算法，其实质是利用方程式中的一个根的近似值为已知值时，用泰勒级数展开，略去高次项，逐次计算，求得近似的真实值。

在通风网路中，根据 $Q_i = 0$ 的原理，拟定出各巷道的近似风量。再根据 $\sum h_i = 0$ 的原则，列出各网孔的条件式。根据条件式的泰勒级数展示式，求风量校正值。然后逐步求出真实值。

Ⅰ、Ⅱ两网孔的风压平衡方程为：

$$\left. \begin{array}{l} F_{\mathrm{I}} = R_1 Q_1^2 + R_2 Q_2^2 - R_3 Q_3^2 \\ F_{\mathrm{II}} = R_5 Q_5^2 - R_2 Q_2^2 - R_4 Q_4^2 \end{array} \right\} \tag{3-47}$$

令 Q_1、Q_5 是两个风量未知数，由 $\sum Q_i = 0$，则：

$$Q_2 = Q_0 - Q_1; \quad Q_3 = Q_0 - Q_2; \quad Q_4 = Q_0 - Q_5 \tag{3-48}$$

设 Q_1'、Q_5' 为风量未知数的初始值，Q_1、Q_5 为终值，ΔQ_{I}、ΔQ_{II} 为网孔Ⅰ、Ⅱ的风量校正值，则：

$$Q_1 = Q_1' + \Delta Q_{\mathrm{I}} \tag{3-49}$$

$$Q_5 = Q_5' + \Delta Q_{\mathrm{II}} \tag{3-50}$$

式（3-49）和式（3-50）中任一网孔的风量校正值 ΔQ_i，可按式（3-51）计算：

$$\Delta Q_i = - \frac{\sum R_j Q_j^2 - \sum H_{\mathrm{f}j} - \sum H_{\mathrm{n}j}}{2 \sum |R_j Q_i| - \sum a_j} \tag{3-51}$$

式中　　$\sum R_j Q_j^2$——网孔中各巷道风压降的代数和；

　　　　　j——巷道编号，当风流按顺时针方向流动，其风压为正，逆时针方向风压为负；

　　　　$\sum |R_j Q_i|$——网孔中各巷道风量和风阻之积的绝对值之和，该项不考虑风流方向，均为正值。

当网孔中有扇风机工作和自然风压作用时，可按式（3-52）求校正风量值：

$$\Delta Q_i = - \frac{\sum R_j Q_j^2 - \sum H_{\mathrm{f}j} - \sum H_{\mathrm{n}j}}{2 \sum |R_j Q_i| - \sum a_j} \tag{3-52}$$

式中　$H_{\mathrm{f}j}$——第 j 条巷道中的扇风机风压，Pa；

　　　$H_{\mathrm{n}j}$——第 j 条巷道中的自然风压，Pa；

　　　a_j——第 j 条巷道中的扇风机特性曲线的斜率。

计算步骤如下：

（1）对巷道平面图或立体示意图的各条巷道连接处的节点进行编号，将全系统划分为进风段、需风段、排风段三部分，并分别作成通风网路示意图。作图时，凡与地表大气相通的进风口、排风口之间可用虚线连接，其风阻为零，作为一个节点考虑。

（2）有的矿井通风网路较为复杂，巷道达数百条，应适当进行简化，简化原则为：

1）巷道合并，凡是并联网路，均合并为一条巷道。

2）节点合并，两节点靠近，节点间风阻很小，风压降也很小，可将节点合并为一个节点。

（3）确定风流方向，可根据各巷道的性质（竖井、平巷）及其在通风系统中的位置和扇风机的位置以及它们之间相互间的关系，初步拟定风流方向（当计算结果风量为负，即与原来拟定风流方向相反）。

（4）拟定各条巷道的初始风量，根据各巷道的风阻、风流方向，按风量平衡定律，从进风段逐段拟定各巷道的风量。

（5）风量校正的网孔数。根据经验，在计算网孔风量校正值时网孔数为 $M = N - J + 2$。

（6）各网孔风量校正。对 M 个网孔逐个按式（3-52）计算网孔的风量校正值 ΔQ_i，并用 ΔQ_i 对该网孔所有巷道进行风量校正。经校正后的巷道风量即作为以下网孔计算风量校正值时该巷道的风量。如此，对 M 个网孔反复进行几次风量校正，直到最后一次校正的 M 个网孔中的最大风量校正值 ΔQ_{imax} 小于规定的精度时为止。此时，各巷道经最后校正的风量即为该巷道自然分配的风量。

3.3.5　风量调节方法

在生产中，由于多种原因，自然分配的风量往往不能满足生产上实际需要的风量，这就需要进行风量调节。调节风量有以下几种措施。

（1）增阻调节法。在需要减少风量的分支中，增加风阻，以增加另一风路的风量。

（2）降阻调节法。在需要增加风量的分支中，减少风阻，以增加本风路的风量。

（3）增压调节法。在需要增加风量的风路中，安设辅助扇风机，以增加该风路的风量。

（4）综合调节法。综合使用上述各调节方法，也可用空气幕调节风量。

3.3.5.1　增阻调节法

根据并联网路的特性，两并联风路的阻力必须相等。因此，应按需风量计算并联网路各条巷道的阻力，且以并联网路中阻力大的风路的阻力值为基础，在各阻力较小的风路中增加局部阻力，使各条风路的阻力达到平衡，以保证各风路的风量按需供给。

增加局部阻力的方法，通常是在风路里设置风窗（见图3-12）。风窗就是在风门或风墙上开一个面积可调的窗口，风流流过窗口时，由于突然收缩后又突然扩大，产生局部阻力 h_w，调节窗口的面积，可使此项局部阻力 h_w 和该风路所需增加的局部阻力相等。要求增加的局部阻力越大，风窗的面积越小；反之越大。当求出 h_w 的数值后，风窗的面积 S_w 可按式（3-53）和式（3-54）计算：

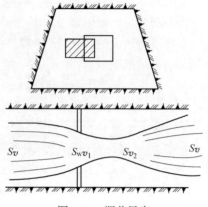

图 3-12　调节风窗

当 $S_w/S \leqslant 0.5$ 时：

$$S_w = \frac{QS}{0.65Q + 0.84S\sqrt{h_w}} \quad 或 \quad S_w = \frac{S}{0.65Q + 0.84S\sqrt{R_w}} \tag{3-53}$$

当 $S_w/S > 0.5$ 时：

$$S_w = \frac{QS}{Q + 0.76S\sqrt{h_w}} \quad 或 \quad S_w = \frac{S}{1 + 0.76S\sqrt{R_w}} \tag{3-54}$$

式中　　S_w——调节风窗的面积，m^2；

$\quad\quad Q$——安设风窗巷道的风量，m^3/s；

$\quad\quad S$——安设调节风窗处的巷道断面积，m^2；

$\quad\quad h_w$——调节风窗所造成的局部压降，Pa；

$\quad\quad R_w$——调节风窗所造成的局部阻力，$N \cdot s^2/m^8$。

在求风窗面积之前，S_w/S 的比值是不知道的。计算时，可先用 $S_w/S < 0.5$ 时的计算公式，如果求得的面积值较大，符合 $S_w/S > 0.5$ 条件，再用 $S_w/S > 0.5$ 的公式计算。

增阻调节法的评价：

（1）增阻调节法会使通风网路的总风阻增大，如果主扇性能曲线不变，总风量就会减少。总风量减少的程度取决于该风路在整个通风系统中所处的地位。例如，风窗安设在主风流中，风窗增阻对通风系统总风阻影响较大，矿井总风量就减少较多。在这种情况下，就难以达到预期的要求，同时也不经济。

（2）总风量减少值 ΔQ 的大小与主扇性能曲线的陡缓程度有关。扇风机性能曲线愈陡（轴流式扇风机），总风量减少值愈小；反之则愈大。

（3）调节窗应尽量安设在排风巷道中，以免影响运输。

总之，增阻调节法具有简单易行、见效快的优点，我国矿山广泛用来进行并联网路的风路调节。其缺点是：增大了矿井总风阻，使总风量有所降低。

3.3.5.2　降阻调节法

降阻调节法与增阻调节法相反，它是以并联网路中阻力较小风路的阻力值为基础，使阻力较大的风路降低风阻，以达到并联网路各风路的阻力平衡。

巷道中的风阻包括摩擦风阻和局部风阻。当局部风阻较大时，应首先降低局部风阻。降低摩擦阻力的主要方法是扩大巷道断面或改变支架类型（即改变摩擦阻力系数）。

A　扩大巷道断面

根据巷道调节后所需要的风阻 R_1' 值，可按式（3-55）计算扩大后的巷道断面：

$$S_1' = \left(\frac{acL}{R_1'}\right)^{2/5}$$

或
$$S_1' = S_1\left(\frac{R_1}{R_1'}\right)^{2/5} \tag{3-55}$$

式中　S_1'——扩大后的巷道 1 的断面，m^2；

　　　S_1——巷道 1 原来的断面，m^2；

　　　R_1——巷道 1 原来的风阻，$N \cdot s^2/m^8$；

　　　c——常数，梯形巷道 $c = 4.16$；

　　　L——巷道长度，m；

　　　a——巷道摩擦阻力系数。

B　降低巷道摩擦阻力系数

为满足并联网路中各分支风路的风量要求，还可以采用降低阻力大的巷道的摩擦阻力系数的方法。其具体做法是用摩擦阻力系数较低的支架来替换原来阻力大的支架。为保证调节后该巷道的风阻数值为 R_1'，新支架的摩擦阻力系数 a' 可用式（3-56）求算：

$$a_1' = \frac{R_1' S_1^3}{P_1 L_1} \tag{3-56}$$

式中　P_1——巷道原来的断面周长，m。

降阻调节法优点为能使矿井总风阻减少。若扇风机性能曲线不变，采用降阻调节法后，矿井总风量增加。其缺点是工程量大，花费时间长，投资大，有时需要停产施工。

3.3.5.3　辅扇调节法

当并联网路中两并联网路的阻力相差悬殊，用增阻和降阻调节法都不合理或不经济时，可在风量不足的分支风路中安设辅扇，以提高克服该巷道阻力的通风压力，从而达到调节风量的目的。用辅扇调节时，应将辅扇设在阻力大的风路中。辅扇所应造成的有效压力应等于两并联风路中的阻力差值 Δh。

在生产中，辅扇调节的使用方法有两种：（1）有风墙的辅扇调节；（2）无风墙的辅扇调节。

A　有风墙辅扇调节法

有风墙的辅扇调节是安设辅扇的巷道断面上，除辅扇外，其余断面均用风墙封闭，巷道的风流全部通过辅扇（见图3-13）。

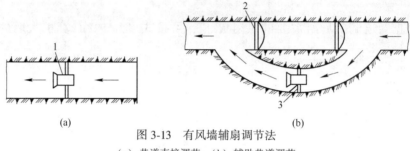

图 3-13　有风墙辅扇调节法

（a）巷道直接调节；（b）辅助巷道调节

1—风机；2—风门；3—风墙

有风墙辅扇调节风量时，必须选择适当的辅扇才能达到预期的效果。倘若选择不当，有可能出现以下不合理的工作状况。

（1）如果辅扇能力不足，则不能调节到所需要的风量值。

（2）如果辅扇能力过大，可能造成与其并联的其他风路风量大量减少，甚至无风或反风，造成循环风流。

（3）如果辅扇的风墙不严密，在辅扇周围能出现局部风流循环，降低辅扇的通风效果。有风墙辅扇是靠扇风机的全压做功，能造成较大的压差，可用于并联风路阻力差值较大的网路中调节风量。

B　无风墙辅扇调节法

无风墙辅扇（见图3-14）的作用是靠它的出口动压引射风流，它能使巷道的风量大于扇风机的风量。无风墙辅扇在巷道中工作时，其出口动压除去由辅扇出口到巷道全断面的突然扩大能量损失和风流绕过扇风机的能量损失外，所剩余的能量用于克服巷道阻力。单位体积流体的这部分能量称为无风墙辅扇的有效风压，以 ΔH_{f} 表示。无风墙辅扇在巷道中所造成的有效风压可按式（3-57）计算：

$$\Delta H_{\mathrm{f}} = k_{\mathrm{f}} \frac{H_v S_0}{S} \tag{3-57}$$

式中　ΔH_{f}——无风墙辅扇在巷道中造成的有效风压，Pa；

　　　k_{f}——试验系数，与辅扇在巷道中的安装条件有关，k_{f} 值介于 1.5~1.8，安装条件较好时取大值；

H_v——辅扇出口的动压，Pa，$H_v = \dfrac{v_0^2}{2g}v$；

v_0——辅扇出口的风速，m/s；

S——辅扇出口的断面，m²。

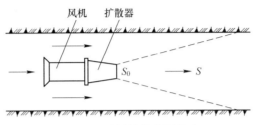

图 3-14　无风墙辅扇调节法

辅扇调节法机动灵活，简单易行，并能降低矿井阻力，增大矿井总风量。在非煤矿山使用较多。它的缺点是增加了扇风机的购置费用和运转费，使用不当容易造成循环风流，在有爆炸性气体涌出的矿山不安全。

C　矿用空气幕调节法

矿用空气幕（见图 3-15）由供风器 1、整流器 2 和扇风机 3 组成。空气幕在需要增加风量的巷道中，顺巷道风流方向工作，可起增压调节的作用；在需要减少风量的巷道中，逆风流方向工作，可起增阻调节的作用。

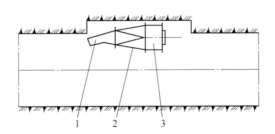

图 3-15　矿用空气幕
1—供风器；2—整流器；3—扇风机

当采用宽口大风量循环型矿用空气幕时，其有效压力 ΔH_m 可按式（3-58）计算：

$$\Delta H_m = \frac{2\cos\theta}{k_S + 0.5\cos\theta} \times \frac{v_0^2}{2g}v \tag{3-58}$$

式中　ΔH_m——有效风压，Pa；

v_0——空气幕出口平均风速，m/s；

　　k_S——断面比例系数，$k_S = S/S_0$；

　　S——巷道断面，m^2；

　　S_0——空气幕出口断面，m^2；

　　θ——空气幕射流轴线与巷道轴线的夹角，(°)。

　　试验证明，由于巷道壁凸凹不平，θ 角取 30° 为好。空气幕的供风量受巷道允许风速的限制，不能过高，可取巷道风速不大于 4m/s。在此条件下，由空气幕有效压力公式可求出断面比例系数 k_S。

$$k_S \geqslant 0.03(\Delta H_m + \sqrt{\Delta H_m^2 + 28.8\Delta H_m}) \tag{3-59}$$

式中　ΔH_m——空气幕的有效风压，即为调节风量时所要求的调节风压，Pa。

　　在已知巷道的过风断面 S 和所需的调节风压值 ΔH_m 时，空气幕参数的设计步骤如下：

　　(1) 由最小过风断面 S 和最大允许风速 v_{max} 确定空气幕的供风量 Q_c，即

$$Q_c = v_{max}S \tag{3-60}$$

式中　Q_c——空气幕的供风量，m^3/s。

　　(2) 按所需的调节风压 ΔH_m，确定断面比例系数 k_S。

　　(3) 确定空气幕出口断面 S_0。

$$S_0 = S/k_S \tag{3-61}$$

　　(4) 计算扇风机全压 H_f。

$$H_f = 12.5k_S^2 \tag{3-62}$$

　　(5) 计算扇风机功率 N_f。

$$N_f = \frac{Q_c H_f}{1000\eta_f} \tag{3-63}$$

式中　N_f——扇风机功率，kW；

　　η_f——扇风机效率。

3.4　矿井通风系统检测

　　矿井通风系统检测包括：

　　(1) 矿井内空气成分（包括各种有毒有害气体）与气候条件的检测。

　　(2) 矿井内空气含尘量的检测。

　　(3) 矿井风量、风速的检测。

　　(4) 矿井通风阻力的检测。

　　(5) 矿井主要扇风机工况、辅扇与局扇工作状况的检测。

　　(6) 根据生产情况的发展和变化，计算确定各个时期内矿井与各分区所需风量，以便提出风量合理分配措施。

（7）主要通风巷道和通风构筑物的检查与维护。

（8）自燃发火矿井的火区密闭检查及全矿消防火的检查与管理。

各生产矿井都应设立专业性的通风安全管理机构来保证上述各项任务的完成。矿井通风系统检测的主要作用是：

（1）全面掌握矿井通风系统状况。

（2）建立通风系统的资料档案，以便总结经验，对通风系统变化进行比较。

（3）正确提出通风系统改进技术方案与调整措施。

（4）为通风设计提供准确的基础资料。

3.4.1　矿井风量检测

3.4.1.1　测点布置

测点的选择原则是能够控制各需风点风量、主要分风点和设置机站的巷道，尽量选择和建立永久性测点。测点布置的主要位置：系统各机站、各井筒阶段联络巷、各主要分支巷、各辅助机站、主要工作面、漏风串风或污风循环的地点等。

为了保证测点处的风流稳定，应使测点前后有一段断面变化比较均匀的平直巷道（长度约为巷道宽度的 5 倍，其距离为：在测点前约 3 倍巷道宽度，测点后约 2 倍巷道宽度）。井下所有作业场所都是需风点，独头工作面的测点选在靠近它的通风系统风路上，贯穿风流中的测点应布置在靠近作业场所。

3.4.1.2　巷道断面的测量与计算

巷道断面的测定可在测风前布置测点及标记时一次性完成，也可与测风同时进行。巷道断面分规则型和不规则型两种，因其测量方法不同计算方法也有所不同。

A　规则断面

规则断面尺寸测量和计算见表 3-5。

表 3-5　规则巷道断面计算

断面类型	形状与尺寸	面积	周长	断面类型	形状与尺寸	面积	周长
圆形	ϕd	$0.785d^2$	$3.14d$	三心拱形 $h_0 = b/3$	h_0, h, b	$b(h + 0.266b)$	$2.33b + 2h$
矩形	h, b	bh	$2(b + h)$	三心拱形 $h_0 = b/4$	h_0, h, b	$b(h + 0.198b)$	$2.23b + 2h$

断面类型	形状与尺寸	面 积	周 长	断面类型	形状与尺寸	面 积	周 长
梯形		bh	$2(b + h_1)$	圆弧拱形 $h_0 = b/3$		$b(h + 0.241b)$	$2.27b + 2h$
半圆拱形 $h_0 = b/2$		$b(h + 0.39b)$	$2.57b + 2h$	圆弧拱形 $h_0 = b/4$		$b(h + 0.175b)$	$2.16b + 2h$

B　不规则断面

不规则断面的主要测点的断面应进行精确测量，有两种简便实用的测量方法：

（1）小梯形测量法：将断面等分成若干个小梯形，然后将等分的各小梯形面积相加，如图 3-16 所示。计算公式：

$$S = [h_1 + h_n + 1 + 2(h_2 + h_3 + \cdots + h_n)] B/2n \qquad (3\text{-}64)$$

式中　S——巷道断面积，m^2；

　　　B——巷道宽度，m；

　　　n——等分数；

　　　h_i——第 i 等分点处的巷道高度，m。

具体测量方法是先量出断面宽度，根据断面大小将其分为 6~12 个等分，量出各等分点的断面高度，计算巷道断面积。

测量根据比较简单，可用激光测距仪或软皮尺和可伸缩测杆。

（2）放射状测量法（小三角形测量法）：测量原理是将巷道划分成共顶点的若干个小三角形，计算各小三角形的面积之和，如图 3-17 所示。计算公式：

$$\left. \begin{array}{l} S = \dfrac{1}{2}Bh + \dfrac{1}{2}\sum\limits_{i}^{n} l_i l_{i+1}\sin\varphi_i \\[3mm] P = B + \sum\limits_{i}^{n} \sqrt{l_i + l_{i+1} - 2l_i l_{i+1}\cos\varphi_i} \end{array} \right\} \qquad (3\text{-}65)$$

式中　S——巷道断面积，m^2；

　　　B——巷道宽度，m；

　　　P——巷道周长，m；

　　　h——中心点距巷道底边高度，m；

　　　l_i——第 i 等分线长度，m。

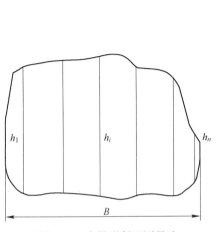

图 3-16 小梯形断面测量法

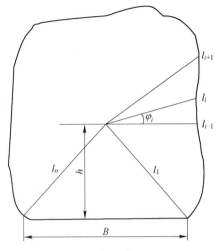

图 3-17 放射法断面测量法

具体方法：自制一个 1m 左右高的木支架和一根 2.5m 长的木条尺，支架板上每 15°画一条线，每 15°读一木尺数。

3.4.1.3 风速测量

测风时首先要选择测风仪表，按规定风速小于 1m/s 为低速段，1~5m/s 为中速段，大于 5m/s 为高速段，主要机站风速都需采用高速风表。

测风时应保持"同时性"原则，因系统测风数据是按风量平衡定律来验证的。若因全矿同时检测规模太大，人力和物力受到限制，就应采取分期测定，即如果检测工作不能在一天内全部完成，则可由最高一级的并联分支开始，一级一级地分阶段进行，但每次必须把该级的各并联分支测完，而每次测定的总分（汇）风点应当是上一次检测点的重复点，以便对该点风量的变化进行校正。

为了检测数据整理计算的需要，在测风时应同时测定气压 P、温度 T 和相对湿度 ϕ。

对一个通风系统的检测，测定前应选择风速计的测量方法和持表方法，并在测量过程中保持一致，以减少系统误差。

A　风速测量方法

（1）路线测量法：风速计在测量过程中沿一定路线均匀缓慢地移动，以检测全断面的平均风速。为了计算方便，每次检测做好在 100s 内走完全断面（可依靠计时人报时来掌握），然后以风表读数的百分之一作为读数，省去一道计算过程。每个检测点的风速测量次数应不少于 3 次，其读数误差不大于 5%。

（2）分点测量法：将断面均分成若干相等面积，用风速计在每个小面积的中心部位测量风速，将各检测数据进行算术平均即得到该巷道检测点的平均风速。巷道断面在 10m² 以内，一般布置 9 个检测点；巷道断面在 10~15m²，布置 12 个检测点；巷道断面大于 15m²，应布置 15 个或 15 个以上检测点。

（3）中心测量法：先求出各种类型断面的中心风速与平均风速的比值，以后只要将风速计于该断面的中心位置测量风速，将其进行相应的比值换算即可得到平均风速。

（4）皮托管微压计测量法：测量高风速时，采用皮托管配合微压计进行测量较为准确。例如，当 $v = 20\text{m/s}$ 时，如读数误差 10Pa，风速误差仅为 1.5%（0.3m/s）。

B 持表方法

（1）迎面法：测量人员面对风流进行测量，其结果应乘以校正系数 K（一般取 1.14）。由于该方法难以掌握，准确性较差，故较少采用。

（2）侧面法：测量人员面对巷道壁进行测量，计算风量时，需将巷道断面减去测量人员的迎风断面（一般为 0.3~0.4m²），即校正面积 $S_{校} = S_{巷} - S_{人}$。

3.4.2 通风阻力检测

通风阻力也称为通风系统压力或系统风压损失、系统阻力检测，可分为专项检测和全面检测。专项检测主要是找出某些井巷风阻数据为设计提供依据，如检测井巷摩擦阻力系数和局部阻力系数、某些通风构筑物（如风桥、风窗等）的通风阻力和漏风系数等。而全面检测则是需要全面了解矿井风压损失分布和变化，为改进系统通风效果提供基础数据。

通风阻力专项检测和全面检测虽然基本原理和操作方法相同，但由于目的和要求不同，在具体做法上是不一样的。专项检测要求测定的内容多，精度高，现场记录详细，但不受时间限制，可以在同一点反复进行，也可在风流条件改变后再次进行。而全面检测要求各段的检测数据基本上在风流相对稳定的同一条件下得出，因此必须速度快，一般争取在一个工班内全部测完，全面检测的测段应根据矿井通风网路结构和改进通风系统的要求来选择。

矿井通风阻力分布的测定应包括矿井主要通风路线上的进风段、需风段、回风段的通风阻力及系统总阻力。

3.4.2.1 线路选择和测点布置

A 线路选择

（1）选线之前，应把通风网路的结构、工作面的分布及风流的来龙去脉完全弄清楚，并绘制出尽可能详细的通风系统示意图。

（2）对于每一个通风区域或每一台主要扇风机所负担的区域，都应选择一条负担作业量最大、风路最长的线路作为主要线路，并尽可能选择几条大的并联分支作为辅助风路,其目的是较全面掌握风压损失的分布情况和对主要风路的测定结果进行校核。

(3) 选定的风路中各段的风流方向应当保持一致,这样线路中任意两点间的风压损失等于其间各段损失之和,数据整理也比较方便。如果测量路线必须通过风向不同的巷道,或该段巷道中风向在测定的当天发生改变,则需特别注明,以便在整理数据时按风压平衡定律进行计算。

(4) 将选定的线路在通风系统示意图上标出,并进行现场标记。

B 测点布置

按以下测点布置原则进行布点:

(1) 根据风量的变化划分测段原则,即凡是有分风的地方都要布置测点。

(2) 根据风阻的变化划分测段原则。在巷道摩擦阻力有明显改变时(如支护形式、断面等发生变化),需布置测点。

(3) 有严重局部损失(如风窗)和正面损失的地方(如在风速高的地方堆积大量废石),应在其前后布置测点。

(4) 遇有辅扇时应在其前后布置测点。

(5) 测点处的风流应是比较稳定的,在测点前后应各有一段断面变化比较均匀的直巷。

(6) 测点的位置用明显的标志标出。

(7) 在条件许可的情况下,尽量将测风点同时作为测压点。

3.4.2.2 测定原理与方法

测定原理为伯努利能量方程,即两点间的压力损失为两点间的能量差。

$$h = (p_1 - p_2) + (v_1^2 - v_2^2)\gamma/2g + (Z_1 - Z_2)\gamma \tag{3-66}$$

根据该原理及所用的测定仪器的不同,测定通风阻力有不同的方法,包括压差计测定法、气压计测定法、恒温压差计测定法等,其中采用气压计测定法比较简单方便。气压计按基点法测定,两点之间总能量的通风阻力为:

$$h_{1-2} = (p_1 - p_2) + (p_1' - p_2') + (v_1^2 - v_2^2)\gamma/2g + (Z_1 - Z_2)\gamma \tag{3-67}$$

式中 h_{1-2}——1、2 两点间的通风压差,Pa;

p_1, p_2——测点 1、2 上气压计的"气压差"读数,Pa;

p_1', p_2'——测定 1、2 点时,基点上气压计的"气压差"读数,Pa;

γ——井下空气重度,kg/m^3;

v_1, v_2——1、2 测点的风速,m/s;

Z_1, Z_2——1、2 测点的标高,m。

测定时应注意事项:

(1) 各测点的标高应事先查明,以便进行高程校正。

(2) 在井下测定的同时,应在地面置一气压计,并每隔一定时间记下一次读数。

（3）记下测定时间，以便查到该时候的地面大气压力，进行气压校正。

（4）测定时还应对温度、风速进行测定。

（5）计算时应进行气压校正、高程校正和速压校正。

3.4.3　扇风机工况测定

3.4.3.1　扇风机工况测定的主要任务和内容

测定的主要任务包括：

（1）测定扇风机的风量和风压，分析扇风机风量是否满足生产实际的需要，是否需要调节和怎样调节；计算矿井通风阻力与矿井总风阻或矿井等积孔；了解风阻是否过大或是否与扇风机特性相匹配，工况点是否在扇风机特性的许可范围内。

（2）测定扇风机电动机的输入功率，计算扇风机的运转效率和耗电指标，提出扇风机的节能措施。测定内容包括：主扇装置即机站风量、机站风压、机站局阻、实耗功率。

3.4.3.2　扇风机风量的测定

主扇风量的测定通常在主扇风硐内的直风硐段进行。由于风硐内的风速较大，一般使用高速风表测定断面上的平均风速。还可将该断面划分成若干面积相等的方格，用皮托管逐一测定各方格中心点上风流的动压，再换算成相应的风速，然后求平均值。如果要在测风断面上设置固定测点，安装风速传感器测风，则应事先测得平均风速与该点处风速的比值，定位修正系数，然后根据该点的风速，再乘以修正系数，求得平均风速。平均风速与巷道断面之积，即为主扇风量。

3.4.3.3　扇风机风压的测定

主扇风压的测定通常是在风硐内测定主扇风量的断面上进行。如果扇风机安装在井下，其进、出风端都接有风道，则在进、出风端都要设置测点。

测定时，在测点的断面上安置皮托管，用胶皮管将其静压端与压差计相连，读取该断面的相对静压 h_s，再根据该断面的平均风速，算出该断面的动压 h_v，求得该断面的相对全压 h_t。最后，根据扇风机的全风压等于扇风机出口全压与进口全压之差的关系，计算扇风机的全风压。

3.4.3.4　扇风机电动机功率的测定

电动机功率的测定有 3 种方法：

（1）功率表法。采用两个功率表测三相功率。其中一个功率表测量 AC 线间电压和 A 相电流，另一个功率表测量 BC 线间电压和 B 相电流，两个功率表的读数之和即为电动机的输入功率。在高压或大电流线路上测量时，还需要通过电压互感器和电流互感器，将功率表接入线路，在此情况下两个功率表读数之和与电压互感系数、电流互感系数的乘积为电机的输入功率。

（2）电流、电压、功率因素表法。此法同时测定电机的电流 I、电压 U 及功率因素 $\cos\phi$，可按式（3-68）计算电动机功率：

$$N = \sqrt{3}\,UI\cos\phi \tag{3-68}$$

式中 N——电动机功率，kW。

（3）电度表法。当现场安有电度表时，可以读取在一段时间 T 内所消耗的电度（kW·h）数 W，并按 $N=W/T$ 计算电动机功率。

3.4.3.5 扇风机效率的计算

将有关的数据测定并计算出来后，按式（3-69）计算扇风机效率：

$$\eta = \frac{QH}{1000N\eta_\mathrm{e}\eta_\mathrm{d}} \times 100\% \tag{3-69}$$

式中 η——扇风机效率；

Q——扇风机风量，$\mathrm{m^3/s}$；

H——扇风机风压，Pa；

N——电动机的输入功率，kW；

η_e——电机效率；

η_d——电机与扇风机间的传动效率。

3.5 房柱法大管道抽出式通风研究

梅州石灰石地下矿山矿井通风安全方面存在较多的问题，导致石灰石地下矿山矿井通风安全的可靠性差：

（1）矿井开采均长期采用前进式的房柱法开采（边掘边采）。

（2）开采的石灰石矿层埋深浅。

（3）井下采空区面积大，矿井井口多。

（4）矿井井下新鲜风流均经过所留矿柱的采空区。

（5）矿井采场通风断面大、风速小。

（6）矿井井下通风线路紊乱。

（7）矿井井下通风死角多。

（8）矿井井下有效通风效果一般较差，主扇风机的通风效率难以有效发挥。

（9）矿井采场内空气质量（风质）不均匀。

（10）矿井形成正规有效的通风回路系统难度大。

（11）矿井采用一般通用的机械抽出式主扇通风方式，其通风系统形成工程量大、成本高，主扇位置调整大，难固定。

（12）矿井通用系统排出采场炮烟的时间长，排烟的效率差。

（13）矿井整体通风安全性差，抵抗井下有毒有害气体事故的风险不强。

以上这些都是石灰石地下矿山未能结合矿井现场已形成的开采布置和矿山实际地质条件，选择合理的机械抽出式主扇通风方式，并缺乏基本的通风设施、通风技术和通风安全管理造成的。

3.5.1　巷道风流流动理论及数值解法

研究巷道风流流动理论及其数值解法、流场的物理模型及控制微分方程，可为后期的机械通风巷道风流流动数值模拟提供理论支持和方法指导。

3.5.1.1　巷道风流流动的物理模型

根据热工理论基础，可认为巷道里面的空气满足气体状态方程，即

$$P = \rho R T \tag{3-70}$$

式中　P——空气压力，Pa；

ρ——空气密度，kg/m^3；

R——空气常数，约297J/kg；

T——空气决定温度，K。

其次，将巷道内空气流动的压力视为常数，可得：

$$\rho T = \text{constant} \tag{3-71}$$

另外，试验巷道内空气流动为低速流动，流速通常在10m/s以下，所以将巷道内的空气当作不可压缩流体看待，即空气的流速的微分为0。

$$\nabla \cdot \bar{V} = 0 \tag{3-72}$$

而且，巷道内的空气温度变化不大，也就是密度变化不大，则巷道内的风流流动符合Bonssinesq假设，即密度变化并不显著改变流体性质，动量守恒方程中，密度的变化对惯性力项、压力差项和黏性力项的影响可以忽略不计，而仅考虑对质量力项的影响。综上，除了对质量力项的考虑之外，巷道内的空气物性都可当作常物性看待。

综上所述，巷道内的空气流动的物理模型可总结为：（1）常温、低速、不可压缩流体流动；（2）符合气体状态方程的等压流动；（3）符合Boussinesq假设。

3.5.1.2　巷道风流流动的控制微分方程

根据3.5.1.1节所述的物理模型，巷道内的空气流动应遵循不可压黏性流体的控制方程，连续方程为

$$\frac{\partial \rho U_i}{\partial x_j} = 0 \tag{3-73}$$

动量方程为

$$\frac{\partial \rho U_i}{\partial t} + \frac{\partial \rho U_i U_j}{\partial x_j} = -\frac{\partial P}{\partial x_i} + \frac{\partial}{\partial x_j}\left(\mu\left(\frac{\partial U_i}{\partial x_j} + \frac{\partial U_j}{\partial x_i}\right)\right) + \rho \beta g_i (T_{\text{ref}} - T) \qquad (3\text{-}74)$$

能量方程为

$$\frac{\partial \rho H}{\partial t} + \frac{\partial \rho H U_j}{\partial x_j} = \frac{\partial}{\partial x_j}\left(\frac{\lambda}{c_p}\frac{\partial H}{\partial x_j}\right) + S_H \qquad (3\text{-}75)$$

式中　U_i——x_i 方向的气体速度矢量，m/s；

　　　x_i——x、y、z 方向的坐标；

　　　ρ——气体密度，kg/m³；

　　　U_j——x_i 方向的速度，m/s；

　　　P——空气压力，Pa；

　　　μ——动力黏性系数，Pa·s；

　　　β——线膨胀系数，K⁻¹；

　　T_{ref}——参考温度，K；

　　　g——重力加速度，m/s²；

　　　H——空气定压比焓值，J/kg；

　　S_H——热源，W/m²；

　　　λ——导热系数，W/(m·K)；

　　　c_p——空气定压比热容，J/(kg·K)。

3 个方程都采用爱因斯坦求和约定表示：下标重合的项表示 3 个方向分量相加。

3 个方程表示的物理意义是任一流体流动微团的守恒定律；连续方程表示质量守恒定律，动量方程表示动量守恒定律（即 Navier-Stokes 方程），能量方程表示能量守恒定律。

3.5.1.3　湍流流动理论及方程

A　湍流现象

流体微团的运动存在两种状态：（1）当雷诺数较小时，相邻的流体层会进行有序地滑移流动，这种流动称为层流；（2）当雷诺数大于某临界值时，相邻的流体团呈现无序混乱的流动状态，速度、压强、温度等流动参数在时间和空间上都发生随机性的变化，则这种流动状态称为湍流，又称为紊流。

湍流中存在着不规则的脉动，即速度、压强等物理量在空间的分布是随着时间和空间作随机的变化，这种脉动是大大小小的旋涡引起的。现代的研究结果表明速度、压力等瞬时值即使在相同的测定条件下也不相同，但是多次取得的数据其算术平均值将趋于一致，还是遵循一定的规律，即在偶然性中存在着必然性。为了描述已完全发展了的湍流运动的物理过程，通常假设流动是由许多尺寸不同的、杂乱堆集着的旋涡形成。旋涡的最小尺寸是由需要它耗散掉的紊流能量来决定的。这种过程会以一种级联的方式进行，即旋涡经过不断破裂，变为更小的旋涡，于是它们所含有的能量就会逐级传递给越来越小的旋涡。当旋涡尺寸足够时，黏性就可以耗散掉它所得到的所有湍流动能，那么这种尺度的旋涡将是稳定的，不会再破裂，这就是耗散涡。目前通常认为，尺度相差较大的旋涡是没有直接相互作用的，只有尺寸接近的旋涡才可以传递能量。因此紊流只存在于高雷诺数，大漩涡之间的作用几乎完全不受黏性的影响。同时，因边界的作用扰动及速度梯度的作用，新的旋涡又会不断地产生。由于流体内不同尺度的随机运动是造成紊流的一个重要特点，即物理量的脉动，一般认为，不管紊流运动多么复杂，非稳态的 N-S 方程对于紊流的瞬时运动仍是适用的。

当紊流充分发展时，不仅具有黏性流体的共同性质，如连续性和机械能的黏性损耗以外，还有以下主要特征：

（1）扩散性即流体的各项特征，比如动量、能量、温度和含有物质的浓度通过紊动向各方传递，一般从高值往低值扩散，这个性质在技术工作中常起重要作用。

（2）三维有涡性紊流的有涡运动具有三维的特征。

（3）当大雷诺数流动的雷诺数超过某个临界值时，流动不稳定，发生扰动，逐渐发展为紊流。

对紊流应采用哪种数学模型进行模拟，目前拥有一致的结论，即各种模型能获得良好的范围都相当窄，k-ω、k-ε 两方程模型，在假定的系统中，紊流的许多物理过程没有都包括进去，如果在几何结构和参数上计算的流场都与用作模型标定的流场差不多，那么模型能给出较满意的结果。

紊流模型应满足：

（1）如果待模拟的项是一个张量，则模型在张量的阶数，下标的次序、张量的性质（如对称性）都和源项相同。

（2）量纲上必须相同。

（3）满足不变性原则，模型表达式与坐标系的选择无关，当坐标变换时，模型与待模拟的量按相同的规律变化。

（4）模型方程必须满足质量和能量守恒定律。

自 1883 年 Reynolds 通过著名的圆管流动状态实验发现湍流流动以来，人们已经对其进行了长达一个多世纪的研究，但是尚未形成成熟的湍流理论，对湍流的物理本质还不很清楚。而另一方面，湍流流动又广泛存在于各个领域，人们不得不对湍流进行模拟以满足实际的需要。

B　湍流的数值模拟方法

目前，采用数值计算研究湍流的主要方法可分为以下 3 类：

（1）直接模拟（direct numerical simulation，DNS）。这是用三维非稳态的 N-S 方程来对湍流进行直接数值计算的方法。该方法所得结果的误差只是一般数值计算所引起的误差，并且可以根据需要加以控制，但要对复杂的湍流运动进行直接的数值计算，就要用很小的时间与空间步长，这样对计算机内存空间和计算速度要求过高，限制了这类算法的广泛应用。

（2）大涡模拟（large eddy simulation，LES）。根据湍流的涡旋学说，湍流的脉动与混合是由大尺度的涡造成的。大尺度的涡从主流中获得能量，它们是高度的非各向同性，而且随流动的情形而异。大尺度的涡通过相互作用把能量传递给小尺度的涡川、尺度涡的主要作用是耗散能量，它们几乎是各向同性的，而且不同流动中的小尺度涡有许多共性。根据这种对涡旋的认识产生了大尺度涡模拟的数值解法。这种解法主要是用非稳态的 N-S 方程来直接模拟大尺度涡，但无法直接计算小尺度的涡，小涡对大涡的影响需要通过近似的模型来考虑。

（3）Reynolds 时均方程法（reynolds averaged N-S equations，RANS）。在这个方法中，将非稳态控制方程对时间作平均，在所得到的有关时均物理量的控制方程中包含了脉动量乘积的时均值等未知量，于是所得方程的个数就少于未知量的个数，而且不能依靠进一步的时均处理而使控制方程组封闭。要使方程组封闭，则需要作假设，即建立模型。这种模型将未知的更高阶的时间平均值表示为在计算机中可以确定的量的函数。

由于 DNS 和 LES 相对来说耗时较多，应用于工程并不现实，因此目前工程中湍流计算最常用到的方法主要还是 Reynolds 时均方程法。

C 湍流的基本方程

在流体流动的控制方程中，由连续性方程、运动方程及能量方程所组成的方程组，完整地描述了流场中任一点的瞬时速度、瞬时温度、瞬时压强之间的联系及变化关系，对于满足连续介质假说的牛顿流体的所有运动均可成立。但由于湍流具有随机脉动的特点，上述基本方程组虽然可以描述流场中各物理量的瞬态变化规律，却不能给出对工程设计有实际指导意义的统计平均性参数，也不能给出有关物理量随机脉动的全部细节。因此，为了可以较详细地分析这些问题，必须结合湍流流动的随机、脉动特点对基本方程组进行相应的处理。

不可压缩湍流的控制方程组为：

$$\frac{\partial}{\partial x_i}(\rho u_i) = 0 \tag{3-76}$$

$$\frac{\partial}{\partial t}(\rho u_i) + \frac{\partial}{\partial x_j}(\rho u_i u_j) = \rho f_i - \frac{\partial p}{\partial x_i} + \frac{\partial}{\partial x_j}\left(\mu \frac{\partial u_i}{\partial x_j}\right) + \left[-\frac{\partial(\rho \overline{u_i' u_j'})}{\partial x_j}\right] \tag{3-77}$$

可以看出与 N·S 方程相比，雷诺方程里多出了与脉动量有关的项，定义为雷诺应力，即 $t_{ij} = -\rho \overline{u_i' u_j'}$ 。

D　湍流模型

卷缩流体的湍流时均运动控制方程中出现了关于湍流脉动值的雷诺应力项 $t_{ij} = -\rho \overline{u_i' u_j'}$ 。如果要另方程组封闭，就必须对雷诺应力做某些假定，即建立应力的表达式，通过这些表达式将湍流的脉动值与时均值等联系起来。基于某些假定所得到的湍流控制方程，称为湍流模型。

根据对雷诺应力做出的假定或处理方式的不同，目前常用的湍流模型可分为两大类，即雷诺应力类模型和湍动黏度类模型。

雷诺应力类模型的特点是直接构建表示雷诺应力的补充方程，然后联立求解湍流时均运动控制方程组及建立新的雷诺应力补充方程。

湍动黏度类模型不直接处理雷诺应力项，而是引入湍动黏度，然后把湍流应力表示成湍动黏度的函数，整个计算关键在于确定这种湍动黏度。

湍动黏度的提出来源于 Boussinesq 提出的湍黏假定，该假定建立了雷诺应力与平均速度梯度的关系，即

$$-\rho \overline{u_i' u_j'} = \mu_t \left(\frac{\partial u_i}{\partial x_j} + \frac{\partial u_j}{\partial x_i} \right) - 2/3 \left(\rho\kappa + \mu \frac{\partial u_i}{\partial x_i} \right) \delta_{ij} \tag{3-78}$$

式中　μ_t——湍动黏度；

　　　u_i——时均速度；

　　　κ——湍动能，其定义为：$\kappa = \dfrac{\overline{u_i' u_j'}}{2} = \dfrac{1}{2} (\overline{u'^2} + \overline{v'^2} + \overline{w'^2})$ 。

根据求解湍流黏性系数所涉及湍流平均量的封闭方程的个数（建立湍流模型所需要的微分方程数目），将其分为零方程模型即代数模型、一方程模型和两方程模型等。

a　Baldwin-Lomax 代数模型

代数模型，即零方程模型是指直接用平均流动物理量模化，不引入任何湍流量。此模型下应用最为广泛的是 Baldwin-Lomax（BL）模型。BL 模型具有计算量小，不用考虑边界层厚度，模型简单便于应用等优点，能够较好地模拟附体流动，对于较小的局部分离流动也有一定的模拟能力，但对摩擦阻力和传热率预测的不够准确，特别是当流动有分离和再附着时。

BL 模型将湍流边界层分为内、外两层分别处理，其数学表达式为

$$\mu_T = \begin{cases} \mu_{T\,\text{inner}} & \text{当 } y \leqslant \eta \\ \mu_{T\,\text{outer}} & \text{当 } y > \eta \end{cases} \tag{3-79}$$

内层黏性系数定义为

$$\mu_{T\,\text{inner}} = \rho (L_m)^2 \Omega \tag{3-80}$$

其中

$$L_m = ky(1 - e^{-y^+/A^+})$$

$$y^+ = \sqrt{\rho_\omega \tau_\omega} y/\mu_\omega \tag{3-81}$$

式中 Ω——涡量；

k——Karman 常数，$k = 0.4$；

y，y^+——距壁面的有量纲和无量纲法向距离；

下角标 ω 表示与固壁有关的值。

外层黏性系数定义为

$$\mu_{T\,outer} = KC_{cp}\rho F_{wake}F_{kleb} \tag{3-82}$$

其中

$$F_{wake} = \min\{y_{max}F_{max},\ C_{wake}y_{max}u_{dif}^2/F_{max}\} \tag{3-83}$$

$$F(y) = y\Omega[1 - e^{-y^+/A^+}]$$

$$u_{dif} = \sqrt{(u^2 + v^2 + w^2)_{max}} - \sqrt{(u^2 + v^2 + w^2)_{max}}$$

式中 F_{max}——函数 $F(y)$ 的最大值；

y_{max}——$F(y)$ 达到最大时的 y 值；

F_{Kleb}——Klebanoff 间歇函数，表示为

$$F_{kleb}(y) = [1 + 5.5(C_{kleb}y/y_{max})^6]^{-1} \tag{3-84}$$

式（3-82）~式（3-84）中用到的常数：$C_{wake} = 0.25$，$A^+ = 26$，$C_{kleb} = 0.3$，$C_{cp} = 1.6$，在尾涡时 $e^{-y^+/26} = 0$。

b 一方程模型

SA 湍流模型是从经验和量纲分析出发，针对简单流动而逐渐补充发展成为适用于带有层流流动的固壁湍流流动的一方程模型。由于其计算量小、鲁棒性好而成为当今应用最为广泛地一方程模型。SA 模型没有考虑单位质量的湍动能 k 方程，其核心是引入相关变量 $\tilde{v}$，通过求解 $\tilde{v}$ 的输运方程获得湍流运动黏性系数。

$\tilde{v}$ 的输运方程为：

$$\frac{\partial \tilde{v}}{\partial t} = C_{b1}[1 - f_{t2}]\tilde{S}\tilde{v} + \frac{1}{\sigma}[\nabla \cdot ((v + \tilde{v})\nabla\tilde{v}) + C_{b2}(\nabla\tilde{v})^2] -$$

$$\left(C_{w1}f_w - \frac{C_{b1}}{k^2}f_{t2}\right)\left(\frac{\tilde{v}}{d}\right)^2 + f_{t1}\Delta U^2 \tag{3-85}$$

湍流黏性系数角 μ_T 由式（3-86）计算：

$$\mu_T = \rho\tilde{v}f_{v1},\quad f_{v1} = \frac{\chi^3}{\chi^3 + C_{v1}^3},\quad \chi \equiv \frac{\tilde{v}}{v} \tag{3-86}$$

V 是分子运动黏性系数，生成项为

$$\widetilde{S} = \Omega + \frac{\widetilde{v}f_{v2}}{\kappa^2 d^2}, \quad f_{v2} = 1 - \frac{\chi}{1 + \chi f_{v1}} \tag{3-87}$$

$\Omega = \sqrt{\left(\dfrac{\partial w}{\partial t} - \dfrac{\partial v}{\partial z}\right)^2 + \left(\dfrac{\partial u}{\partial z} - \dfrac{\partial w}{\partial x}\right)^2 + \left(\dfrac{\partial v}{\partial x} - \dfrac{\partial u}{\partial y}\right)^2}$ 是涡量，函数 f_w 定义为：

$$f_w = g\left(\frac{1 + C_{w3}^6}{g^6 + C_{w3}^6}\right)^{\frac{1}{6}}, \quad g = r + C_{w2}(r^6 - r), \quad r = \frac{\widetilde{v}}{\kappa^2 d^2 \widetilde{S}} \tag{3-88}$$

函数 f_{t2} 定义为：

$$f_w = C_{t3}\,\mathrm{e}^{-C_{t4}z^2} \tag{3-89}$$

函数 f_{t1} 定义为

$$f_{t1} = C_{t1}g_t\mathrm{e}^{\left[-C_{t2}\frac{\omega_t^2}{\Delta U^2}(d^2 + g_t^2 d_t^2)\right]} \quad g_t = \min\left(0.1, \frac{\Delta U}{\omega_t \Delta x_t}\right) \tag{3-90}$$

式中，d 为到固壁的最短距离，模型方程中用到的常数为

$$\kappa = 0.412, \quad C_{b1} = 0.1355, \quad C_{b2} = 0.622, \quad \sigma = \frac{2}{3}, \quad C_{v1} = 7.1$$

$$C_{w1} = \frac{C_{b1}}{\kappa} + \frac{1 + C_{b2}}{\sigma}, \quad C_{w2} = 0.3, \quad C_{w3} = 2.0 \tag{3-91}$$

$$C_{t1} = 1, \quad C_{t2} = 2, \quad C_{t3} = 1.1, \quad C_{t4} = 2$$

c Wilcox's k-ω 模型

Wilcox's k-ω（Wilcox）湍流模型是积分到壁面的可压缩或不可压缩湍流的两方程涡黏性模型，通过求解湍流动能 k 方程和湍流频率 ω 方程来确定湍流黏性系数 μ_T。

雷诺应力的涡黏性模型为：

$$\tau_{tij} = 2\mu_T(S_{ij} - S_{nn}\delta_{ij}/3) - 2\rho k\delta_{ij}/3 \tag{3-92}$$

式中，S_{ij} 为平均速度应变率张量；ρ 为流体密度；k 为湍动能；δ_{ij} 为 Kronecker 算子。

k 方程和 ω 方程分别定义为：

$$\frac{\partial(\rho k)}{\partial t} + \frac{\partial}{\partial x_j}\left[\rho u_j k - (\mu + \sigma_k \mu_T)\frac{\partial k}{\partial x_i}\right] = \tau_{tij}S_{ij} - \beta^t \rho k\omega$$

$$\frac{\partial(\rho\omega)}{\partial t} + \frac{\partial}{\partial x_j}\left[\rho u_j\omega - (\mu + \sigma_\omega \mu_T)\frac{\partial\omega}{\partial x_j}\right] = \alpha\frac{\omega}{k}\tau_{tij}S_{ij} - \beta\rho\omega^2 \tag{3-93}$$

湍流黏性系数 μ_T 公式为：

$$\mu_T = \frac{\rho k}{\omega} \tag{3-94}$$

模型中用到的常数为：

$$\alpha = 5/9,\ \beta' = 0.09,\ \beta = 0.07,\ \sigma_k = 0.5,\ \sigma_\omega = 0.5$$

Wilcox 模型是应用最为广泛的二方程湍流模型之一，已经证明 Wilcox 模型在黏性子层比 k-ε 模型具有更好的数值稳定性。在壁面附近，由于 ε 值较大，因此 Wilcox 模型不需要显式的壁面衰减函数。对于比较缓的逆压梯度流动，Wilcox 模型也能给出与实验数据符合较好的结果。但 Wilcox 模型表现出对自由流条件比较敏感的缺陷。

d Menter's k-ω SST 模型

Menter's k-ω SST 模型通过引入混合函数将 Wilcox 和 k-ω 模型合并为一个模型，在靠近壁面的附面层内采用 Wilcox 模型，以利用湍流模型对逆压梯度比较敏感的特点；在边界层边缘（boundary layer edges）和自由剪切层（free-shear layers）采用 ks 模型，以克服 Wilcox 模型对自由流条件比较敏感的缺陷。属于积分到壁面的不可压缩或可压缩湍流的两方程涡黏性模型。其湍流动能 k 方程的表达式同Wilcox的湍流动能 k 方程相同，湍流频率 ω 方程的表达式为：

$$\frac{\partial(\rho\omega)}{\partial t} + \frac{\partial}{\partial x_j}\left[\rho u_j\omega - (\mu + \sigma_\omega\mu_T)\frac{\partial\omega}{\partial x_j}\right] = P_\omega - \beta\rho\omega^2 + 2(1 - F_1)\frac{\rho\sigma_{\omega2}}{\omega}\frac{\partial k}{\partial x_i}\frac{\partial\omega}{\partial x_j}$$

$$(3\text{-}95)$$

湍流黏性系数 μ_T 公式为：

$$\mu_T = \min\left[\frac{\rho k}{\omega},\ \frac{\alpha_1\rho k}{\Omega F_2}\right] \qquad (3\text{-}96)$$

$$\alpha_1 = 0.31$$

式中　Ω——涡量的绝对值；

　　　F_2——混合函数，定义为

$$F_2 = \tanh\left[\max\left(2\frac{\sqrt{k}}{0.99\omega y},\ \frac{500\mu}{\rho y^2\omega}\right)\right]^2 \qquad (3\text{-}97)$$

式中　y——距固壁面的距离。

生成项 P_ω 为

$$P_\omega \approx \gamma\rho\Omega^2 \qquad (3\text{-}98)$$

模型中用到的常数为

$$\sigma_{k1} = 0.85,\ \sigma_{\omega1} = 0.5,\ \beta_1 = 0.075,\ \gamma_1 = \beta_1/\beta' - \sigma_{\omega1}\kappa^2/\sqrt{\beta'} = 0.553$$

$$\sigma_{k2} = 1.0,\ \sigma_{\omega2} = 0.856,\ \beta_2 = 0.0828,\ \gamma_2 = \beta_2/\beta' - \sigma_{\omega2}\kappa^2/\sqrt{\beta'} = 0.440$$

$$\kappa = 0.41,\ a_1 = 0.31,\ \beta' = 0.09$$

函数定义为

$$F_1 = \tanh(\Gamma^4),\ \Gamma = \min[\max(\Gamma_1,\ \Gamma_3),\ \Gamma_2]$$

$$\Gamma_1 = \frac{500\mu}{\rho y^2\omega},\ \Gamma_2 = \frac{4\rho\sigma_{\omega2}k}{y^2(CD_{k\omega})},\ \Gamma_3 = \frac{\sqrt{k}}{0.99 y\omega} \qquad (3\text{-}99)$$

其中

$$CD_{k\omega} = \max \left(\frac{2\rho\sigma_{\omega 2}}{\omega} \frac{\partial k}{\partial x_j} \frac{\partial \omega}{\partial x_j}, \ 1 \times 10^{-20} \right) \tag{3-100}$$

表示 k-ω 模型中的交叉扩散（cross-diffusion）。

3.5.2　矿井大管道通风系统优化

根据矿区矿层的赋存状况和开采布置，矿井井下放炮作业和汽车运输会产生有毒烟雾和粉尘。矿井通风系统为中央并列式通风，主扇风机的工作方式为抽出式。

由于该石灰石地下矿山长期以来更多地从生产投入见效快上考虑了矿山开采，均采用类似的前进式空场矿柱法开采，未按已有的正规开采设计与开采方法进行开采，从矿井安全通风技术与布置设计方面考虑不够，使石灰石地下矿山开采布置与矿井安全通风技术和通风方式不能合理地协调，在石灰石地下矿山矿井通风安全方面存在较多的问题，导致石灰石地下矿山矿井通风安全的可靠性差。

针对该石灰石地下矿山矿层赋存属近水平、平硐浅部开采和多硐口的特点，考虑到该矿井现有开采布置的情况，通过完善和修改该矿井现有开采布置，采用前进式的空场房柱法开采方法。根据这种开采方法的开采布置特点，对矿井安全通风方式进行了合理地调整，提出了石灰石浅部地下矿山大管道抽出式主扇机械通风方式，其主要特点为直接用大管道抽出工作面放炮后的炮烟和污风，使工作面后方空场采空区作业场所内均为新鲜风。

3.5.2.1　机械通风原理

机械通风原理：

（1）将一定尺寸和规格（1~2m）的硬质管道（水泥管道或白铁皮管）从硐外直接铺设到井下距爆破工作面 10~15m 处，管道外一端接入主扇风机，实行抽出式机械通风。

（2）主扇风机设置的洞口处为回风井口，并在硐口旁设置两道封门，作为行人和矿井的一个安全出口；矿井其他硐口作为进风井口，既能行人和运输，又是安全出口，并可根据井下通风条件，在多个进风井口设置通风设施，保证矿井内新鲜风流分布均匀，不留通风死角。

（3）硬质管道作为采区通风的回风风道，直接将作业面爆破后的炮烟与采区废气经管道抽出硐外；新鲜风从一个或多个硐口进入矿井内，经矿柱采空区到达工作面，保证井下作业场所的空气质量达到要求。

（4）管道抽出式主扇通风系统由主扇风机、主风管、支风管和导风联接箱体（三通连接管）等构成。主风管道一端在风井口与主扇风机相连，另一端在井下与导风联接箱体（三通连接管）连接，支管延伸到各作业面与各作业场所，使这些地点附近的废气经各支风管道汇流到导风联接箱体，然后经主风管道直接抽出地面，形成一个抽出式的主扇通风回风管路。

（5）抽风管可吊挂在空区和风巷顶板，也可布设在空区和风巷底板，但不能影响运输和行人。

（6）远离作业工作面的个别通风条件差处，采用局扇通风机供风，局扇通风机安装位置应离主风管道口和作业工作面20m以上。

管道抽出式主扇机械通风原理图如图3-18~图3-20所示。

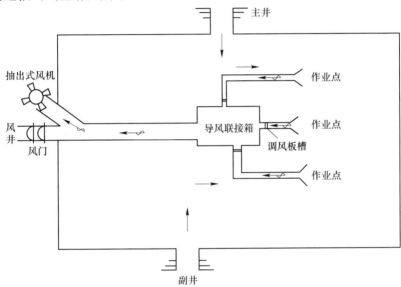

图3-18　地下石灰石矿山管道抽出式主扇通风系统框图

3.5.2.2　回采面通风路线

大管道抽出式机械通风系统的通风路线如下所示：

新鲜风流—主井—空区斜坡运输道—采区后方空区—采矿工作面—炮烟（污风）混合—支风管道口—支风管道—主风管道—主扇风机—地面。

3.5.2.3　矿井风量、风压

A　风量计算

a　按井下同时工作的最多人数计算风量

$$Q = 4NK \tag{3-101}$$

式中　Q——矿井总供风量，m^3/min；

　　　N——井下同时工作的最多人数，依据年设计生产能力及全员工效，取10人；

　　　4——每人每分钟的供风标准，$4m^3/(min \cdot 人)$；

　　　K——通风系数，取1.15。

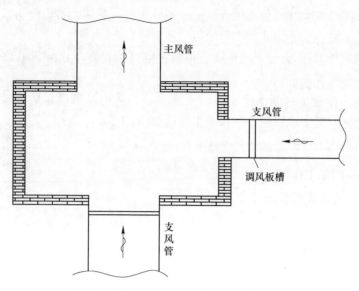

图 3-19 管道与导风联接箱体平剖面示意图

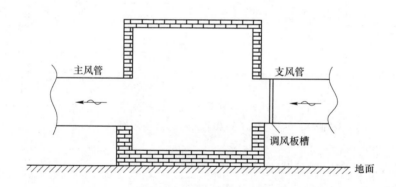

图 3-20 管道与导风联接箱体纵剖面示意图

将取值代入式（3-101）中：

$$Q = 4 \times 10 \times 1.15 = 46 \text{m}^3/\text{min}$$

b 按采矿、掘进、硐室等处实际需风量计算

$$Q = (\sum Q_{采掘} + \sum Q_{局} + \sum Q_{其他})K \tag{3-102}$$

式中 $\sum Q_{采掘}$——回采工作面实际需风量总和，m^3/min；

$\sum Q_{局}$——掘进工作面实际需风量总和，m^3/min；

$\sum Q_{其他}$——除采掘不同室外其他需风量总和，m^3/min；

K——通风系数，矿井为对角式通风，取 1.15。

c 按采掘工作面需风量计算

(1) 按同时作业最多人数计算：

$$Q_{采掘} = 4N_{采掘} = 4 \times 10 = 40 \text{m}^3/\text{min} \tag{3-103}$$

式中，$N_{采掘}$为工作面同时作业最多人数 10 人。

(2) 按一次最多起爆炸药量计算：

$$Q = 25A_i \tag{3-104}$$

式中 Q——工作面风量，m^3/min；

A_i——回采工作面一次爆炸的最大炸药量，25.2kg；

25——每千克炸药爆炸后需要供给的风量，$\text{m}^3/(\text{min} \cdot \text{kg})$。

$$Q = 25A_i = 25 \times 25.2 = 630 \text{m}^3/\text{min}$$

根据以上计算，工作面需风量为 $630 \text{m}^3/\text{min}$，即 $10.5 \text{m}^3/\text{s}$。

(3) 按风速验算：

根据《金属非金属地下矿山安全规程》（GB 16243—2006）规定，回采工作面风量应满足：

$$15 \times S_c \leqslant Q_{采掘} \leqslant 240 \times S_c \tag{3-105}$$

式中 S_c——回采工作面平均有效断面面积，m^2，取 24m^2。

$$360 \leqslant Q_{采掘} \leqslant 5760$$

根据上述计算得知，按炸药消耗量计算的风量最大为 $630 \text{m}^3/\text{min}$，本矿山单个工作面的需风量取 $630 \text{m}^3/\text{min}$。

d 按局部通风机吸入量计算

$$Q_{局} = Q_f \times I \times K_f \tag{3-106}$$

式中 Q_f——掘进工作面局部通风机额定平均风量，$90\text{m}^3/\text{min}$；

I——掘进工作面同时运转的局部通风机台数，台；

K_f——防止局部通风机吸入循环风的风量备用系数，取 1.2。

$$Q_{局} = 90 \times 1 \times 1.2 = 108 \text{m}^3/\text{min}$$

(1) 其他需风量按采掘工作面的 20%（大于 5%）计算，即

$$630 \times 20\% = 126 \text{m}^3/\text{min}$$

矿井需要总风量为：

$$Q = (\sum Q_{采掘} + \sum Q_{局} + \sum Q_{其他})K = (630 + 108 + 126) \times 1.15 = 993.6 \text{m}^3/\text{min}$$

根据上述计算方法，取其较大者，因此矿井总供风量为 $993.6 \text{m}^3/\text{min}$（$16.56 \text{m}^3/\text{s}$）。

(2) 风量分配。

根据前面的计算，对矿井的总风量分配如下：

采掘工作面：10.5m³/s（1 个）；局扇供风点：4.15m³/s（2 个）；其他用风：2.1m³/s。

B　通风阻力计算

矿井通风阻力计算公式：

$$h_{\min} = 1.2 \sum R \quad h_{\max} = 1.15 \sum R \tag{3-107}$$

$$R = \alpha L U Q^2 / S^3 \tag{3-108}$$

式中　h——井巷的摩擦阻力，Pa；

α——根据井巷的支护形式，查得的摩擦阻力系数，N·S²/m⁴；

L——井巷的长度，m；

U——井巷的净断面周长，m；

Q——通过井巷的风量，m³/s；

S——井巷的净断面积，m²；

R——井巷的摩擦风阻，N·S²/m⁸。

通过计算，矿井通风容易时期和困难时期的通风阻力分别为 $h_易$＝40.8Pa；$h_难$＝43.7Pa。详见通风阻力表 3-6 和表 3-7。

表 3-6　矿井通风容易时期通风阻力计算表

序号	巷道名称	断面形状	阻力系数 a	巷道长度 L/m	断面积 S/m²	净周长 U/m	风量 Q /m³·s⁻¹	风速 V /m·s⁻¹	风阻 R	负压 h /Pa
1	斜坡道	圆弧拱	0.035	105	22.3	20.6	19.4	0.87	0.01	2.6
2	+349m 运输平巷	圆弧拱	0.035	48	22.3	20.6	12	0.54	0.00	0.6
3	工作面	梯形	0.032	57	16	20	12	0.75	0.01	1.3
4	回风斜井	圆弧拱	0.035	32	8.6	8.42	19.4	2.06	0.01	4.6
5	井巷风阻	—	—	—	—	—	—	—	—	8.9
6	局部阻力	—	—	—	—	—	—	—	—	1.3
7	合计	—	—	—	—	—	—	—	—	10.4

表 3-7　矿井通风困难时期通风阻力计算表

序号	巷道名称	断面形状	阻力系数 a	巷道长度 L/m	断面积 S/m²	净周长 U/m	风量 Q/m³·s⁻¹	风速 V/m·s⁻¹	风阻 R	负压 h/Pa
1	斜坡道	圆弧拱	0.035	105	22.3	20.6	19.4	0.87	0.01	2.6

序号	巷道名称	断面形状	阻力系数 a	巷道长度 L/m	断面积 S/m²	净周长 U/m	风量 Q/m³·s⁻¹	风速 V/m·s⁻¹	风阻 R	负压 h/Pa
2	+349m 运输平巷	圆弧拱	0.035	48	22.3	20.6	12	0.54	0.00	0.7
3	工作面	梯形	0.032	57	16	20	12	0.75	0.01	1.3
4	回风斜井	圆弧拱	0.035	32	8.6	8.42	19.4	2.06	0.01	4.6
5	井巷风阻	—	—	—	—	—	—	—	—	9.6
6	局部阻力	—	—	—	—	—	—	—	—	1.4
7	合计	—	—	—	—	—	—	—	—	11.1

3.5.2.4 通风机的选择

A 通风机所需风量

通风机所需风量计算公式为

$$Q_{通} = KQ \tag{3-109}$$

式中 $Q_{通}$——通风机所需风量，m³/s；

Q——矿井所需风量，m³/s；

K——外部漏风系数，取 1.15。

$$Q_{通} = 1.15 \times (10.6 \sim 12.1) \text{m}^3/\text{s}$$

B 通风机所需负压

通风机所需负压计算公式为

$$h = h_{总} + H_{阻} \pm h_{自} \tag{3-110}$$

式中 h——通风机的负压，Pa；

$h_{总}$——矿井总阻力，Pa；

$H_{阻}$——通风机各附属装置的阻力，Pa，取 250Pa；

$h_{自}$——自然风压，Pa 进风井和出风井高差很小，取 0。

$$h_{易} = 40.8 + 250 + 0 = 290.8\text{Pa}$$

$$h_{难} = 43.7 + 250 + 0 = 293.7\text{Pa}$$

C 通风选型结果

根据以上计算，矿井选用 FECZ4·Nq11A 型矿用轴流式防爆型主要通风机两台，一台工作，一台备用，安装在回风井，能满足矿井生产能力的需要。电机功率 22kW，其风量为 10.5~18m³/s，风压 250~920Pa，局部风机 2 台（采掘一台、备用一台），选用 YET-5.5 型，其风量为 1.5~3.0m³/s，风压为 250~1200Pa，功率 5.5kW。

利用 QC83-220 型磁力启动器，控制抽风机起停，需反向时，利用电机反转实现反风要求。

3.5.2.5　管道直径的选择

利用大管道抽出式通风时，管道的截面积与风量、风速之间具有如下关系：

$$Q = AV \tag{3-111}$$

式中　Q——风量，m³/s；

　　　A——通风管的截面积，m²；

　　　V——风速，m/s。

由于圆形通风管的截面积：

$$A = \pi^2 D/4 \tag{3-112}$$

可得 $Q = \pi^2 D/4$。

因此，通风管的直径求导公式为：

$$D = \sqrt{4Q/\pi V} \tag{3-113}$$

4 石灰石矿山房柱法开采地压管理

4.1 地下矿山地压管理概述

4.1.1 矿山地压的概念

4.1.1.1 矿压的定义

地压是泛指在岩体中存在的力，它既包含原岩对围岩的作用力、围岩间的相互作用力，又包含围岩对支护体的作用力。地压的大小不仅与岩体的应力状态、岩体的物理力学性质、岩体结构有关，还与工程性质、支护类型及支护时间等因素有关。地压会引起围岩及护体的变形、移动和破坏，称为地压现象。在脆性岩体中，可能发生冒顶、片帮等围岩的破坏现象；在塑性岩体中，表现为巷道顶板下沉、两帮突出、底板鼓起等现象。

4.1.1.2 矿压的分类

地压的显现使岩体产生变形和各种不同形式的破坏。为了便于分析各种不同性质的地压，按其表现形式，将地压分为变形地压、散体地压（也称松动地压）、冲击地压、膨胀地压 4 类。变形地压是指在大范围内岩体因变形、位移受到支护体的抑制而产生的地压；散体地压（也称松动地压）是在一定范围内，滑移或塌落的岩体以重力的形式直接作用于支护体上的压力；冲击地压又称岩爆，它是在围岩积累了大量的弹性变形能之后，突然释放出来时所产生的压力；膨胀地压是由于巷道围岩膨胀而产生的压力。

4.1.2 井巷地压及其控制

4.1.2.1 井巷地压特征

由于巷道开挖后改变了岩体的初始应力状态，围岩产生应力重新分布。设巷道开挖前岩体中某一点的原岩应力为 σ_0，开挖后该点的次生应力变为 σ，它们的比值 $K = \sigma/\sigma_0$，K 称为应力集中系数，它表示巷道开挖前后应力的变化情况。若 $K>1$，说明巷道开挖后次生应力增大了；反之，若 $K<1$，说明巷道开挖后次生应力减小了。巷道围岩应力变化的范围称为采动影响范围。实验分析和理论研究证明，采动影响范围只限于巷道周围不大的区域以内。由巷道中心至影响范围的边线距离称为采动影响半径 R，其大小为 $R = (3 \sim 5)D$（D 为巷道半径），习惯上

将此范围内的岩体称为围岩，将该范围以外的岩体称为原岩。在围岩区域内形成的新应力场称为次生应力场。在采动影响范围以外的岩体仍可视为原岩应力状态，它们不受采动的影响。

围岩的次生应力状态与巷道的横断面形状及尺寸有关。断面为曲线形的巷道，相对来说围岩的应力变化比较均匀，而断面为折线形的巷道，则会在角隅处出现较大的应力集中。巷道开挖后若及时支护，既可以阻止围岩变形的发展，又可以影响围岩的应力分布状态。

4.1.2.2　地压的控制

井巷破坏的原因主要是围岩应力超过了岩体的强度，因此，井巷维护的基本原则是提高围岩强度，降低围岩应力，改善围岩的应力状态，以便充分利用围岩的自身抗力去支撑井巷地压。

井巷的维护应遵循的主要原则如下：

（1）合理选择井巷的位置。在生产条件允许下，尽可能选在地质和水文地质条件较好，没有软弱夹层的岩体中；尽量避免回采的影响；主要巷道应布置在崩落带以外，并保持一定距离。

（2）采用合理的施工。在井巷施工中，应快速掘进，尽量采用光面爆破、预裂爆破等先进的爆破技术，以减少爆破对围岩的震动和破坏，保持围岩体的完整性。应积极采用锚喷支护，以提高围岩岩体强度，充分发挥其自承能力。

（3）选择合理的支护类型。对于以变形地压为主的巷道，应选择可缩性大的柔性支架，如锚喷支护、可缩性钢支架及在刚性支架的棚梁和棚腿的接触面、砌混凝土巷道的肩部夹入可缩性材料如橡胶等。对于以松动地压为主的巷道，则可选用有足够强度的刚性支架来支撑松动岩石的重量，如石料砌混凝土、钢木支架、钢筋混凝土支架等。

（4）选择合理的断面形状和尺寸。圆形与椭圆形井巷断面的应力集中程度最低，当巷道面越高，巷道两侧的压力越大，巷道两侧应采用圆弧形断面；巷道断面越宽，巷道顶部的压力越大，巷道顶部应采用圆弧形断面，以减少应力集中。巷道断面的最大尺寸应沿着最大来压方向布置，最大来压方向的巷道周边应尽量选用曲线形状。

（5）确定合理的支护时间。

4.1.3　采场地压及其控制

4.1.3.1　采场地压的特点

采场地压是指在地下开采过程中，原岩对采场或采空区围岩及矿柱所施加的载荷。这是由于地下矿体采出后所形成的采掘空间破坏了原岩的自然平衡状态，致使岩体应力重新分布，引起采场围岩变形、移动或破坏等一系列地压现象。这些地压现象的发生和发展过程称为采场地压显现。

采场的规模远远大于井巷，但由于采场空间的形状、体积、分布状况、形成及存留时间等方面的特殊性，采场地压与巷道地压有相当大的差异，归纳起来采场地压具有暴露空间大、复杂性、多变性、显现形式的多样性、控制采场地压的难度大等特点。

空场法的采场地压显现，从时间和空间上看，大体可分为开采初期采场回采期间的局部地压显现和开采中、后期大规模剧烈的地压显现两个时期。局部地压显现表现为采场矿体、围岩或矿柱的变形、断裂、片帮、冒顶等现象；大规模的地压显现表现为采空区上方大面积覆盖岩层急剧冒落，与冒落区相邻的采场压力剧增，出现矿柱压裂、顶板破裂、采准巷道开裂及冒顶现象。

4.1.3.2 采场地压的管理

在矿床地下开采中，采场地压管理是主要生产工艺之一。它的目的是防止开采工作空间的围岩失控发生大的移动和保障人员工作安全。

正确选择回采期间采场地压管理方法有非常重要的意义。采场地压管理工作是影响矿山安全工作、矿石成本、矿石损失贫化和矿山生产能力的主要因素。当前矿床地下开采的采矿方法分类中，很多都是以采场地压管理方法为基础。

在开采空间形成以前，可以认为在井田的小范围内，原岩体是连续的密实的，其内部应力（原岩应力）也是平衡的。采矿空间的形成，破坏了原岩应力平衡，产生次生应力场，围岩中会出现局部应力集中升高、降低、拉压应力的转变、三向应力状态的转变，会产生裂隙张开闭合、顶板下沉、冒落、底板隆起、侧面片帮，在矿井深部甚至可能发生岩石自爆。上述这些现象统称为矿山地压显现（或现象），由于采矿引起的岩体内部应力变化称矿山地压。在地下采矿中为了安全和保持正常生产条件采取的一系列的控制地压的综合措施，称矿山地压管理。在岩体坚固稳定的矿山地压显现可能不明显，在岩体松散不稳固的矿山，则地压显现会非常明显。

从时间上可将矿山地压管理分为两个阶段：矿块回采阶段和大范围采空区形成后的阶段。前一阶段地压管理亦称为采场地压管理。这两个阶段的地压管理是有区别的，但又是密切联系的。

采场地压管理比一般井下工程（如硐室、隧道、井巷）的地压管理复杂，主要是因采场开采空间大，采场尺寸不断变化，形状复杂，并且地压会随相邻采场的开采而发生变化，亦即在相当长时间内采场地压是处于"不断变化"状态。当然，对地下开采空间稳定性的要求，也不同于地下永久工程。采场地压只着重于采场回采期间开采空间的稳定性和地压控制。

A　采场地压管理任务

一般说来，采场地压管理任务有 3 个方面：

(1) 正确认识不同采矿方法采场开采空间所承受的载荷及应力变化规律，为正确选择地压管理方法提供符合实际的地压理论或假说。

(2) 从实际出发正确选择地压管理方法及其有关参数，保持一定时间内开采空间的稳固性。

(3) 处理好矿块回采期间遇到的局部地压问题，如构造弱面（断层、破碎带）、溶洞、老硐等造成的特殊地压问题。

B　采场地压管理方法

通常采用的地压管理方法大致可分为以下几类：

(1) 使开采空间具有较稳固的几何形状，使应力较平缓的集中过渡。

(2) 用矿柱、充填体、支柱或联合方法支撑或辅助支撑开采空间。

(3) 边采矿边崩落围岩，使开采空间某些部位的应力重新分布，降低工作空间围岩应力集中，减小工作空间的地压。

(4) 使开采空间围岩达到自然崩落所需的尺寸，通过自然崩落释放应力，减小周围采场的地压。

C　采场地压假说

正确进行采场地压管理，必须要掌握地压显现的规律和理论。在这方面地压理论的研究目前还不成熟，只能提出一些假说来解释地压现象。这些采场地压假说，实质上是对不同情况下采场围岩应力分布的规律及其变化所作的解释，主要说明不同开采空间围岩所承受的载荷情况。在自重应力场条件下，目前常用的地压假说有：拱形假说、支撑压力假说、覆岩总重假说、部分覆岩重量假说、滑动棱体假说和悬臂梁假说等。实践证明，上述地压假说在一定条件下，对正确进行采场地压管理均有其指导意义，但也均有其局限性，不能全面概括实际影响地压的因素。所以正确进行采场地压管理，不仅应掌握采场地压假说，还要综合考虑影响采场地压的其他因素。

D　影响采场地压的因素

地压值的大小和特点与许多因素有关。这些因素可以分为两组：一组因素称自然因素，如原岩应力，矿岩稳固性，矿体埋藏深度，矿体的规模、形状、厚度和倾角等；另一组是开采过程中形成的因素，如采场支撑方法、开采空间的大小、形状和相对位置，工作面推进速度（回采强度）、落矿方法、矿块回采周期和其他。

一般说来，在影响地压大小的因素中，最主要的还是矿体和围岩的稳固性，以及开采深度。

随着开采深度大幅度的增加，采矿方法和矿块参数都必须相应改变，如减小开采空间的顶板暴露面，限制采用空场采矿法，加大矿柱尺寸等。在深部的矿床开采中，开采空间围岩的应力可以增长到很大的数值，当超过一定限度后会引起冲击地压、岩石自爆或塑性变形，破坏矿柱。

E　保持开采空间稳固性的方法

狭义地讲，采场地压管理和影响地压的因素、保持开采空间稳固性通常采用的方法有缩小开采空间冒露面积和跨度，使开采空间具有较稳固的几何形状，提高开采强度，缩短矿块回采周期（时间），采用矿柱支撑，采用充填料支撑，留矿支撑，人工支柱支撑等方法。

4.1.3.3　采场地压的控制

采场地压控制的主要方法如下：

（1）合理确定采场断面形状及矿房、矿柱参数。利用矿柱控制采矿房的跨度、形状，并支撑上覆岩层的压力；利用围岩与矿柱的自支承能力维护回采矿房的稳定。为此，必须合理选择矿房、矿柱参数及矿房断面形状与布置方向，以使矿房周围应力分布尽可能地合理，既便于充分发挥围岩自承能力维护自身的稳定，又能做到充分采出矿石。

（2）支撑与岩体加固。回采不稳定矿体时，常利用人工支护回采工作空间，防止冒落。传统的支护方法是用立柱、支架、木垛等进行支撑。近代又发展了岩体加固法，用锚杆、长铺索、注浆等加固不稳定矿体，增强其强度，维持其稳定。若对待采的不稳固矿体预先进行加固，则可收到预控的效果，使回采更接近于在稳固矿体中进行的状况。

（3）利用免压拱解除采场地压。在高压力区进行回采时，可利用形成免压拱的方法使待采矿块处于卸压区内，借以解除原有的高应力状态，使应力释放，并使来自原岩体的载荷转移到该区域之外，从而改善待采矿块的回采条件。

（4）合理的回采顺序。在地质构造复杂地段应先回采高应力块段；自断层下盘后退式回采；回采空间的长轴方向尽可能与矿体最大主应力方向平行。

（5）充填。在回采期间利用充填处理空区来改善采场围岩及矿柱的受力状态（充填后由于有侧向约束形成三维应力状态），增强采场围岩的稳定性和矿柱的强度，以及利用充填处理采空区，借以阻挡围岩冒落。充填能缓和地压显现，减少地表下沉，是一种常用的地压控制方法。

（6）崩落。利用崩落围岩的方法消除采空区，控制地压显现以及使承压带卸载，改善相邻采场的回采条件。

4.2　缓倾斜大面积空区群稳定性分析

房柱法开采形成的采空区，矿柱和顶板是两个最基本构成要素，矿柱和顶板的稳定性直接关系到采空区的安全。对于采空区的稳定性分析问题，不可避免地涉及矿柱和顶板两个方面，因此，必须要对采空区范围内的矿柱和顶板的稳定性进行计算分析。

4.2.1　顶板稳定性分析 Mathews 图解方法

顶板稳定性分析方法较多，常用的有 Mathews 图解法、太沙基理论、洞穴顶板坍塌估算法等，以下着重介绍 Mathews 图解法。

Mathews 顶板稳定性分析图解法的核心内容是反映岩体稳定性系数与采场暴露面形状系数之间关系的图表（见图4-1），图表分为5个部分，即稳定区、无支护过渡区、支护稳定区、支护过渡区和开挖区（也称崩落区）。利用相关数学表达式计算稳定性系数和暴露面形状系数（水力半径）之值，并对照图表可分析确定顶板的稳定性状况。上述两指标的计算公式如下：

$$N = Q'ABC \tag{4-1}$$

式中　N——Mathews 稳定性系数；

$\quad\ Q'$——修正的 Q 值；

$\quad\ A$——岩石应力系数；

$\quad\ B$——节理方位系数；

$\quad\ C$——重力调整系数。

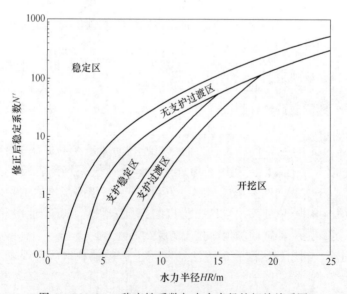

图 4-1　Mathews 稳定性系数与水力半径的相关关系图

4.2.1.1　Q'值

Q'值为修正的 Q 值，Mathews 稳定性图解方法采用了修正的 NGI 隧道质量指

标 Q'。区别于 Q 值，应力折减系数（SRF）和节理渗水折减系数（J_w）不参与 Q' 值计算，即

$$Q' = \frac{RQD}{J_n} \frac{J_r}{J_a} \qquad (4-2)$$

4.2.1.2 岩石应力系数 A

为衡量高应力对降低岩体稳定的影响引入岩石应力系数即 A 值这一指标。A 值定义为完整岩体的单轴抗压强度与平行开挖面的最大诱导应力的比值，变化范围为 $0.1 \sim 1.0$。

4.2.1.3 节理方位系数 B

B 值主要考虑不连续面的方向影响，其值根据控制性节理与采场表面的相对方位确定。结构面与开挖面的夹角为 90°时，B 值为 1，不连续结构面与开挖表面的夹角为 20°时，B 值为 0.2。

4.2.1.4 重力调整系数 C

受重力作用，采场顶板的稳定性小于侧帮。重力调整系数 C 考虑了重力对采场暴露表面崩落、滑落等稳定性的影响，其值与采场表面倾角的关系以式（4-3）计算：

$$C = 8 - 6\cos A \qquad (4-3)$$

式中 A——倾角。

4.2.1.5 水力半径 HR

水力半径是反映采场暴露面形状的指标，其值用暴露面表面积与暴露面的周长的比值来表示，如图 4-2 所示。

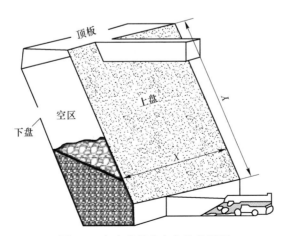

图 4-2 水力半径确定方法的图解

（上盘的水力半径 = 面积/周长 = $XY/(2X + 2Y)$）

4.2.2 基于极限分析法的顶板安全厚度分析

4.2.2.1 极限分析原理

理想弹塑性体在载荷作用下发生变形，当载荷达到某一数值并保持不变的情况下，物体发生"无限"的变形，进入塑性流动状态。由于只限于讨论小变形的情况，通常所称的极限状态可以理解为是开始产生塑性流动时的塑性状态，而极限载荷也可以理解为达到极限状态时所对应的载荷。研究表明，如果绕过弹塑性的变化过程，直接求解极限状态下的极限载荷及其速度分布，往往会使问题的求解容易得多，这种分析称为极限分析。将这一思想引入采空区顶板的稳定性分析，可方便地解决顶板为极限载荷状态时，其厚度安全值的确定问题。

已有的相似材料模拟试验表明，一般情况下，四周固支板的破断过程是：首先在板长边的中心区形成裂缝，然后在短边的中央形成裂缝，待四周裂缝贯通后，形成了"X"形破坏、坍塌。为了方便起见，实际分析计算中略去"角部效应"因素，对破损线作简化处理，如图 4-3 所示。

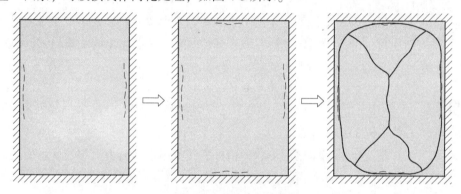

图 4-3 四周固支矩形板破损结构形式

根据虚功原理分析顶板破坏的极限条件，给定破损结构一个很小的虚位移，则在虚位移上外力所做的功 W_ε 和内力功 W_i 应相等，即

$$W_\varepsilon = W_i \tag{4-4}$$

其中外力功等于顶板上部荷载 q 所做的功：

$$W_\varepsilon = \int_A q\delta_A \mathrm{d}A \tag{4-5}$$

式中 δ_A——虚位移；

　　　 A——破损机构的面积。

不计弹性应变能，内力功就等于广义内应力（即极限弯矩 M_p）在破损线上做的耗散功。

$$W_i = \int_s M_p \theta_s \, \mathrm{d}s \tag{4-6}$$

式中　θ_s——破损线转角；

　　　s——破损线总和。

暴露顶板的边界条件可根据开采情况简化为固支或者简支形式。与实体相交处可视为固支，与已开采区域相交处可视为简支。下面分析顶板固支时岩层初次来压的情况。

（1）四周固支约束形式的当量来压步距计算。设破损机构最大虚挠度（EF 线上的虚挠度）为 δ，根据图 4-4 可得内力功为

$$W_i = 4\delta\left(\frac{2h}{a} + \frac{a}{x}\right)M_p \tag{4-7}$$

外力功为

$$W_\varepsilon = \frac{q}{6}\delta a(3b - 2x) \tag{4-8}$$

由 $W_\varepsilon = W_i$ 得：

$$4\delta\left(\frac{2h}{a} + \frac{a}{x}\right)M_p = \frac{q}{6}\delta a(3b - 2x) \tag{4-9}$$

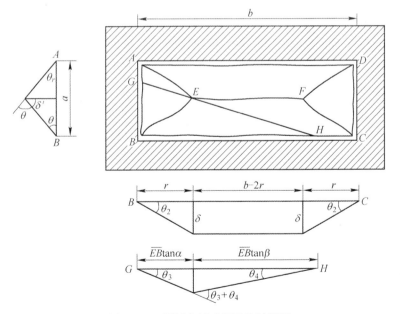

图 4-4　四周固支板破损机构计算图

式（4-8）是在 $a \leqslant b$ 条件下推导出的，因此，如果工作面长度 L 大于初始来

压步距 l，则在式 (4-9) 中令 $a = l$，$b = L$；反之，则令 $a = L$，$b = l$。而 x 为一待定值，根据最小能量原理，合理的 x 值将使得形成破损机构时外力功最少。在工作面长度和外部荷载为定值的情况下，外力功与初始来压步距成正比，因此，令 $\dfrac{\mathrm{d}x}{\mathrm{d}l} = 0$，求得参数 x 为：

$$x = 2\sqrt{3}\left(\frac{M_p}{q}\right)^{1/2} \tag{4-10}$$

初次来压步距为

$$l = \begin{cases} \dfrac{8L^2(qM_p)^{1/2}}{\sqrt{3}\,(qL^2 - 16M_p)}, & 4\left(\dfrac{M_p}{q}\right)^{1/2} \leqslant L \leqslant 4\sqrt{3}\left(\dfrac{M_p}{q}\right)^{1/2} \\[4mm] \left[\dfrac{48LM_p}{3qL - 8\sqrt{3}\,(qM_P)^{1/2}}\right]^{1/2}, & L \geqslant 4\sqrt{3}\left(\dfrac{M_p}{q}\right)^{1/2} \end{cases} \tag{4-11}$$

令

$$l = 4\left(\frac{M_p}{q}\right)^{1/2} l_m = C_m l_m \tag{4-12}$$

$$L = 4\left(\frac{M_p}{q}\right)^{1/2} L_m = C_m L_m \tag{4-13}$$

式中　l_m，L_m——无量纲长度，分别称为当量来压步距和当量工作面长度；

　　　　C_m——当量系数；

　　　　m——当量纲。

将式 (4-13) 代入式 (4-12)，可简化成为如下形式：

$$l_m = \begin{cases} \dfrac{2L_m^2}{\sqrt{3}\,(L_m^2 - 1)}, & 1 \leqslant L_m \leqslant \sqrt{3} \\[4mm] \left(\dfrac{\sqrt{3}\,L_m}{\sqrt{3}\,L_m - 2}\right)^{1/2}, & L_m \geqslant \sqrt{3} \end{cases} \tag{4-14}$$

(2) 顶板初次来压计算。根据上述分析，可将当量系数 C_m 表示成常系数 C 和 $\left(\dfrac{M_p}{q}\right)^{1/2}$ 的乘积，则顶板初次来压步距计算式可统一成如下的形式：

$$l = CC_n\left(\frac{M_p}{q}\right)^{1/2} f(L_m) \tag{4-15}$$

式中　C_n——常系数，不同的边界条件下 C 和 C_n 取值见表 4-1。

表 4-1 不同边界条件下 C 和 C_n 取值

边界约束形式	C	C_n
四周固支	4	1
三固一简	$2 + \sqrt{2}$	$4/2 + \sqrt{2}$
二固二简	$2 + \sqrt{2}$	1
一固三简	$2 + \sqrt{2}$	$(1 + \sqrt{2})/2$

式（4-15）中的函数为

$$f(L_m) = \begin{cases} \dfrac{2L_m^2}{\sqrt{3}(L_m^2 - 1)}, & 1 \leqslant L_m \leqslant \sqrt{3} \\ \left(\dfrac{\sqrt{3}L_m}{\sqrt{3}L_m - 2} \right)^{1/2}, & L_m \geqslant \sqrt{3} \end{cases} \tag{4-16}$$

根据式（3-14）和式（3-15），可以进行反演算，反演算的计算式为：

$$\left[\frac{M_p}{q} \right]^{1/2} = \begin{cases} \dfrac{L\sqrt{(C_nL)^2 + 3l} - C_nL^2}{\sqrt{3}\,Cl}, & \dfrac{1}{CL} < \left(\dfrac{M_p}{q} \right)^{1/2} \leqslant \dfrac{\sqrt{3}}{CL} \\ \left(\dfrac{l\sqrt{l^2 + 3C_nL^2} - l^2}{\sqrt{3}\,CC_nL} \right), & \left(\dfrac{M_p}{q} \right)^{1/2} \geqslant \dfrac{\sqrt{3}}{CL} \end{cases} \tag{4-17}$$

式中　q——顶板上的分布载荷，反映了顶板的受力情况，若顶板受均布载荷作用，
　　　　　计算时可以直接将均布载荷代入公式计算，若顶板受集中载荷作用，
　　　　　则先进行简化处理，将集中载荷单位面积化后再代入公式计算；

　　　M_p——单位极限弯矩，综合反映了顶板的岩性和厚度等因素，计算式为：

$$M_p = \frac{1}{6}\sigma_t h^2 \tag{4-18}$$

　　　h——顶板厚度；

　　　σ_t——顶板岩层的抗拉强度。

4.2.2.2 顶板安全厚度与采空区跨度及暴露面积的关系

根据梅州某地下矿山采空区赋存情况，在只考虑顶板自身重力的情况下，取安全系数为 1.5，采用极限分析法进行计算分析时按四周固支约束形式进行，计算顶板岩层安全厚度所需的参数见表 4-2。

表 4-2 顶板安全厚度计算参数

当量系数 C	当量系数 C_n	采空区长度 L/m	采空区跨度 /m	顶板抗拉强度 /MPa	顶板岩层容重 /kN·m^{-3}	边界约束条件
4	1	30~100	10~30	0.90	27.0	四周固支

　　根据表4-2,进行采空区顶板安全厚度计算时,考虑保安层上覆均布载荷为顶板自重。在保持其他参数不变的情况下,改变采空区跨度与长度,计算结果见表4-3。

表 4-3　顶板安全厚度与顶板跨度及长度的关系

采场参数	数		据					
跨度×长度/m×m	10×30	10×40	10×50	10×60	10×70	10×80	10×90	10×100
安全厚度/m	1.16	1.28	1.35	1.40	1.44	1.47	1.50	1.52
跨度×长度/m×m	15×30	15×40	15×50	15×60	15×70	15×80	15×90	15×100
安全厚度/m	2.16	2.50	2.71	2.87	2.99	3.08	3.16	3.22
跨度×长度/m×m	20×30	20×40	20×50	20×60	20×70	20×80	20×90	20×100
安全厚度/m	3.21	3.85	4.30	4.64	4.90	5.10	5.26	5.40
跨度×长度/m×m	25×30	25×40	25×50	25×60	25×70	25×80	25×90	25×100
安全厚度/m	4.20	5.24	6.01	6.60	7.06	7.43	7.73	7.97
跨度×长度/m×m	30×30	30×40	30×50	30×60	30×70	30×80	30×90	30×100
安全厚度/m	5.10	6.60	7.76	8.66	9.38	9.96	10.44	10.84

　　顶板安全厚度与采空区的跨度和长度有着密不可分的关系。从总体趋势来看,跨度越大,长度越长,顶板安全厚度值越大。跨度对顶板安全厚度产生最直接的影响,跨度从10m增加到30m,顶板安全厚度几乎呈线性关系增长。当采空区长度保持30m不变时,顶板安全厚度从1.16m增至5.10m,增加了3倍多;当采空区长度保持100m不变时,顶板安全厚度从1.52m增至10.84m,增加了6倍多(见图4-5)。梅州某地下矿山地下群采空区顶板厚度均在40m以上,从计算结果来看,顶板安全厚度值存有较大富余。

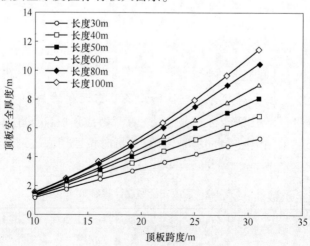

图 4-5　顶板安全厚度与顶板跨度及长度的关系

分析表 4-3 中的数据，不难看出当跨度为 10m 时，尽管采空区长度从 30m 增加至 100m，但顶板安全厚度值呈微量增加趋势，仅从 1.16m 增至 1.52m；而当跨度为 30m 时，采空区长度同样增加 70m，顶板安全厚度却出现大幅增加，从 5.10m 增至 10.84m。这说明采空区长度对顶板安全厚度的影响受一定条件的限制。为充分研究这一问题，重新选取多组数据进行计算（见图 4-6），发现当采空区长度与跨度比值 k_a 小于 2 时，顶板安全厚度值取决于暴露面积的大小，即跟长度与跨度密切相关；当 k_a 大于 2 时，顶板安全厚度值取决于跨度，即长度不是决定因素。从图 4-6 中可以看出，跨度为 14m（$k_a = 2 \sim 6.6$）的采空区，顶板安全厚度与采空区暴露面积（或长度）的关系曲线十分平缓，增加暴露面积并不会对顶板安全厚度值产生实质影响。暴露面积（或长度）越大，k_a 值越大，曲线越平缓。跨度为 8m 的采空区（$k_a = 6.25 \sim 20.3$），这一关系曲线几乎为一水平直线。图 4-6 中，比较跨度分别为 8m、10m、12m 和 14m 的关系曲线，可知跨度的变化使得顶板安全厚度大幅增加。此时，顶板安全厚度值由跨度决定。可见，k_a 值越大，暴露面积（或长度）对顶板厚度值的影响越小。反之，当 k_a 值小于 2 时，暴露面积的影响较为明显。图 4-6 中跨度 20m 的采空区，暴露面积从 400m² 增至 1400m² 时，顶板安全厚度从 2.3m 增加至 4.8m，增幅较大，且 k_n 值越小（ab 段 $k_a = 1 \sim 2$，暴露面积 400~800m²），曲线越陡，暴露面积的影响越明显。

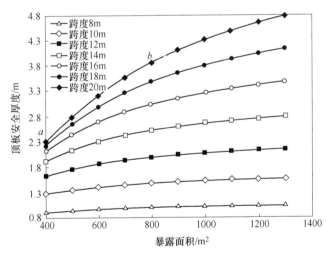

图 4-6　顶板安全厚度与暴露面积的关系

4.2.3　矿柱安全系数计算方法修正

4.2.3.1　矿柱的主要变形模式

矿体开采将引起应力重新分布和矿柱荷载的增加，如图 4-7 所示。如果矿柱所受应力小于原岩强度，矿柱产生弹性变形，但矿柱仍能保持稳定；当矿柱小于其所受应力时，矿柱发生破坏，承载能力下降，上覆岩层的压力发生转移，导致周边的矿柱的压力增大。采矿所关心的通常是矿柱的峰值承载能力，以及矿柱在峰值后的载荷位移特征。

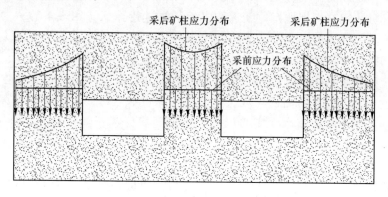

图 4-7　矿柱轴线方向应力分量随着采场采矿的重新分布

岩体的地质构造、矿柱本身的形状与尺寸以及矿柱受围岩的约束情况等因素，决定了矿体开采后矿柱对其荷载的整体响应。图 4-8 为矿柱变形的主要模式，大多数的矿柱破坏的主要形式是矿柱表面的剥落、剪切破坏和与软弱夹层、节理等构造有关的破坏类型。图 4-8 中（a）表示矿柱表面向采空区的碎裂；（b）表示对于规则节理矿岩和低宽高比的矿柱剪切破坏；（c）表示矿柱的内部劈裂或横向膨胀和桶形破坏；（d）和（e）表示沿地质结构面的滑移与崩裂破坏。

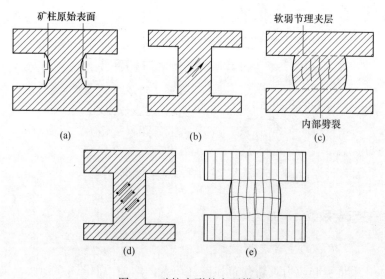

图 4-8　矿柱变形的主要模式

工程实践证明，当载荷达到峰值时，矿柱可能发生变形与破坏，但矿柱的承载能力并不会完全丧失，其发展结果有两种：

（1）破坏不再发展，承载能力被削弱，但矿柱仍能保持一定的支撑作用。矿柱发生变形后，压力转移到周边围岩，此时如果矿柱载荷降低，则矿柱屈服后可依靠残余强度支承顶板，矿柱自身保持稳定。

（2）矿柱的破坏继续发展直至丧失稳定。矿柱破坏后，顶板受重力作用发生下沉，若矿柱载荷随顶板的下沉并未减小，矿柱屈服后的残余强度不足以支承地压，受力状态不断恶化，矿柱屈服或破裂状态将持续发展，直至完全坍塌。

4.2.3.2 矿柱安全系数计算

矿柱的布置形式有两种：（1）连续条带式矿柱；（2）不连续的断面为圆形或方形的矿柱。不同类型的矿柱，受力状况各有区别。从静力学角度来说，矿柱的稳定性取决于作用于矿柱上的荷载和矿柱自身强度。研究矿柱的力学性能及矿柱自身的稳定性状况，需分别对以上两个方面进行分析。

A 矿柱的平均应力

从结构力学的角度分析，矿柱荷载主要为上覆岩层的重力。矿体开采时，因支撑需要或受施工工艺的限制，采场矿柱留设不均匀、不规范，矿柱形态尺寸不一，矿柱受力大小各不相同，对矿柱平均应力计算方法的研究尚未形成统一的认识。

目前，普遍认可矿柱的面积承载理论，即矿柱所承受的载荷是其所支撑的顶板范围内直通地表的上覆岩柱的重力，该岩柱的底面积 S 即按岩柱分摊的开采面积与矿柱自身面积之和，由此假设计算矿柱的平均应力。

图 4-9 表示一种类型的正方形矿房和矿柱的布置图，矿柱平均应力为：

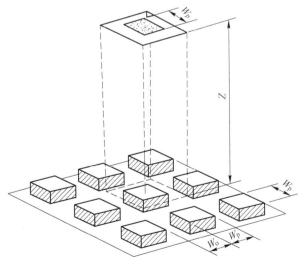

图 4-9 按面积和承载理论计算矿柱平均应力示意图

$$\sigma_{\mathrm{p}} = p_z\left(1 + \frac{W_{\mathrm{o}}}{W_{\mathrm{p}}}\right)^2 = \gamma z\left(1 + \frac{W_{\mathrm{o}}}{W_{\mathrm{p}}}\right)^2 \tag{4-19}$$

式中　γ——岩石容重，t/m^3；

　　　z——埋藏深度，m；

W_{o}，W_{p}——分别为矿房和矿柱的宽度，m。

图 4-10 列出了矿柱规则布置与不规则布置的平均应力计算方法。σ_{p} 值以岩柱面积与矿柱面积的比值与支撑范围内岩柱的质量的乘积来表示。

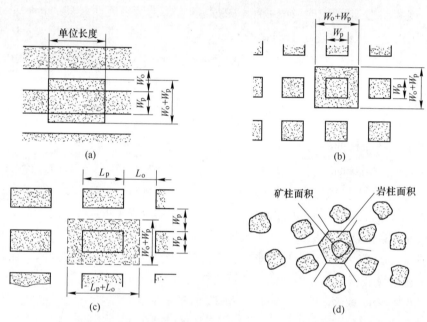

图 4-10　几种典型的房柱法方案中矿柱的平均垂直应力

（a）条带式矿柱 $\sigma_{\mathrm{p}} = Yz(1 + W_{\mathrm{o}}/W_{\mathrm{p}})$；（b）正方形矿柱 $\sigma_{\mathrm{p}} = Yz(1 + W_{\mathrm{o}} + W_{\mathrm{p}})^2$；

（c）矩形矿柱 $\sigma_{\mathrm{p}} = Yz(1 + W_{\mathrm{o}}/W_{\mathrm{p}})(1 + L_{\mathrm{o}}/L_{\mathrm{p}})$；（d）不规则矿柱 $\sigma_{\mathrm{p}} = Yz\dfrac{\text{岩柱面积}}{\text{矿柱面积}}$

B　矿柱强度计算方法

矿柱强度即矿柱抵抗破坏的能力，其值受岩体强度和矿柱尺寸等多种因素影响。为探索矿柱强度的计算方法，世界各国学者均做了大量实验研究和分析工作，从不同的分析角度，总结提出了十余种矿柱的强度计算公式。如 Bunting 公式、Zern 公式、Holland-Gaddy 公式等，其中以 Bieniawski 公式应用最为广泛。Bieniawski(1975 年) 与 Van Heerden(1975 年) 通过对南非 Witbank 煤柱宽高比为 0.5~34 的 66 个矿柱试件的大规模原位测试求出的矿柱强度计算公式如下：

$$S_{\mathrm{p}} = S_{\mathrm{L}}\left(0.64 + 0.36\frac{W_{\mathrm{p}}}{h}\right)^{\alpha} \tag{4-20}$$

式中 α——常数,当矿柱的宽高比大于 5 时,$\alpha = 1.4$;而当矿柱的宽高比小于 5 时,$\alpha = 1.0$。

C 矿柱安全系数

矿柱安全系数是矿柱所受载荷与其自身强度的比值,是反映矿柱稳定性的重要指标。以上分析了矿柱的平均应力与强度的计算方法,在不同开采深度和矿柱高度时,矿柱的安全系数计算公式为

$$F = \frac{S_L\left(0.64 + 0.36\dfrac{W_p}{h}\right)}{rz \times \dfrac{S_岩}{S_矿}} \quad (4\text{-}21)$$

式中 S_L——矿柱岩体抗压强度,MPa;

W_p——矿柱宽度,m;

h——矿柱的高度,m;

$S_岩$——岩柱面积,m^2;

$S_矿$——矿柱面积,m^2;

r——上覆岩层的平均容重,t/m^3;

z——上覆岩层厚度,m。

4.2.3.3 矿柱安全系数计算方法修正

从式(4-21)可以看出,矿柱安全系数 F 的计算虽涉及了矿岩强度等多种参数,但计算结果并不准确。实际上,矿柱的结构面也同样对 F 系数产生不可忽视的影响,结构面越多,岩体越破碎,F 系数越小;此外,不规则的形态也必然导致矿柱受力不均匀,某些区域不可避免出现应力集中而发生破坏,显然,F 系数也受矿柱形状的影响。由以上分析可将式(4-22)修正为:

$$F = \frac{S_L\left(0.64 + 0.36\dfrac{W_p}{h}\right)}{rz \times \dfrac{S_岩}{S_矿}}\varphi(a)\varphi(b) \quad (4\text{-}22)$$

式中,a,b——分别为结构面影响因子与形状影响因子,由它们构成的函数分别为 $\varphi(a)$ 与 $\varphi(b)$,分别代表了结构面与形状因素对 F 系数的折减。

4.2.4 采空区稳定性分级

4.2.4.1 采空区安全分级标准

《金属非金属矿山大中型采空区调研报告》(国家安全生产管理总局 2008 年 12 月)将采空区安全状况分为 4 级,并按照不同的级别,提出了不同的采空区

处置及安全管理要求，具体见表4-4。

表4-4　采空区安全分级标准

分类	安全程度	安全状况	处置与管理要求
I 级	安全	不具备产生顶板坍塌和局部冒落的条件，无变形破坏迹象	可正常生产
II 级	较安全	仅具备产生局部顶板冒落条件，无明显的变形破坏迹象	在限定时间内整改，消除安全事故隐患
III 级	较不安全	具备形成规模较小的顶板坍塌和局部冒落的条件，局部有明显的变形破坏迹象	停止生产，采取措施，限期排除险情
IV 级	不安全	具有产生规模较大顶板坍塌和局部冒落的条件，有显著的变形破坏	立即停产，排除险情，向安监部门和当地政府报告，启动应急预案

4.2.4.2　以顶板稳定性为依据的采空区安全分级与分区

对顶板的稳定性安全分级从顶板暴露面积和顶板跨度两个方面综合考虑，其安全级别由较低者确定。

为量化分级指标，采用安全阈值划分稳定性等级。根据顶板的允许水力半径计算结果，将顶板的稳定性安全系数分为4级，见表4-5。

表4-5　以容许暴露面积为依据的顶板稳定性分级

稳定性分区	稳定区	稳定过渡区	支护过渡区	崩落区
容许暴露面积分级	<6.7	6.7~9.2	9.2~13.4	>13.4
预警色	I （安全）蓝	II （较安全）黄	III （较不安全）橙	IV （不安全）红

顶板跨度的安全分级标准，由最大无支护的跨度 D 与 ESR 的关系：$D = 2 \times ESR \times Q^{0.4}$，可求出最大无支护跨度 D（见表4-6），并以此确定顶板跨度的分级。

对于开挖支护比 ESR，可根据现场采空区顶板的实际情况，参考表4-7选取：永久性的巷道取1.6，临时性矿山巷道取3.0，两者之间的过渡值取2.0。为使分级结果清晰直观，对不同的等级采用不同的预警颜色以示区别，具体见表4-8。

表4-6　不同 ESR 值的无支护跨度

岩性	Q 值	ESR 值	无支护跨度 D/m
灰岩	31.0	1.6	12.6
		2.0	15.8
		3.0	23.7
矿岩	45.5	1.6	14.7
		2.0	18.4
		3.0	27.6

表 4-7 不同开挖工程类别的 *ESR* 建议值

	开挖工程类别	*ESR*
A	临时性矿山巷道	3~5
B	永久性矿山巷道、水电站引水涵洞及大型开挖体的导洞、平巷和风巷	1.6
C	地下储藏室、地下污水处理工厂、次要公路及铁路隧道、调压室、隧道联络道	1.3
D	地下电站、主要公路及铁路隧道、民防设施、隧道入口及交叉点	1.0
E	地下核电站、地铁车站、地下运动场和公共设施以及地下厂房	0.8

表 4-8 以最大无跨度为依据的顶板稳定性分级

稳定状况	稳定	较稳定	较不稳定	崩落
最大无支护跨度/m	<12.6	12.6~15.8	15.8~23.7	>23.7
分级	I（安全）	II（较安全）	III（较不安全）	IV（不安全）
预警色	蓝	黄	橙	红

4.2.4.3 以矿柱稳定性为依据的采空区安全分级与分区

不同类型的矿柱，因其所发挥的作用和失稳后导致后果不同而重要性程度各有区别。临时性矿柱只在开采过程中起支撑顶板作用，预留一定安全系数是为了采矿的安全；而特殊环境下采矿（如水体下），则必须增加矿柱的安全系数以限制采矿活动给周边生产环境产生影响。Bieniawski 将矿柱安全系数分为两类进行选取，一类为只考虑矿柱生产期间的稳定性，矿柱安全系数按矿柱类型选取；另一类则考虑矿柱失稳后对地表建筑物造成损害，在对矿柱强度的长时效应以及矿柱所受的载荷和矿柱强度随时间的变化进行仔细的评估的情况下，矿柱安全系数按采场上方地表建筑物类型选取，见表 4-9。

表 4-9 矿柱安全系数选取

矿柱类型	安全系数	地表建筑物类型	安全系数
不回收矿柱	1.5	道路、机动车房	1.5
主要巷道矿柱	2.0	住宅、办公室、工业建筑	2.0
边界矿柱	2.5	医院、学校、水坝	2.5

与顶板分级方法一样，矿柱采用安全阈值划分稳定性等级。根据矿柱安全系数计算结果（见表 4-10），将矿柱的稳定性分为 4 级，见表 4-10。

表 4-10 矿柱稳定性分级表

稳定状况	稳定	较稳定	较不稳定	不稳定
安全系数	>2.0	1.5~2.0	1.0~1.5	<1.0
分级	I	II	III	IV
预警色	蓝	黄	橙	红

4.2.4.4　采空区稳定性的综合安全分级与分区

以矿柱支撑为核心的房柱采矿方法，采空区稳定性状况可归纳成4种类型：

Ⅰ类型：矿柱稳定、矿房稳定。上覆岩层直至地表处于弹性变形状态，地表下沉由覆岩弹性变形、矿柱弹塑性压缩和顶底板压入量组成。

Ⅱ类型：矿柱稳定、矿房中顶板岩层部分破坏。此时，在矿房顶板岩层中形成平衡拱结构，地表下沉仍由岩层的弹塑性变形引起，但鉴于顶板变形增加，造成地表下沉量远大于前一种情况。

Ⅲ类型：矿柱失稳、顶板完整。该类型在矿体较软、顶板岩层相对坚硬时发生。由于矿柱上的载荷超过矿柱自身的承载极限，矿柱坍塌，但顶板仍能保持完整而不发生塌陷。

Ⅳ类型：矿柱失稳、顶板岩层破坏。在矿柱垮塌过程中，顶板岩层逐层向上破坏并发展到地表。此时采空区塌陷已脱离矿柱支撑为开采特征的基本模式和范畴，地表变形是规则化的未充分回采覆岩变形的叠加。

4.3　重叠空区稳定性分析

空场条带、刀柱或房柱式开采是以留设矿柱的方式支撑采空区上覆岩层，在多层复合采动的情况下，上分层开采后矿柱所承受的载荷传递到下层矿柱或顶柱上。显然，只有当上下两层矿柱完全对齐时，才能使上覆岩层的重量通过矿柱有效顺利地传递到底板岩层，保证采场的稳定性。如图4-11所示，多层开采时矿柱可能的重叠方式有3种情况。

（1）完全重叠：矿柱载荷能最有效地传递（见图4-11(a)）。

（2）部分重叠：上层矿柱的载荷一部分传递到下层矿柱上，而另一部分载荷则由下分层开采矿房顶板承担（见图4-11(b)）。

（3）完全不重叠：上层矿柱的载荷无法通过矿柱有效传递到底板，较大部分载荷由下分层矿房顶板岩层承担（见图4-11(c)）。

在后两种情况下，由于下分层采空区顶板保护层要承担上层矿柱传递下来的部分载荷，下分层采矿区悬露的顶板岩层很容易因此而破断、失稳、垮落，这样势必导致上分层矿柱位于下分层采空区上方的部分失去支托而溃塌，致使下分层采场的空区垮落、断裂趋势传递到上层采空区，并连锁诱发上层采空区活化，导致上覆岩层发生更大规模的垮塌（见图4-12）。

即便是在第二种上下矿柱部分重叠的情况，由于载荷传递的非均匀性，也会造成下层采空区顶板的不均匀弯曲变形和沉降，从而改变上层矿柱应力分布和稳定平衡状态。上层矿柱与下层矿柱重叠部分应力增加，使其产生大变形，容易失稳、破坏，也可以导致覆岩的垮冒与塌陷。

因此，在重叠开采时，如果上下分层矿柱留设不当，将造成上下层加两个或多个采空区上下连通活化，引发大规模的采空区上覆岩层甚至地表垮塌。

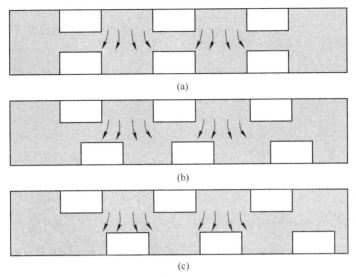

(a)

(b)

(c)

图 4-11 多层复合开采时矿柱重叠方式

(a) 完全重叠；(b) 部分重叠；(c) 完全不重叠

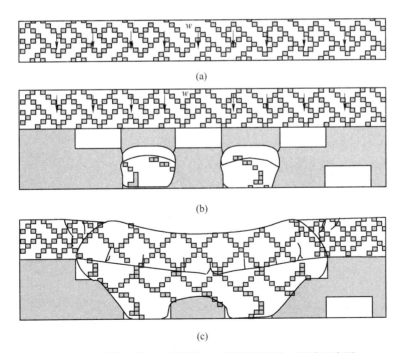

(a)

(b)

(c)

图 4-12 多层房柱式重叠开采时矿柱连锁失稳、塌陷示意图

(a) 顶板不承担上部荷载；(b) 顶板承担部分上部荷载导致失稳；

(c) 顶板承担全部上部荷载导致垮塌

4.3.1 基于弹性小薄板理论的复杂重叠空区稳定分析

从结构来看，区别于单层空区，多层复合空区的一个重要特点在于上下空区间留设有一定厚度的岩板（即隔层顶板），用以连接上下层空区矿柱，并将上层矿柱所受载荷传递到下层矿柱。隔层顶板作为复合空区力学平衡系统的特殊过渡区域，起着承上启下的作用，其稳定性与否直接关系到整个空区安全，因此必须对隔层顶板进行重点分析。

4.3.1.1　弹性力学小变形薄板理论

矿山开采是在三维空间中进行的。采用空场条带式或间隔矿柱式开采，矿体采出后，悬空顶板岩层由周围矿柱支撑，并在矿房上方形成具有某种边界约束的三维板状结构，采场顶板稳定性状况可以通过板结构的强度计算进行分析。

如图 4-13 所示，设采场顶板宽为 L_x，长为 L_y，厚度为 h。板上面作用载荷集度为 q。

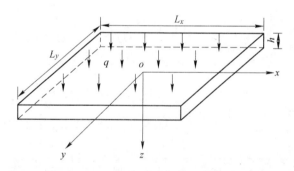

图 4-13　板坐标与载荷分布图

在顶板断裂以前，可视板的四边为固定支撑。对于宽 L_x、长 L_y 四边固支受均布载荷 q 作用的矩形薄板，可以采用 Ritz 法求解。假设板中面的挠曲函数为：

$$w(x, y) = \sum_m \sum_n \frac{w_{mn}}{4}\left[1 - (-1)^m \cos \frac{2m\pi y}{L_y}\right]\left[1 - (-1)^n \cos \frac{2n\pi y}{L_y}\right]$$
$$(m = n = 1, 3, 5, \cdots) \qquad (4\text{-}23)$$

式（4-23）为能够满足固支板的边界条件。通过求解，推导出板中面的挠曲函数：

$$w = \frac{qL_x^4 L_y^4}{D\pi^4\left[3(L_x^4 + L_y^4) + 2L_x^2 L_y^2\right]} \cos^2 \frac{\pi x}{L_x} \cos^2 \frac{\pi y}{L_y} \qquad (4\text{-}24)$$

式中　D——板的抗弯刚度，$D = \dfrac{Eh^3}{12(1 - \mu^2)}$；

E，μ——分别为板材料的弹性变形模量和泊松比。

根据弹性理论，可推导出板内应力与挠度的关系为：

$$\sigma_x = \frac{Ez}{1-\mu^2}\left(\frac{\partial^2 w}{\partial x^2} + \mu\frac{\partial^2 w}{\partial y^2}\right)$$

$$\sigma_y = \frac{Ez}{1-\mu^2}\left(\frac{\partial^2 w}{\partial y^2} + \mu\frac{\partial^2 w}{\partial x^2}\right) \qquad (4-25)$$

$$\tau_{xy} = \frac{Ez}{1-\mu^2}\frac{\partial^2 w}{\partial x\partial y}$$

将式（4-25）代入式（4-24），即可得到板内的应力表达式：

$$\sigma_x = A\left(L_y^2\cos\frac{2\pi x}{L_x}\cos^2\frac{\pi y}{L_y} + \mu L_x^2\cos\frac{2\pi y}{L_y}\cos^2\frac{\pi x}{L_x}\right)$$

$$\sigma_y = A\left(L_x^2\cos\frac{2\pi y}{L_y}\cos^2\frac{\pi x}{L_x} + \mu L_y^2\cos\frac{2\pi x}{L_x}\cos^2\frac{\pi y}{L_y}\right) \qquad (4-26)$$

$$\tau_{xy} = \frac{1-\mu}{2}A\sin\frac{2\pi x}{L_x}\sin\frac{2\pi y}{L_y}$$

式中

$$A = \frac{24L_x^2L_y^2qz}{\pi^2\left[3(L_x^4 + L_y^4) + 2L_x^2L_y^2\right]h^3}$$

由式（4-4）可求得板中任意一点的应力值。通过计算，求得板中的最大主应力为：

$$\sigma_1 = \frac{12L_x^2L_y^2(L_y^2 + \mu L_x^2)q}{\pi^2\left[3(L_x^4 + L_y^4) + 2L_x^2L_y^2\right]h^2}$$

$$\sigma_2 = \frac{12L_x^2L_y^2(L_x^2 + \mu L_y^2)q}{\pi^2\left[3(L_x^4 + L_y^4) + 2L_x^2L_y^2\right]h^2} \qquad (4-27)$$

$$\sigma_3 = 0$$

根据 H. Tresca 屈服准则，当顶板的危险点产生剪切屈服时，该点的主应力满足式（4-28）：

$$\sigma_1 - \sigma_3 = 2\tau_0 \qquad (4-28)$$

将式（4-5）代入式（4-28），得：

$$\tau_{max} = \frac{6L_x^2L_y^2(L_y^2 - L_x^2)(1-\mu)q}{\pi^2\left[3(L_x^4 + L_y^4) + 2L_x^2L_y^2\right]h^2} \qquad (4-29)$$

式中　τ_{max}——顶板岩层中的最大剪应力，MPa；

　　　h——顶板岩层厚度，m；

　　　μ——顶板岩层的泊松比；

L_x，L_y——隔层顶板的宽度和长度，其中 $L_x = \min(L_x, L_y)$。

将 $q = \gamma H$ 代入式（4-29），可获得顶板承受剪切力。将以上计算所得值与顶板岩体的抗拉强度和抗剪强度进行比较，如果其中某项达到或超过岩体强度值，顶板则发生破断。因而，采场顶板断裂判据为：

$$\max\{\sigma_x, \sigma_y\} > [\sigma_T] \tag{4-30}$$

$$\tau_{\max} > [\tau] \tag{4-31}$$

式中 $[\sigma_T]$，$[\tau]$——分别为岩体的抗拉强度和抗剪强度，MPa。

4.3.1.2 隔层顶板厚度临界值的确定

为方便计算，定义 e 为上下层矿柱重叠的百分率，其表达式为：

$$e = \frac{W_{p上下}}{W_{p下}} \times 100\% \tag{4-32}$$

式中，$W_{p上下}$——上下矿柱重叠部分的宽度，m；

$W_{p上}$——上层矿柱宽度，m。

定义 q_c 为上下矿柱完全对齐情况下，隔层顶板所承受的均布载荷，其计算公式为：

$$q_c = \gamma(h + h_f) \times 10^{-5} \tag{4-33}$$

由此，根据式（4-5）和式（4-7），可以得出重叠开采条件下，隔层顶板在其中部的最大拉应力和剪应力，计算公式如下：

$$\sigma_{\max} = \frac{12L_x^2 L_y^2(L_y^2 + \mu L_x^2)q'}{\pi^2[3(L_x^4 + L_y^4) + 2L_x^2 L_y^2]h^2} \tag{4-34}$$

$$\tau_{\max} = \frac{6L_x^2 L_y^2(L_y^2 - L_x^2)(1-\mu)q'}{\pi^2[3(L_x^4 + L_y^4) + 2L_x^2 L_y^2]h^2} \tag{4-35}$$

式（4-34）和式（4-35）即为弹性小薄板理论与重叠空区耦合模型。式中，q' 为不同矿柱重叠率时顶层顶板承受的均布荷载，$q' = (1-e)q_n + eq_c$。

为保证重叠开采隔层顶板不发生破断失稳，则要求 $\sigma_{\max}$ 小于隔层顶板的单轴抗拉强度，以及 $\tau_{\max}$ 小于隔层顶板的抗剪强度，即 $\sigma_{\max} < [\sigma_T]$ 以及 $\tau_{\max} < [\tau_T]$。

由式（4-34）和式（4-35）可推导出重叠开采条件下，上下矿柱对齐所要求的临界值 e_{cri}：

$$e_{cri} > \frac{1}{q_n - q_c}\left(q_n - \frac{[\tau]}{A}\right) \quad 以及 \quad e_{cri} > \frac{1}{q_n - q_c}\left(q_n - \frac{[\tau]}{B}\right) \tag{4-36}$$

其中 $A = \dfrac{12L_x^2 L_y^2(L_y^2 + \mu L_x^2)}{\pi^2[3(L_x^4 + L_y^4) + 2L_x^2 L_y^2]h^2}$；$B = \dfrac{6L_x^2 L_y^2(L_y^2 - L_x^2)(1-\mu)}{\pi^2[3(L_x^4 + L_y^4) + 2L_x^2 L_y^2]h^2}$ $\tag{4-37}$

式（4-36）和式（4-37）表明，隔层顶板厚度 h 越小，A 和 B 值就越大。那么，所要求的上下分层矿柱重叠率 e_{cri} 也越大。

4.3.1.3 复合空区稳定性实例计算

某矿重叠空区平均深度为200m，矿柱宽度为5~10m，采场跨度为11~15m，空区高度和隔层顶板厚度等数据不详。根据此前采场结构参数的研究成果，当采场跨度为14m，采场高度为10m，矿柱最佳宽度尺寸为8m。现假设矿柱重叠率为50%，改变隔层顶板厚度，其余物理力学参数均参照实验结果选取，计算所需参数汇总于表4-11中。

表4-11 复合空区稳定性计算参数

上分层深度 /m	采场高度 /m	采场跨度 /m	矿柱重叠率 /%	抗拉强度 /MPa	矿岩容重 /kN·m⁻³
200	10	14	50	1.6	27

根据计算隔层顶板在矿柱完全对齐和完全不对齐两种情况所受均布载荷分别为0.162MPa和5.535MPa；根据式（4-13）和式（4-14）计算隔层顶板所受拉应力与剪应力如图4-14和图4-15所示。

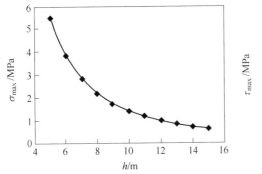
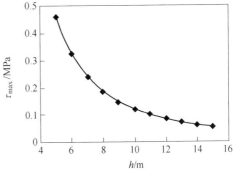

图4-14 隔层顶板最大拉应力与厚度的关系　图4-15 隔层顶板最大剪应力与厚度的关系

由图4-14可以看出，当隔层顶板厚度为5m时，最大拉应力为5.47MPa，超过矿体抗拉强度，隔层顶板发生拉伸破坏。逐次增大隔层顶板厚度h，发现拉应力逐渐下降，当厚度增至9.4m时，拉应力值为1.6MPa，能满足抗拉强度的要求，亦即若要保证隔层顶板的稳定，其厚度应不小于9.4m。显然，这一结果偏于保守，究其原因，上述分析过程中q_n计算结果偏大。实际上，即便上下层矿柱完全不对齐，下层矿柱也承担了上覆岩层的部分重量，隔层顶板所受均布载荷，并不完全等于上覆岩层自重应力。通过基础理论力学及数值方法分析，可得到q_n的值约为1.5MPa，由其可得最大拉应力的值，此时隔层顶板厚度大于5m即可满足抗拉强度的要求，如图4-16所示。图4-15说明隔层顶板的最大剪应力较小，不足0.5MPa，远小于矿岩抗剪强度，因此，隔层顶板不会发生剪切破坏。

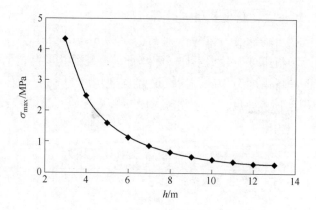

图 4-16 改变 q_n 值后隔层顶板最大拉应力与厚度的关系

为充分研究其他因素对隔层顶板稳定性的影响，改变空区长度 L_y，保持其他条件不变，重新计算隔层顶板的拉应力，如图 4-17 所示。从图 4-17 中可以看出，拉应力变化的总体趋势是随 L_y 值增大而增大，但当 L_y 增至 40m 以上时，其值变化对隔层顶板的影响有限，拉应力的变化并不明显。隔层顶板安全厚度仅增加 0.1m 即可满足稳定性要求。

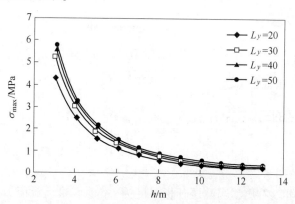

图 4-17 改变 L 值的隔层顶板最大拉应力与厚度的关系

复杂空区的特点不仅在于空区范围广、体积大，而且采空区的跨度、长度、高度等参数变化不一。前文分析已充分说明顶板跨度的变化对空区的稳定性产生至关重要的影响，基于前述分析结果，假定采空区长度 $L_y = 50m$，考虑改变顶板跨度 L_x，保持其他条件不变，计算隔层顶板的拉应力，如图 4-18 所示。显然，跨度越大，拉应力越大，且拉应力增加的趋势十分明显。通过反算，当顶板跨度 $L_x = 10m$ 时，隔层顶板的安全厚度为 4.4m，而当 $L_x = 20m$ 时，安全厚度值增至 8.9m，较最初增加了一倍，可见，若要保持隔层顶板的稳定，必须控制采空区顶板的跨度。

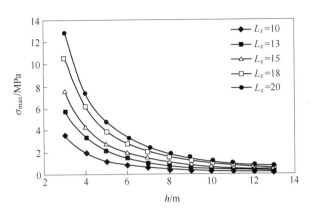

图 4-18　改变 L_x 值的隔层顶板最大拉应力与厚度的关系

以上内容分别探讨了采空区长度和跨度改变时，隔层顶板厚度临界值的变化情况。需要说明的是，图 4-14~图 4-18 中计算数据为理论计算数据，其假定条件为隔层顶板不发生破坏。实际上隔层顶板在拉应力达到 1.6MPa 时，即可能发生拉伸破坏，因此 σ_{max} 可能达不到图 4-14~图 4-18 中某些计算值（如 1.6MPa 以上值）。上述分析是在不影响结果的前提下，对条件进行假设，以便充分研究不同条件下的隔层顶板稳定性状况。同时，分析结果也是基于矿柱重叠率不变的情况下完成的。也就是说，前述分析并没有考虑矿柱重叠率的影响，因此，以下重点分析上下分层矿柱重叠率对隔层顶板的影响。

4.3.2　复合空区的三维可视化模型

重叠空区稳定性分析是一个十分复杂的问题，传统的分析方法由于其本身的局限性，难以取得详尽的、直观的分析结果。就梅州某地下矿山而言，其重叠空区具有成因复杂、分布杂乱等特点，加之长年乱采乱挖，空区安全状况恶化，空区体积、高度及矿柱顶板尺寸不详，显然传统计算方法结果可能会产生较大偏差，甚至可能与实际情况相去甚远。

为重现复杂多层空区应力-应变场及其变化，研究应用三维数值模拟方法，选取具有代表性的采场参数，利用已掌握的岩层赋存状况、矿岩力学参数，建立复合空区三维可视化模型，以期通过分析计算获得采空区形成过程各个阶段的应力分布、位移分布和塑性区分布等变化特征的详尽数据。

4.3.2.1　复合空区模型的建立

无序的开采导致梅州某地下矿山空区成群。因重叠多层空区本身的复杂性，目前难以掌握其准确数据。梅州某地下矿山空区群形态千变万化，矿柱顶板尺寸不一，考虑到数值模拟的实际意义，选取其中具有代表性的数据作为建模的基础数据（见表 4-12），并以此开展数值模拟分析。建模思路和过程简单介绍如下：

（1）绘制空区三维模型。根据表 4-12 中数据，建立合理坐标系统，绘制二维平面图，利用 MIDAS/GTS 中"实体"工具快速生成三维模型，并将模型的原点位置与坐标系的原点重合，以 Z 轴方向为标高，建立三维坐标轴，以保证将控制点坐标导入到 FLAC3D 时不会发生改变。

（2）划分实体网格。将已建立的三维实体模型按照分析需要划分网格，划分网格的原则为重点分析区域网格密集，非重点分析区域网格较稀疏，保证整个模型的网格数量较为适当（见图 4-19），这样可为下一步节省计算时间做合理安排。考虑到计算结果的显示问题，选取一剖面 A 用来显示模型内部应力与位移等变化情况，如图 4-20 所示。

表 4-12　模型空区参数选取

矿柱宽度/m	矿柱高度/m	矿房宽度/m	隔层顶板厚度/m	空区埋深/m
8	10	14	5	200

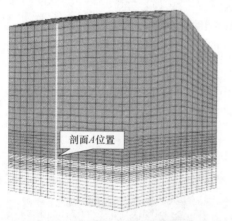

图 4-19　复合空区三维可视化模型

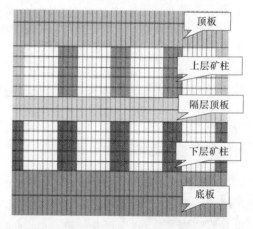

图 4-20　重叠空区矿柱围岩的相对位置

4.3.2.2　数值模拟中采用参数与本构模型

为真实模拟矿体开采后重叠空区的应力环境，拟将矿柱重叠率设为 0%、25%、50%、75%、100% 5 种不同方案研究，模拟过程中，采场上下分层各按顺序分 4 个步骤开挖并保持隔层顶板厚度不变，先采上分层，后采下分层。

岩石力学参数的选取对于数值模拟计算分析有着非常重要的意义，从某种意义上讲，它决定了模拟结果是否科学合理。重叠空区的数值模拟的关键在于矿体岩石力学参数的合理选取，根据 FLAC3D 的特点和模拟经验分析，若选取矿岩强度过大，可致结果偏于保守，甚至得出矿柱重叠率变化对空区应力场无影响的错误结论；若选取矿岩参数过小，则可能夸大作用结果，即便矿柱完全重叠也可致空区产生大变形，同样严重偏离实际。为保证模拟结果可靠，在经过反复试验对比、分析的基础上，结合 FLAC3D 数值模拟分析软件本身的计算特点，选取以下数据作为模拟计算参数，主要包括矿体、围岩的力学参数，具体见表 4-13。

表 4-13 数值模拟的矿岩力学参数

岩石	岩重 /kg·m⁻³	弹性模量 /GPa	泊松比	抗拉强度 /MPa	内聚力 /MPa	内摩擦角 /(°)
灰岩	2700	32.0	0.31	0.9	5.2	33.8
矿岩	2700	45.8	0.10	1.6	22.5	45.1
花岗岩	2700	29.9	0.22	0.9	8.5	24.6

FLAC3D 程序中提供了空模型、弹性模型和塑性模型组成的 10 种基本的本构关系模型，所有模型都能通过相同的迭代数值计算格式得到解决：给定当前一步的应力条件和当前步的整体应变增量，能够计算出对应的应变增量和新的应力条件。模拟计算中拟用到的本构模型包括空单元模型和 Mohr-Coulomb（塑性模型）。

空模型可用来描述开挖或被剥落的材料，其中应力为零，这些单元上没有重力的作用。在模拟过程中，空单元可以在任何阶段转化为具有不同材料特性的单元，通常在模拟充填时可方便应用。Mohr-Coulomb 模型用于描述岩土的剪切破坏，模型的破坏包络线和 Mohr-Coulomb 强度准则（剪切屈服函数）以及拉破坏准则（拉屈服函数）相对应。

4.3.3 数值计算结果及分析

4.3.3.1 数值计算的表征参数

为深入了解开采引起的细部结构的应力及位移分布情况，分析累积回采活动中产生的采动效应与地压显现程度，FLAC3D 数值模拟主要分析以下表征参数：

（1）第一主应力与第三主应力在 FLAC3D 程序设置中，以压应力为负，拉应力为正。第一、第三主应力指标可表征地压活动介质应力状态变化产生应力集中或应力松弛的程度。

（2）位移等值线与位移矢量。这两类指标，用于表征单元离开其原始平衡位置的状况。此次模拟计算过程中，FLAC3D 重叠空区模型主要考查上覆岩层对重叠空区的影响，因而竖直方向即 Z 方向的位移是分析重点。Z 方向的位移为正值，表示分析所在区域向上位移；Z 方向的位移为负值，表示分析所在区域向下位移。

（3）塑性破坏区。矿体开挖卸荷过程中，对初始应力场产生扰动，导致岩体内应力重新分布，部分区域应力集中可能进入塑性破坏阶段，矿柱围岩发生塑性破坏，这样就形成了塑性破坏区。塑性破坏区的分布与岩体应力释放路径有关，其分布情况可以作为矿体开采过程是否合理的一个重要指标。FLAC3D 数值模拟计算结果显示的塑性破坏区主要有剪切破坏（shear-n）、曾剪切破坏（shear-p）、拉抻破坏（tension-n）、曾拉伸破坏（tension-p）、剪切和拉伸破坏（shear-n tension-n）、曾剪切和拉伸破坏（shear-p tension-p）等。

总的来说，将上述表征参数在选定的水平剖面或监测线上，用适当的方式表现记录下来，分析不同矿柱重叠率条件下地压活动特征参数在剖面或测线上显现出的时空差异，基本能把握引起地压活动显现时空差异的内在机制。

4.3.3.2　模拟结果及分析

本次数值模拟计算，选取代表性剖面 A 予以显示，主要显示剖面竖直方向的位移和主应力情况。计算结果如图 4-21 所示。

A　不同矿柱重叠率条件下顶板的采动响应

顶板承受拉应力的能力非常有限，对顶板拉应力的讨论是分析的重点。模拟计算结果表明，当上下分层开采完毕留设的矿柱完全对齐时，顶板所受拉应力较小，其中隔层顶板中部（竖直方向上中间位置）承受拉应力最大，最大值为 0.079MPa。当矿柱重叠率为 75% 时，拉应力逐渐增加，最大值为 0.16MPa，随着矿柱重叠率的减小，拉应力不断增加，当上下层矿柱完全错位时，来自上覆岩层的压力无法通过上下分层矿柱顺利传递到空区底板，此时隔层顶板受力作用最为明显，拉应力集中区域出现在隔层顶板与矿柱衔接的对侧，拉应力达到峰值，为 1.0MPa（见图 4-22 和图 4-23）。从拉应力集中的区域来看，上下分层矿柱完全对齐时，为隔层顶板竖直方向的中部，随着上下分层矿柱错距越来越大，应力集中区域不断发生转移，直到出现在隔层顶板与矿柱对应的区域。隔层顶板内第一主应力则随矿柱重叠率的变化呈小幅波动，总体保持在 12～16MPa 之间。

从图 4-23 可以看出，受采动影响，上覆岩层应力向空区围岩转移，使得顶板隔角出现一定程度地应力集中，最大应力为 12～14MPa，与初始条件相比，应力增加 30%～40%。通过对比分析，矿柱重叠率的变化将直接影响隔层顶板的应力分布。当矿柱重叠率为 100% 时，隔层顶板内最大应力集中于矿柱与其相接部位（见图 4-23（a）），12～14MPa；随着矿柱重叠率不断减小，隔层顶板内压应力逐渐增加，至重叠率降至 0% 时，最大应力为 14～16MPa（见图 4-23（d）），应力增加 12%～15%。

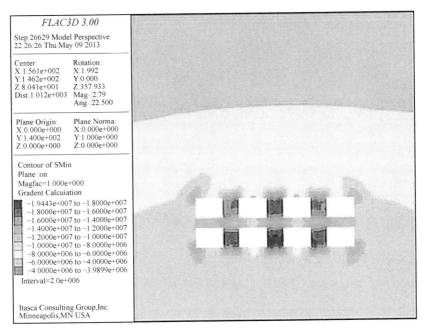

(a)

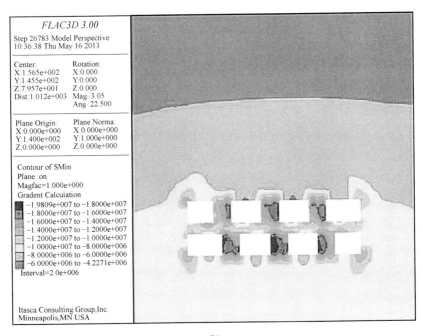

(b)

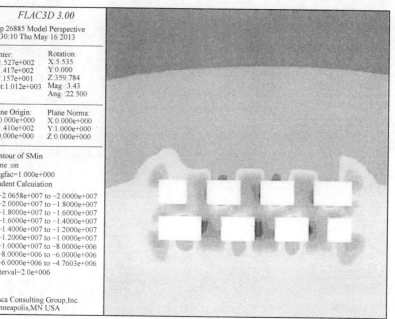

(c)

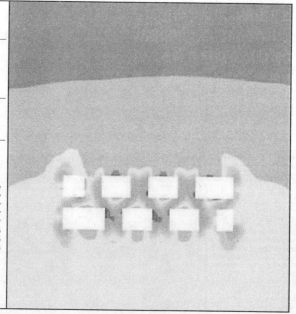

(d)

扫二维码
查看彩图

图 4-21　不同矿柱重叠率条件下空区沿剖面 A 方向第一主应力分布

（a）重叠率 100%；（b）重叠率 50%；（c）重叠率 25%；（d）重叠率 0%

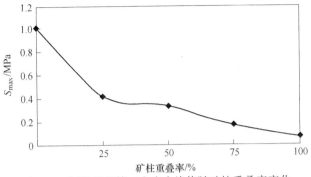

图 4-22 隔层顶板第三主应力峰值随矿柱重叠率变化

B 不同矿柱重叠率条件下矿柱的采动响应

矿柱的作用在于矿体开采后将上覆岩层的压力传递到底板岩层，故以受压为主，同时其侧帮也承受一定的拉应力。最小主应力 S_{min} 受矿柱重叠率变化的影响较小，其峰值在 18.2～20.1MPa 之间浮动，应力集中区域均出现在矿柱中部。当上下层矿柱完全重叠时，其中下分层矿柱所受应力最大，最大应力约为19.4MPa。降低矿柱重叠率，发现主应力逐渐增加。当重叠率降至 50% 时，下层矿柱第一主应力峰值达 19.8MPa，上覆岩层压力只能通过上下矿柱重叠的半幅区域进行传递，此时这半幅区域便是应力集中区域。与此同时，矿柱未重叠的半幅

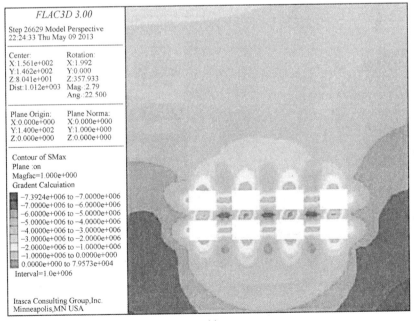

(a)

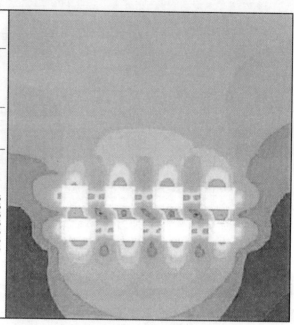

(b)

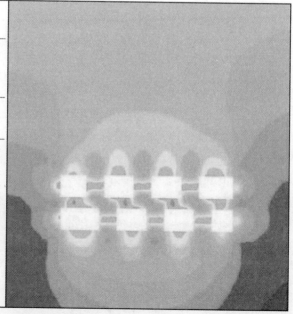

(c)

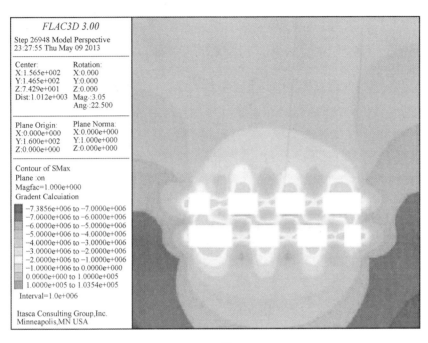

(d)

图 4-23 不同矿柱重叠率条件下空区沿剖面 A 方向第三主应力分布

(a) 重叠率 100%；(b) 重叠率 50%；(c) 重叠率 25%；(d) 重叠率 0%

区域，参与传递压力的作用并不明显，表现为压应力较小。这样就导致了矿柱受力不均匀，呈现"半重半轻"的受力状态。进一步降低矿柱重叠率，当矿柱重叠率为 25% 时，下分层矿柱所受压应力为 20.1MPa。而当上下层矿柱完全错开，即矿柱重叠率为 0% 时，第一主应力峰值仅为 18.2MPa，相比矿柱重叠率 25% 时降低了约 10%。造成这一现象的原因是来自上覆岩层的压力无法通过上下层矿柱顺利传递到底板岩层，而隔层顶板承担了部分覆岩重量，这在一定程度上减轻了下层矿柱的"负担"，也就是说牺牲了隔层顶板的承载能力，给下层矿柱"减负"。

隔层顶板过作应力传递的过渡带，承受的压应力超过了前面分析的任何一种情况，来自上层矿柱的压应力通过隔层顶板沿某一倾斜路径向下层矿柱传递，应力集中区域形似英文字母"V"。

C 位移场分析

空区顶板的竖向位移为负值，即向下沉陷，底板因承受矿柱传递的上覆岩层的重量而产生底鼓现象，即向上凸起，这一现象两矿柱间显现比较明显。当矿柱完全重叠时，顶板的最大位移为 3.9mm，表现为下沉，底板位移为 5mm，表现为向上底鼓（见图 4-24）。随着矿柱重叠率的降低，矿柱和顶底板的相对位置发

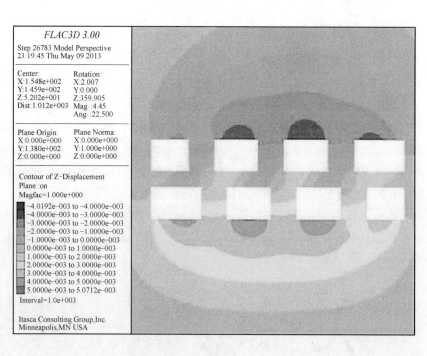

(a)

(b)

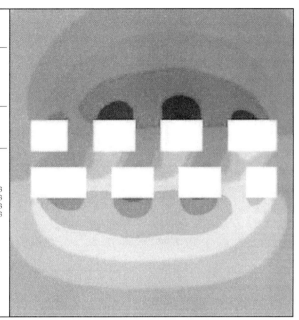

(c)

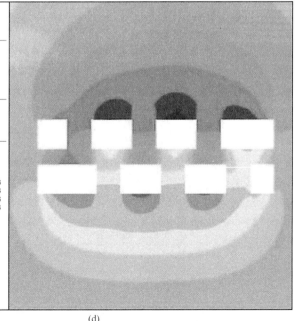

(d)

扫二维码
查看彩图

图 4-24 不同矿柱重叠率条件下空区沿剖面 A 方向竖直位移分布

(a) 重叠率 100%；(b) 重叠率 50%；(c) 重叠率 25%；(d) 重叠率 0%

生变化, 顶底板位移有所增加。至矿柱完全不重叠时, 顶板的最大位移为 4.3mm, 底板位移为 5.3mm(见图 4-25)。隔层顶板的位移场相对较复杂, 当上下层矿柱完全重叠时, 隔层顶板位移为 0~1mm, 此时可认为没有位移出现; 当矿柱重叠率降低至 50%, 受上下层矿柱压力共同作用的影响, 上向位移与下向位移同时出现, 最大位移值为 1~2mm; 继续降低矿柱重叠率, 当矿柱完全不重叠时, 最大位移达到峰值 3~4mm, 如图 4-24(d) 所示。

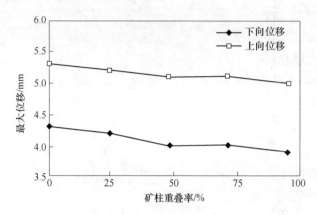

图 4-25　重叠空区最大位移随矿柱重叠率的变化

4.4　矿柱回采与空区处理

矿块是矿体回采的基本单元, 矿块可分为一步骤回采和两步骤回采两种方式。崩落采矿法采用一步骤回采, 随着回采工作面的推进, 同时崩落围岩充填采空区, 实现管理地压和控制地压的目的。空场采矿法和充填采矿法则分两步骤回采矿块, 第一步骤先回采矿房, 而占整个矿块储量 20%~50% 的矿柱, 则需要在第二步骤尽可能地回收。

应用空场采矿法回采矿房之后, 不仅留有大量需要回收的矿柱, 而且在矿柱之间还形成容积巨大的采空区, 严重地威胁下部生产阶段的安全, 成为以后可能发生大规模地压活动的隐患。

因此, 空区处理是空场采矿法地压控制的一个重要环节。为了确保矿柱和附近矿房回采工作的安全, 必须对这些空区进行处理。本节将分别介绍矿柱回采方法及采空区处理方法。

4.4.1　矿柱回采

4.4.1.1　矿柱回采的重要性

无论用空场法还是充填法回采矿房, 矿柱都对围岩起支撑作用并控制地压,而且还起到保护采场巷道，隔离上部或周围的废石（包括充填料）的作用，以减少矿房回采过程中的矿石损失与贫化。然而，矿柱存在时间过长，不仅增加同时工作的阶段数目，积压大量的设备和器材，延长维护巷道和风、水、管线的时间，增加生产费用，而且由于地压增加，使矿柱变形和破坏严重，为以后回采矿柱增加困难，甚至不能回采，造成永久损失。为了充分回采地下资源，及时回收矿柱是这两类采矿方法第二步骤回采中不可忽视的工作。在回采矿房的同时，按计划和一定的比例及时回采矿柱，是保证矿山持续稳产和充分回收资源必不可少的条件。

4.4.1.2 矿柱回采的特殊性

通常，矿柱的回采条件较矿房困难，有时不能采用与矿房相同的采矿方法进行回收。矿柱回采的特殊性主要表现在以下几个方面。

A 地压控制

由于受到应力集中作用、矿房落矿时的爆破作用以及矿柱内已开掘采准巷道的影响，矿柱的整体性受到不同程度地破坏，矿石稳固性远不如矿房。

当间柱两侧是未处理的空区时，矿柱往往是应力集中的部位；如果在间柱底部拉底，则间柱与整体矿岩的分割面增多，因应力集中而产生破坏或垮落的概率增大。当间柱的两侧空区充满充填料时，间柱的应力集中程度有所缓和；但若采用自下而上分层（留矿法或充填法）回采矿柱，采到上部时，间柱就像一块薄板，随时都有可能冒落。因此，回采矿柱的采场地压控制比矿房更加复杂和困难，在回采矿柱时，应特别注意安全。

B 落矿

由于矿柱经常被各种巷道所切割，并且两侧矿房都已采空，致使回采落矿的自由面较多，崩矿的方向及顺序较难控制。其次，回采矿房时不能保证开采边界的平直，有时缺乏矿房空区实测分层平面图，对矿柱轮廓掌握不清。因此，回采矿柱时大多利用原有巷道布置炮孔，或只能采用炸药分布不均匀的束状炮孔，导致崩矿质量差，大块多。

当间柱两侧均有充填料时，若炮孔布置不合理或者充填体强度低，在落矿时可能会破坏充填体的稳定，导致充填料混入而引起矿石贫化。

C 出矿

用崩落法回采空场采矿法开采遗留的矿柱时，其出矿条件比矿房回采时差。因为当矿体倾角为 $55° \sim 70°$ 时，用空场法回采矿房的矿石能从矿房中靠自重顺利放出；而用崩落法回采矿柱时，由于在崩落的覆盖岩石下出矿，矿石在下盘的损失将大大增加，且不能用抛掷落矿来改善矿石的损失指标。因此，在设计矿房和矿柱的出矿巷道及其结构尺寸时，应对此充分注意。

用崩落法回采已充填矿房的矿柱时,矿柱与充填料有 2 或 3 个接触面,出矿条件比较不利。

若矿房采用水力充填,由于这种充填料流动性大,在矿柱回采过程中,充填料的超前贫化将极为严重。

D　通风

回采矿柱时,由于周围已采矿房空区或采准巷道的存在,通风条件较差。如果回采矿房时未设计脉外平巷,又采用崩落法回采矿柱,则矿柱采场中的通风状况更为恶劣。

4.4.1.3　矿柱与矿房回采的统一性

虽然矿房与矿柱分两步骤回采,但矿柱的存在影响着矿房回采工作的安全与技术经济指标;反之,矿房的回采工作也影响着矿柱的回采方法和技术经济指标。因此,它们是相互制约但又有机联系的统一体,在设计时必须统一考虑矿房和矿柱的结构参数、采准巷道布置、回采工艺和方法、使用的采掘设备以及选取的主要技术经济指标等,并且明确规定回采矿房和矿柱在时间上和空间上的合理配合与各回采步骤的产量分配。在选择采矿方法作技术经济比较时,必须综合考虑矿房与矿柱回采以确定最佳方案。

4.4.1.4　矿柱回采方法

矿柱回采方法,主要取决于已采矿房的存在状态。根据矿房空区处理的情况,可将矿柱分为两种类型:(1)空区暂时未处理,采完的矿房以敞空形式存在,称为敞空矿房的矿柱;(2)采空区已用充填料充填,称为充填矿房的矿柱。

敞空矿房的矿柱基本上都是用崩落法回采;当围岩与矿石稳固性很好时,还可采用空场法回采。回采充填矿房的矿柱时,根据不同的充填料与充填质量,既可用崩落法回采,也可用充填法回采。由此可见,矿房是否充填,是影响矿柱回采方法的重要因素。

4.4.1.5　敞空矿房的矿柱回采

敞空矿房的矿柱回采方法在很大程度上取决于矿岩的稳固性。在矿区浅部地压不大,矿体走向不长,矿岩十分稳固时,在下列条件下,可用空场法选择性地局部回采矿柱:

(1)水平或缓倾斜薄到中厚矿体。

(2)规模不大的孤立盲矿体。

(3)上部无空区的急倾斜矿体的第一个阶段。

(4)急倾斜矿体的其他阶段,上部空区已处理,矿岩极稳固。

用空场法回采敞空矿房的矿柱,崩落的矿石基本上可以全部回收。待放矿工作结束后，对所留空区酌情进行处理。

根据矿柱的不同参数，可选用浅孔、中深孔或深孔崩矿。

A　回采房柱法的矿柱

用房柱法开采水平和缓倾斜薄到中厚矿体时，矿柱一般占矿块储量的20%～30%，只能根据具体情况局部回采矿柱。对于连续矿柱，可局部回采成间断矿柱；对于间断矿柱，可进行缩采成小断面矿柱，或部分选择性回采成间距大的间断矿柱。矿柱回采一般采用后退式开采顺序，待崩下矿石全部运出后，再进行空区处理。

回采矿柱时，应加强顶板的检查，并根据顶板岩石的情况采取必要的支护措施。

B　回采留矿法的矿柱

用留矿法回采薄和极薄矿脉时，大多数矿山已不留间柱，底柱也逐渐被人工假底所取代，因此矿柱所占比例逐渐减少。

用留矿法回采中厚以上矿体时所留的矿柱，可采用以下方法回采：

（1）用空场法回采矿柱。用空场法回采矿柱时，在矿房最终放矿开始之前，分别在顶柱、底柱与间柱中打上向炮孔（见图4-26），分次先崩顶底柱，后崩间柱。矿柱崩落的矿石与矿房中的矿石一起从矿块底部漏斗放出。在崩矿前，应在顶柱中掘进切割天井，作为爆破自由面；并在间柱底部打好扩漏孔，装好木漏斗。

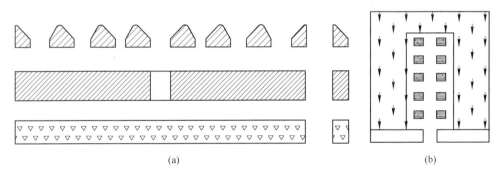

（a）　　　　　　　　　　　　　　　　（b）

图4-26　用空场法回采矿柱
（a）回采顶底柱；（b）回采间柱

（2）用崩落法回采矿柱。用崩落法回采矿柱时，为了减少出矿过程中矿石的损失与贫化，在矿房大量出矿结束后再崩落矿柱。为了确保矿柱回采工作的安全，在矿房大量出矿开始之前，凿好回采间柱和顶底柱的炮孔，顶柱中钻凿下向炮孔（见图4-27）。待矿房中全部矿石放出后，再同次分段爆破顶底柱与间柱。一般先爆间柱，后爆顶底柱。

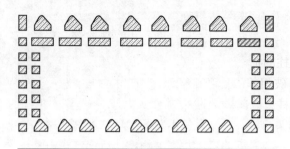

图 4-27　用崩落法回采矿柱

C　回采阶段空场法的矿柱

回采阶段空场法的矿柱可采用以下方法回采：

（1）用空场法回采矿柱。用空场法回采矿柱时，若矿岩极稳固，可先选择性地间隔回采同阶段相邻两个采空矿房的间柱，或先回采上下阶段对应两个矿房之间的阶段矿柱（当上阶段矿房处于敞空状态），使两个矿房崩通合并，在空场条件下将崩落矿石运出，再崩落其余矿柱和处理空区。

（2）用崩落法回采矿柱。若矿房用分段凿岩的阶段空场法回采，则其底柱用束状中深孔，顶柱用水平深孔，间柱用垂直上向中深孔崩矿（见图 4-28）。同次分段爆破，先爆间柱，后爆顶底柱。如果矿柱上部无空区，则应与崩矿同次分段迟发崩落围岩；如果上部空区已处理，则与崩矿同时转放上部废石充填空区。在崩落的覆盖岩石下出矿，矿石的损失率高达 40%~60%。

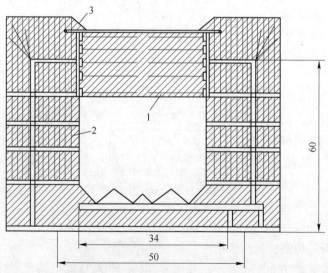

图 4-28　用崩落法回采矿柱（单位：mm）
1—水平深孔；2—垂直扇形中深孔；3—束状中深孔

这是由于爆破质量差、大块多,部分崩落矿石滞留在底板放不出来,崩落矿石分布不均匀(间柱附近矿石层较高),放矿管理困难等。

为了降低矿柱的损失率,可以采取以下措施:

(1) 同次爆破相邻的几个矿柱时,可先爆中间的间柱,再爆与废石接触的间柱和阶段间矿柱,以减少废石混入。

(2) 及时回采矿柱,以防矿柱变形或破坏。

(3) 增加矿房矿量,减少矿柱矿量,以降低矿块总的矿石损失和贫化。例如,矿体较大或开采深度增加,矿房矿量降低 40% 以下时,则应改为一个步骤回采的崩落采矿法。

使用空场法或崩落法回采敞空矿房的矿柱时,其结构形式与回采矿房时有很大区别,应结合这两类采矿方法的特殊情况,注意分清它们之间的差异。用空场法回采矿柱时,矿石损失率很低,在条件许可时应尽量采用,但必须搞好地压控制,确保回采工作安全。用崩落法回采矿柱时,矿石的贫化和损失很大,仅能用于回采矿石品位不高的矿柱,并需改善崩矿质量和加强出矿管理,以降低矿石贫化及损失。用崩落法回采矿柱时,如果围岩的崩落并不破坏本阶段的开拓系统,也不影响相邻矿房的回采工作,矿柱回采可与矿房回采在同一阶段进行。先采矿房,矿柱回采落后一段距离再进行。否则,矿柱应落后一个阶段进行回采。

4.4.2　充填矿房的矿柱回采

采用充填采矿法开采的矿房,随着回采工作的推进,逐步用充填料充填采空区,这为下一步回采矿柱创造了良好的条件。在矿块单体设计时,必须统一考虑矿房和矿柱的回采方法及回采顺序。一般情况下,采完矿房后,应当及时回采矿柱。

充填矿房的矿柱回采方法不仅取决于矿岩的地质赋存条件、围岩或地表是否允许崩落等因素,而且与充填材料的性质、充填体的强度及其稳固性密切相关。根据矿房所用充填材料的不同,本节介绍常用的几种矿柱回采方法。

4.4.2.1　胶结充填矿房矿柱的回采

一般为了回采价值高的矿石,矿房才用胶结充填。在矿柱回采过程中,充填体能起到人工矿柱的作用,因而扩大了矿柱回采方法的选择范围,为选用和矿房回采效率与工艺基本上相同的矿柱回采方法提供了有利条件。

由于矿石品位高,又用胶结充填体控制围岩移动,一般不宜采用崩落法回采矿柱。矿柱的采矿方法取决于胶结充填体的强度:当充填体的强度 R_{28} 为 $30 \sim 40\text{kg/cm}^2$ 时,可采用阶段充填法、上向分层充填法回采;当充填体强度 $R_{28} < 10\text{kg/cm}^2$ 时,则采用下向分层充填法回采。

A　用阶段充填法回采

如果胶结充填矿房的充填体强度较高（R_{28}为 $30\sim40\mathrm{kg/cm^2}$），允许暴露面积很大，则可采用阶段充填法回采矿柱。其具体方案取决于矿体倾角、厚度和形态，与矿房的回采方案大体相同，可获得与矿房回采相近或较好的技术经济指标。

（1）用浅孔阶段充填法回采矿柱。矿柱回采方法如图 4-29 所示。矿房回采时，一般留下长条连续矿柱。充填矿房时，应架设模板，预留回采矿柱所需的切割上山、回风平巷和漏斗，为回采矿柱提供完整的采准系统。矿柱的回采工艺基本上与矿房的相同，只是采用水砂充填。

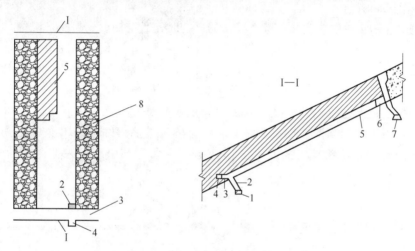

图 4-29　用浅孔阶段充填法回采矿柱

1—阶段平巷；2—漏斗；3—切割平巷；4—绞车硐室；5—切割上山；

6—回风平巷；7—阶段回风平巷；8—胶结充填料

（2）用分层崩矿浅孔阶段充填法回采间柱。当开采倾角大于 60° 的厚矿体时，胶结充填矿房的矿柱也可采用分层崩矿浅孔阶段充填法回采（见图 4-30）。用此法回采间柱时，采用浅孔落矿，对胶结充填体的破坏较小。但工人直接在矿石顶板下工作，当采到间柱上部，尤其当上阶段的间柱带有漏斗底部结构时，为确保安全，有时也采用中深孔崩矿。

由于砌筑人工漏斗费工费时，一般都在矿石底柱中开掘漏斗。充填采空区前，在漏斗上存留一层矿石，将漏斗空间填满，再在矿石上部充填一层胶结充填料，然后再用水砂或废石进行充填。

（3）用深孔阶段充填法回采顶底柱。用深孔阶段充填法回采顶底柱时（见图 4-31），采准工作包括在间柱下盘掘进人行天井到运输水平，掘进溜井到电耙道水平。电耙道靠下盘脉外布置，其位置应考虑能控制全部顶底柱。从电耙道布置单侧漏斗，在顶底柱一侧开槽。

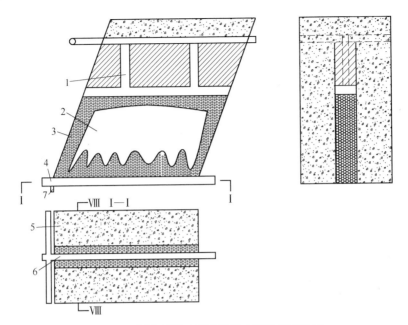

图 4-30 用分层崩矿浅孔阶段充填法回采间柱

1—天井；2—采下矿石；3—漏斗；4—平巷；5—充填料；6—电耙道；7—溜井

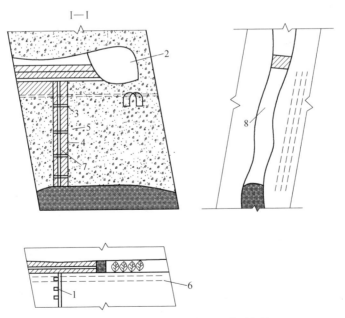

图 4-31 用深孔阶段充填法回采顶底柱

1—漏斗；2—采空区；3—联络道的隔墙；4—间柱；5—已胶结充填的矿房；

6—电耙道；7—人行天井；8—溜井

（4）用球状药包崩矿阶段充填法回采间柱。该方法的实质、结构和回采工艺，完全与用 VCR 法回采矿房相同，但回采间柱所留空区应予以充填。为了给相邻采场底柱回采创造安全作业条件，在密封底部结构后，先用尾砂胶结充填将底部充填到适当高度后，再用水砂或废石充填。

B　用分层充填法回采

用分层充填法回采矿柱用于下列几种情况：

（1）矿体形态极其复杂，用分层充填法回采矿柱，能最大限度降低矿石的贫化与损失。

（2）围岩的稳固性中等以下，不允许采用围岩暴露面积很大的空场法回采矿柱。

（3）矿柱由于应力集中等原因致使稳固性降低。

（4）胶结充填体的强度低，R_{28} 为 $30\sim40\mathrm{kg/cm^2}$，一般用上向分层充填法回采矿柱（见图 4-32）；当矿石不稳固或胶结充填体强度很低时，$R_{28}<10\mathrm{kg/cm^2}$ 时，一般用下向分层充填法回采矿柱。

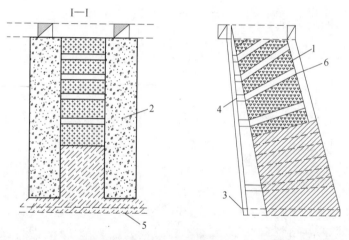

图 4-32　上向分层充填法回采顶底柱
1—胶结充填料；2—尾砂充填料；3—溜井；4—人行天井；5—阶段运输平巷；6—混凝土砖隔墙

用分层充填法回采矿柱的回采工艺和采准布置与用此法回采矿房时基本上相同。为了减少下阶段回采顶底柱时的矿石贫化与损失，间柱底部 $5\sim6\mathrm{m}$ 高须用胶结充填，其余可用非胶结材料充填。当必须保护地表时，间柱回采用胶结充填，否则可用水力充填。

胶结充填矿房的间柱回采劳动生产率，与用同类采矿方法回采矿房基本相同。由于部分充填体可能破坏，矿石贫化率为 $5\%\sim10\%$。

4.4.2.2　松散充填矿房的间柱回采

在矿房用水砂充填或干式充填法回采或用空场法回采后用松散（水砂或干式

充填) 充填料充填空区的条件下，由于松散充填料会涌进矿柱回采空间，不宜采用空场法和上向分层充填法回采矿柱；也不能用成本高的下向分层充填法回采矿柱；如地表允许崩落，矿石价值又不高，可用分段崩落法回采间柱。

如果矿房充填的是流动性很大的尾砂，用分段崩落法回采矿柱时，在出矿过程中尾砂很快渗入漏斗而造成超前贫化。当间柱宽度较大时，在间柱两侧各留1.5～2.0m厚的矿皮不采，则尾砂造成的超前贫化可相对减轻，但却增加了矿石的损失。

用崩落法回采矿柱时，可利用矿房充填料处理矿柱的空区，一般不用专门强制崩落围岩。但如果矿柱的上盘倾角不陡，转放的充填料不能充满上盘空区时，则需酌情进行上盘补充放顶。

A　用有底柱分段崩落法回采矿柱

根据矿柱的具体尺寸划分分段和布置电耙道。间柱回采的第一分段，最好能控制两侧矿房上部顶底柱沿走向的一半，这样可以垂直矿体走向布置电耙道，顶底柱与间柱一起回采（见图4-33）；否则，顶底柱与间柱分开回采。

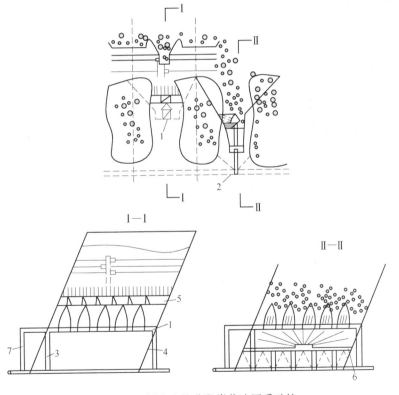

图 4-33　用有底柱分段崩落法回采矿柱

1—上分段电耙道；2—下分段电耙道；3—溜井；4—通风天井；
5—上分段拉底横巷；6—下分段拉底层；7—人行天井

回采前，将第一分段漏斗控制范围内的充填料放出。间柱一般采用上向中深孔落矿，顶底柱用水平扇形深孔落崩矿。待第一分段回采结束后，第二分段用上向垂直深孔挤压爆破回采。

如果矿房较宽，即顶底柱沿走向的尺寸大，间柱的第一分段不能控制它的一半，则需沿矿体走向在顶底柱下盘另外布置电耙道，将阶段矿柱单独回采。

这种采矿方法回采矿柱，劳动生产率和回采效率较高，但矿石损失和贫化较大。因此，在实际中应用较少。

B　用无底柱分段崩落法回采矿柱

图 4-34 所示为利用无底柱分段崩落法回采顶底柱。

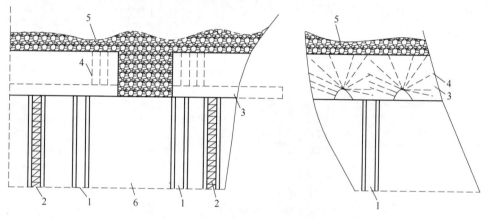

图 4-34　用无底柱分段崩落法回采顶底柱

1—溜井；2—人行天井；3—阶段运输平巷；4—上向扇形炮孔；5—崩落覆盖岩石；6—充填料

利用无底柱分段崩落回采间柱时，因为间柱宽度不大，进路垂直矿体走向布置。回采顶底柱时，进路沿其长轴方向布置。此时上、下分段的进路，不能利用菱形布置来回收三角矿柱，致使进路的一侧，有时是两侧（如果只用一个分段回采顶底柱）的三角矿柱无法回收，矿石损失较大。

在回采顶底柱时，如果顶底柱不高，在其底部掘进电耙道和漏斗后，剩下的崩矿高度有限，采准工作量很大。在这种条件下，运用无底柱分段崩落法回采底柱，其采准工作量小以及回采工艺简单的优点尤为突出。

回采充填矿房的矿柱所用采矿方法比较繁杂，其选择条件在很大程度上取决于矿房的采矿方法、充填材料与充填质量。在矿房用相同充填料的条件下，其矿柱的回采办法也不尽一样，应当尽量选用矿石回收率高且生产能力大的采矿方法；当矿柱回采条件特别困难时，才选用生产能力低的采矿方法。

为了给矿柱回采创造有利条件，必须保证矿房的充填质量，并及时回采矿柱，以免因充填质量差和矿柱稳固性降低，而被迫选用生产能力与劳动生产率均很低的采矿方法。因此，充填矿房的矿柱，必须在矿房充填料经一定时间压实（对于松散充填料一般为 6 个月）凝固到所需强度（对于胶结充填料）后才能回采。

用充填法回采矿柱时，矿柱回采与矿房回采可在同一阶段进行；当用崩落法回采矿柱时，应考虑围岩崩落的不同影响，与回采矿房同一阶段或落后一个阶段回采矿柱。无论用哪种采矿方法回采矿柱，一般都先采顶底柱，后采间柱。

4.4.3　空区处理

4.4.3.1　概述

A　空场法地压控制的特点

矿山地压控制主要包括回采工作面维护与空区处理两项工作。使用充填法或崩落法时，在回采过程中，同时进行回采工作面维护与空区处理，采出矿石所形成的空区，逐渐为充填料或崩落岩石所充填。用空场法回采矿房时，在回采过程中仅进行回采工作面维护，待回采工作结束后，再进行空区处理。这就是空场法地压控制的特点。

B　空区处理的重要性

随着矿房矿石的采出和空区的形成，岩体的原始应力的自然平衡状态受到破坏，应力重新分布，一些部位应力集中，另一些部位的应力降低。随着矿山开采工作的延深，或所留矿柱的回采，空区容积不断扩大。如果应力集中超过矿石或围岩的极限强度时，矿岩将会出现裂缝，发生片帮、冒顶，巷道支柱变形；严重时将会使矿柱压垮，矿房倒塌，巷道破坏，岩层整体移动，顶板大面积冒落，地表大范围开裂、下沉和塌陷，即出现大规模的地压活动。在顶板大面积冒落时，还会产生强烈的、破坏性的机械冲击与气浪冲击。轻者受影响的只是个别采场或阶段，重者则使整个矿山受灾而停产。

由于采用空场法的矿山的矿岩一般都比较稳固，又留有不少矿柱支撑围岩，所形成的空区不进行处理，将给矿山安全生产遗留潜在隐患。近 20 年来，我国辽宁、湖南、江西等地的一些矿山先后出现了规模不同的地压活动。由此可见，空区处理是空场法地压控制的重要环节。

为了预防或减轻地压对全矿生产的危害，用空场法采完矿房后，必须及时回采矿柱并有效地处理空区。

C　空区的处理方法

空区处理的目的是：缓和岩体应力集中程度，转移应力集中的部位，或使围岩中的应变能得到释放，改善其应力分布状态，控制地压，保证矿山安全持续生产。

空区处理的方法有：崩落围岩、充填空区和封闭空区 3 种。

a　崩落围岩

崩落围岩处理采空区的实质是使围岩中的应变能得到释放，缓和应力集中程度，减少岩石的支撑压力。用崩落岩石充填采空区，在生产区域上部形成缓冲保护岩石垫层，以防上部围岩突然大量冒落时，气浪冲击和机械冲击对采准巷道、采掘设备和人员的危害。

崩落围岩又分自然崩落和强制崩落两种。矿房采完后，矿柱是应力集中的部位。按设计回采矿柱后，围岩中应力重新分布，某部位的应力超过其极限强度时，即发生自然崩落。从理论上讲，任何一种岩石，当它达到极限暴露面积时，应能自然崩落。但由于岩体并非理想的弹性体，往往远未达到极限暴露面积以前，因为地质构造原因，围岩某部位就可能发生破坏。

当矿柱崩落后，围岩跟随崩落或逐渐崩落，并能形成所需要的岩层厚度，这是最理想的条件。如果围岩不能很快自然崩落，或者需要将其暴露面积逐渐扩大才能崩落，为了保证回采工作安全，则必须在矿房中暂时保留一定厚度的崩落矿石。当暴露面积扩大后，围岩长时间仍不能自然崩落，则需改为强制崩落围岩。

一般说，围岩无构造破坏、整体性好、非常稳固时，需在其中布置工程，进行强制崩落处理采空区。爆破的部位，根据矿体的厚度和倾角确定：缓倾斜和中厚以下的急倾斜矿体，一般崩落上盘岩石；对于急倾斜厚矿体，崩落覆岩岩石；对于倾斜的厚矿体，崩落覆岩和上盘；对于急倾斜矿脉群，崩落夹壁岩层。

崩落岩石的厚度，一般应满足缓冲保护垫层的需要，达 15~20m 为宜。对于缓倾斜薄和中厚矿体，可以间隔一个阶段放顶，形成崩落岩石的隔离带，以减少放顶工程量。

崩落围岩方法，一般采用深孔爆破或药室爆破（崩落极坚硬岩石）。崩落围岩的工程，包括巷道、天井、硐室以及钻孔等，均应在矿房回采的同时完成，以保证工作安全。

在崩落围岩时，为减弱冲击气浪的危害，对离地表较近的空区，或已与地表相通的相邻空区，应提前与地表或与上述空区崩透，形成"天窗"。强制放顶工作，一般与矿柱回采同次进行，且要求矿柱超前爆破。如不回采矿柱，则必须崩塌所有支撑矿（岩）柱，以保证强制崩落围岩的效果。

b　充填空区

在矿房回采之后，可用充填材料（废石、尾砂等）充填空区。用充填料支撑围岩，充填体将对矿柱施以侧向力，有助于提高矿柱支撑强度，减缓或阻止围岩的变形，以保持围岩的相对稳定。这种方法不但处理了空场法回采的空区，也为回采矿柱创造了良好的条件，提高了矿石回采率。

充填法处理采空区，应用于下列条件：

（1）上部覆盖岩层或地表不允许崩落。

（2）已有充填系统、充填设备或现成的充填材料可以利用，或新建水力充填系统比用其他空区处理方法更经济合理。

（3）开采贵重矿石或高品位的富矿，要求提高矿柱的回采率。

（4）深部开采，深部开采的地压较大，应有足够强度的充填体以缓和相邻未采矿柱的应力集中程度。

充填采空区与充填采矿法在充填工艺上有不同的要求。它不是随采随充，而是矿房采完以后集中充填，因此充填效率高。在充填前，要对一切通向空区的巷道或出口，进行坚固的密闭。如果用水力充填时，应设滤水构筑物或溢流脱水。

c 封闭空区

随着空区容积不断扩大，岩体应力的集中有一个从量变逐渐发展到质变的过程。当集中应力尚未达到极限值时，矿石与围岩处于相对稳定状态。如果在此之前结束整个矿体的回采工作，而空区即使冒落也不会带来灾难，可将空区封留，任其存在或冒落。这是一种最经济又简便的空区处理方法，但使用条件比较严格，可用于下列两种情况：

（1）矿石与围岩极稳固，矿体厚度与延深不大，埋藏不深，地表允许崩落。

（2）埋藏较深的分散孤立的盲空区，离主要矿体或主要生产区较远，空区上部无作业区。

封闭采空区时，要在通往采空区的巷道中，砌筑一定厚度的隔墙，使空区中围岩崩落所产生的冲击气浪，遇到隔墙时能得到缓冲。这种方法适用于空区体积不大，且离主要生产区较远，空区下部不再进行回采工作的条件。对于处理较大的空区，封闭法只是一种辅助的方法，如密闭与运输巷道相通的矿石溜井、人行天井等。

封闭法处理采空区，上部覆岩应允许崩落，否则不能采用。

4.4.3.2 空区处理与矿柱回采的配合

根据空区处理与矿柱回采的先后顺序，它们之间配合有以下 3 种：

（1）先处理空区后回采矿柱。用充填料充填空区时，一般在充填料经一定时间压实或凝固后，再回采矿柱。为了减少矿柱回采的困难，应在矿房回采结束后，立即充填空区。

（2）空区处理与矿柱回采一起进行。当使用崩落法回采敞空矿房的矿柱时，与回采矿柱同次崩落围岩（强制崩落或自然崩落）处理空区。但应尽量在矿房回采结束之前，打好放顶与观测所需要的巷道、硐室和钻孔，以便及时回采矿柱。

（3）先采矿柱后处理空区。用空场法局部回来敞空矿房的矿柱时，在矿柱回采结束后，根据空区的不同条件，选用某种方法处理空区。

　　从形式上看，空区处理的方法可归纳为三个字："崩、充、封"。就其实质而言，与矿房回采过程中的地压控制手段一样，主要是对围岩的支撑和崩落。大量的空区处理方法是崩落与充填，而封闭空区只是介于两者之间为数不多的中间形式。封闭空区与围岩自然崩落均是十分经济的处理方法，应该在条件许可时尽量采用。为防止发生围岩层整体冒落事故，应系统地开展矿山压力与岩层移动的观测工作。

5 石灰石地下矿山地面塌陷灾害防治

5.1 岩溶地面塌陷发育现状及分布规律

5.1.1 岩溶地面塌陷发育现状

自 20 世纪 80 年代以来，梅州市共有岩溶地面塌陷 159 处，占灾害点总数的 2.59%。分布情况是：梅县 66 处，蕉岭县 37 处，平远县 23 处，兴宁市 19 处，五华县 7 处，梅江区 1 处。岩溶地面塌陷造成地面建筑物开裂，对人民生命财产安全构成很大威胁。

5.1.2 岩溶地面塌陷分布规律

5.1.2.1 主要特征

A 塌陷的隐伏性

与地震、地表坡面灾害不同，岩溶地面塌陷灾害是地下稳定性的破坏与失衡引起的。塌陷是从基岩开口洞穴向上逐渐发育的，在造成地表塌陷之前，其发育过程是在覆盖岩土体内部进行的，即使借用相关仪器也很难查清其发育发展情况、规模大小、可能造成地表塌陷的时间及地点，因而具有极大的隐伏性，发生之前根本没有任何先兆，很难被人意识到。

B 塌陷的突发性

岩溶地面塌陷的发生是抗塌力与致塌力相互抗衡的一个结果，塌陷坑的形成不是一蹴而就的，而是经过长期的孕育与盖层土体的反复破坏形成的。当致塌力超过一定的临界状态时，就会以突发的形式爆发出来，塌陷前大多无明显征兆，塌陷过程短，一次完整的塌陷过程可能就是 1min 左右，从发生到终止仅几小时。突发性特点往往使人们在塌陷发生时措手不及，易造成财产损失和人员伤亡。

C 塌陷的重复性

同一地点可能多次发生塌陷。岩溶地面塌陷发生后，经过一段时间，在原塌坑或附近再次产生新的塌陷，梅江区长寿水泥岩溶地面塌陷就是这种情况。2010 年 4 月 23 日凌晨 1 时 55 分左右，梅江区长寿水泥有限公司电力供应突然中断，抢修人员检查后发现厂区变压器附近发生地陷，地陷口面积大约 10m²，6 根高约 4.5m 的高压电线杆沉入地底不见了踪影，高压线被扯断导致供电中断。随后，地陷口逐渐扩大，至 2010 年 4 月 27 日下午扩大到了 400m² 才开始趋于稳定。地陷在当地并不是第一次发生，由于当地地处石灰岩地区，加上水泥厂附近地下过去曾是石灰石矿场，矿场虽然在几年前已经关闭了，但在地下留下了面积巨大的采空区，随着雨水等流入地下采空区，地下俨然是一座大水库。过去几年，水泥厂附近曾发生过两次面积较大的地陷，与这次地陷处于同一纵向，地陷处原来的农田如今已经变成了鱼塘，如图 5-1 所示。

图 5-1　长寿水泥厂岩溶地面塌陷 400m² 陷坑

D　塌陷的群发性

岩溶地面塌陷灾害往往不是孤立存在的，常在同一地区的某一时段集中形成灾害群。如：2004 年 11 月 22 日，兴宁市罗岗镇福胜村石灰潭自然村附近发生数十处岩溶地面塌陷，呈连珠状分布，陷坑坑口直径为 1.5～10m，深 1.5～2.5m，塌陷区地表出现少量宽 1～2cm 的不连续裂缝，造成数栋民房倒塌或倾斜（见图 5-2）。

图 5-2　福胜村连珠状塌陷坑

E 塌陷危害的严重性

近 10 年来，梅州市岩溶地面塌陷灾害造成城市房屋地基失稳，建筑物受到破坏，地下管网受损，交通、供水、供电中断等事故发生，造成重大的经济损失。如 2004 年 8 月 20 日凌晨 2 时左右，五华县双头镇圩镇局部地方开始发生岩溶地面塌陷。此后龙水村、华源村等地也陆续发生不同程度的地面塌陷地质灾害，持续至 8 月 26 日还有局部小规模塌陷发生。本次所发生的大面积岩溶地面塌陷地质灾害威胁双头镇华源村、龙水村、圩镇工业大道及双源街共 480 户（其中，整体危房 79 户，局部危房 17 户，严重损坏房 83 户，一般损坏房 96 户，完好房 205 户），2435 人不同程度受灾，经济损失达 1500.61 万元（双头圩塌陷情况见图 5-3 和图 5-4）。

图 5-3 双头圩星星家具店岩溶地面塌陷情景

图 5-4 双头圩塌陷致残丘雁列式垮塌

5.1.2.2　梅州地区岩溶地面塌陷分布规律

据调查，自 20 世纪 80 年代以来，梅州地区全市共有岩溶地面塌陷 159 处，往往成群出现。经统计分析，岩溶地面塌陷在形态发育、时间分布及空间分布上具有一定的规律性，其分布密度与下伏基岩岩性、构造特征、上覆土层性状及人类工程活动强弱都有着明显的联系。

A　塌陷坑形态特征

岩溶地面塌陷平面形态主要有圆形、椭圆形、长方形、不规则形及复合形，其中以圆形和椭圆形为主，约占调查总数的 85%，塌坑直径一般为 1.5~10m，最大可达 20m 左右，其中小于 3m 者约占调查总数的 75%；纵剖面主要以坛状（上口小底部大，坑壁与地平面夹角大于 90°向下延伸）、井状（坑壁上下陡直）、漏斗状（坑体上大下小，形似漏斗）为主，约占调查塌陷总数的 86%，少量以碟状及不规则状出现，塌洞较浅，塌陷前多产生地面局部裂缝。

B　时域特征

（1）塌陷的季节性：塌陷多发生在地下水降落漏斗范围内和干湿季节交换期。一般多发生在冬春两季水位变化幅度较大的时期，尤以冬春之交和春夏之交为主。从年内分布情况来看，岩溶地面塌陷等地质灾害在全年都有可能发生，在 4~9 月尤为严重，据统计 4~9 月岩溶地面塌陷占总次数的 83.3%。汛期降水丰富，为岩溶地面塌陷的发生提供了动力条件，因此，汛期岩溶地面塌陷地质灾害比较集中。而由过量抽取地下水造成的岩溶地面塌陷，由于矿山开采大量抽排地下水对地下水的压力长期存在，因此岩溶地面塌陷和地面沉降全年均可发生，只是在 4~9 月降水丰沛，地下水位变幅大，成为隐伏岩溶地层塌陷的主要的动力，所以岩溶地面塌陷尤其严重。

（2）塌陷的年代性：工作区内岩溶地面塌陷发育有明显年代性。20 世纪 80 年代以前主要受自然地理气候条件及地质环境条件控制，一般以自然塌陷为主，20 世纪 80 年代末以来，由于人工活动的急剧加强，塌陷发生的频数上升。近 10 年来，这一时期为厄尔尼诺多发期，气候异常，多暴雨和洪水，易于诱发地质灾害。同时，由于矿山过度开采，地下施工震动大，过量抽取地下水，对岩层破坏显著，地表常因此失稳，酿成各种地质灾害。

C　空间特征

从空间上看，岩溶地面塌陷则主要发育在梅州市中部和北部石炭系、二叠系灰岩地层中。综述塌陷的规律有如下几点：

（1）从地貌上看：塌陷主要发生在峰林、孤峰平原和一级阶地上，在地势上，多分布在地势低洼带及高低地势过渡带，约占塌陷总数的 80%。

（2）从可溶岩岩性看：塌陷主要分布于下伏质纯的灰岩区。塌陷主要分布于下伏石炭-二叠系石灰岩区，石灰岩地层主要有中、上石炭统壶天群和下下二叠统栖霞组。两种灰岩以壶天灰岩岩溶最发育，然后为栖霞组灰岩。石灰岩溶蚀率高，地下溶洞发育，地下水交替循环强烈，岩溶地面塌陷概率愈高。同时浅部岩溶愈发育，富水性越强，塌陷频率越高。

（3）从覆盖层性状看：塌陷多发生在上部第四系覆盖层较薄且无稳定隔水层之处，尤其在土层厚度小于10m的地区最为发育。工作区第四系厚度一般为3~15m，岩性为松散砂土、黏质砂土、砂质黏土或黏土等，下部为砂层，且厚度相对较薄。在覆盖层较薄且无稳定隔水层之处抽汲地下水时，第四系孔隙水位与岩溶水位同步下降；而大气降水时，水位又能迅速回升，这种水位的大涨大落，强化了潜蚀作用。砂砾层无黏结力，当力学平衡发生变化后，其物质很容易向下移动，进而产生岩溶地面塌陷。据资料显示，梅县石扇、隆文、城东，蕉岭县长潭、兴福，平远石正、东石一带上覆砂砾层较薄，因此，在抽汲地下水而引起水动力条件改变时，这些地方成为岩溶地面塌陷的多发地段。

（4）从地质构造角度看：岩溶地面塌陷与断裂构造关系密切，岩溶地面塌陷受地质构造控制，多沿断裂带分布，特别是两组断裂交汇部极易发生岩溶地面塌陷现象。张性断裂具有较大的孔隙度和渗透性，有利于地下水的迁移、富集，从而易导致化学成分的流失，形成有利于地下水和岩溶地面塌陷所需的空间。从构造变形角度看，断裂交汇处应力集中，岩石破碎强烈，容易发生塌陷。从总体上看，梅州地区岩溶地面塌陷的分布具有成群性、成带性、等距性等特点。这主要是受地质构造方向性、成带性、等距性的控制，如梅县、蕉岭一带，位于梅县"山"字型构造东翼，沿断裂构造岩溶发育，岩石破碎，地下水水位升降幅度较大，因此，沿构造发生了岩溶地面塌陷。

（5）从地下水活动强度上看：塌陷多发生于地下水、地表水活动频繁的河、塘等地表水体附近，尤其是在地下水位变化强烈的地区和地下水主要补给方向上游地区。受抽排地下水影响产生的塌陷，一般分布在抽水井的周围500m范围内。每年4月初，即旱季刚过的连雨期是梅州地区矿山岩溶地面塌陷最活跃的季节。旱季末岩溶水位下降到最低点，浮托力减小，重力作用增强，这时候连续下雨，湿润上覆土层，使土层容重增加，重力作用进一步增强。同时，土层也因湿润而降低强度。因此，在这个季节抽取地下水最易引起岩溶地面塌陷。另外，抽取地下水形成降落漏斗时，在不同方向上其水力坡度是不同的。在主径流方向上，不仅水力坡度大，而且来水丰富，补给速度快，潜蚀作用也强烈，所以沿此方向产生塌陷较多。例如，蕉岭县长潭、兴福矿山作业时，地下水主要来自北西方向，百米之内水力坡度较大，因此大多数塌陷发生在北西方向上的长潭镇，如图5-5所示。

（6）从人类工程活动影响程度看：塌陷多临近矿山开采区分布。人类工程

图 5-5　长潭镇霞黄村岩溶地面塌陷

活动愈频繁、活动强度愈大，塌陷产生的数量愈多、规模愈大。人类工程活动影响的主要形式有抽水、振动、爆破、堆载、开挖，尤以抽水影响最大。频繁的机械振动及爆破震动是导致矿山岩溶地面塌陷的又一个诱因。历史上发生过的 159 次岩溶地面塌陷中，大部分均分布于石灰岩矿开采井周边。

5.2　岩溶地面塌陷成因机理研究

5.2.1　岩溶地面塌陷形成的基本条件

　　梅州市区的岩溶地面塌陷是受多种因素影响的结果。岩溶管道的发育程度，上覆土层性质、厚度及地下水的运动是梅州市区形成岩溶地面塌陷的基本条件。岩溶的发育，覆盖层的存在及其岩性结构和厚度，地质构造（裂隙）发育等，是生产塌陷的内在因素。而过量抽排地下水，不规律的随意抽排地下水，都会改变地下水运动状态及水动力条件，使地下水位频繁波动，这是造成岩溶地面塌陷的外在因素。可以认为塌陷的产生是一个由原始平衡—外动力，破坏平衡—塌陷—建立新的平衡的复杂变化过程。岩溶地面塌陷的实质是塌陷力与抗塌力综合作用的结果，塌陷力大于抗塌力时，塌陷将随之发生，反之盖层仍保持平衡。塌陷成因的各种观点均是以致塌力为主要论据提出的。

5.2.1.1　岩溶发育程度

　　裂隙岩溶的发育，是岩溶地面塌陷的先决条件，上覆土层塌落的土体，在流水作用下将其带走。梅州市岩溶地面塌陷区下伏灰岩溶孔、岩溶裂隙大多较发育或很发育，尤其是浅部岩溶十分发育，并发育有大的溶洞。而且基岩埋深较浅，一般小于 10m，极个别地段大于 10m，达 30m 左右。因此，隐伏灰岩区发育的岩溶裂隙为岩溶地面塌陷奠定了特定的地质环境基础。该区处于梅县—蕉岭山字型断裂带，断裂构造发育，沿断裂岩溶发育，埋深 10~23m，溶洞被上部塌落的松散物充填，经钻孔资料得到验证。由于该断裂浅部仍存在空洞，分析该处仍有塌陷的可能。据蕉岭县矿山资料，在该区的矿区位于梅县"山"字型蕉岭脊柱（即蕉岭复式向斜）中部东翼部分，沿断裂串珠状溶洞发育，且在该断裂以东，埋深3~20m范围内，岩溶较发育，该地段频发岩溶地面塌陷。

5.2.1.2 上覆土层性质和厚度

可溶岩上覆土层性质和厚度是岩溶地面塌陷形成的重要条件。一般情况下，覆盖层厚度小于10m，易发生岩溶地面塌陷。梅州地区岩溶地面塌陷区覆盖层较薄（3~25m），大部分地区覆盖层为3~10m。在第四系与灰岩接触带附近岩溶极发育，而且基岩上部覆盖层为冲洪积形成的第四系砂土层，自上而下依次为黏土层或粉质黏土层、软塑状粉质黏土层、中粗砂层局部地段基岩上部分布有少量黏土层，大部分地段砂层直接与基岩接触。其中砂层结构松散，岩性以中粗砂为主，粉砂次之，易被水流带走，产生潜蚀作用生成土洞。另外，土层性质与土洞形成后的减压拱承载力及其稳定性有关，砂性土拱承载力较低，故易塌陷。

5.2.1.3 地下水的运动是形成岩溶地面塌陷的一种重要基础

地下水的渗流潜蚀作用、搬运作用及地下水引起岩溶空间的正负压作用都在产生岩溶地面塌陷的过程中起着重要的作用。本区灰岩分布区域地下水主要有第四系冲洪积层的孔隙潜水和基岩中的岩溶裂隙岩溶水两层。

（1）第四系潜水：含水层为砂、砾石土及砂质黏土，水位埋深与季节变化密切相关。

（2）岩溶裂隙水：20世纪80年代以前，岩溶水高于基岩顶板碳酸盐岩中普遍含岩溶裂隙水，具承压性，20世纪80年代以后，由于大规模矿山开采地下水，使水位逐年下降至低于基岩顶板。矿山地下开采和大量地下水的抽排，从而形成了岩溶水降落漏斗，水位开始在基岩面附近波动，年变幅10m左右，并且从此开始出现塌陷。

5.2.2 岩溶地面塌陷的动力诱导因素

岩溶地面塌陷形成的动力条件包括地下水位的变动，地表水或雨水入渗，震动、地震或外荷载的变动。在基岩顶板与土层界面上长时间强烈的水位波动是岩溶地面塌陷产生的根本原因。

5.2.2.1 地下水位的变动

在岩溶地面塌陷这一物质迁移及能量转换系统中，其动能系由岩溶水势能转换而来，它是产生潜蚀及物质运移的动能。没有水的流动，岩溶地面塌陷不可能发生。在物质基础条件既定的情况下，区内20世纪80年代以前未发现岩溶地面塌陷，主要是在矿山大量抽排地下水后才发生的，因此，岩溶地面塌陷及塌陷程度主要取决于水动力条件的改变，即地下水的波动幅度和速度、水力坡降、水流速度等。梅州市区的岩溶地面塌陷 80% 以上是在 4~9 月份发生的，而 4~9 月份正是旱季和雨季的交替月份，是水动力条件变化最大的月份，从而进一步证实了水动力条件的改变可以决定本区的岩溶地面塌陷及塌陷程度。地下水位在基岩中无变动或自然水位缓慢升降不会形成塌陷。但在基岩中因抽水升降不断吸出岩溶洞隙中的充填物则能形成塌陷。无论是自然因素或人为因素引起的地下水在基岩面上下变动时，均易于形成岩溶地面塌陷。水位降深越大，塌陷相应增多。水位降深与塌陷数量是否为线性关系，中国地质大学于青春、沈继方利用泰斯的非稳定流无承压状态单井公式，假设一些条件后，导出如下公式：

$$\ln N = AS + B \tag{5-1}$$

式中　N——塌陷个数；

　　　S——水位降深，m；

　　A，B——系数，$A = \dfrac{4\pi KM}{Q}$，$B = \ln \pi R_w^2 - \dfrac{4\pi KW}{Q} S_i$。其中，$K$ 为渗透系数，m/d；S_i 为引起塌陷时的临界水位降深，m；M 为含水层厚度，m；Q 为抽水流量，m³/d；R_w 为抽水半径，m。

　　在特定条件下，可试建这种类似公式。其精度有赖于基础资料的数量与正确性。若含水层处于承压状态或处于无压状态，且水位降深与含水层厚度相比很小时，方能建立。水力坡度大，塌陷增多。地下水位降深增大时，水力坡度增加，水力作用增强，塌陷也随之增多。水、气正压与负压及地下水位的动力都与地下水位升降速度有关。地下水位升降速度越快，塌陷频率越高。现实和试验证明，大流量、大降深、大水力梯度及反复抽降，都易发生岩溶地面塌陷。

5.2.2.2　降雨及地表水入渗

　　当地下水位埋深于基岩中时，降雨便成为塌陷的主要因素。降雨量大小决定入渗量大小进而影响渗透力大小。降雨后地表积水厚度大小和土体中的含水量大小则决定了增加的静荷载的大小。降雨后土体中的含水量增加导致土体产生吸水软化效应，改变了土体的力学性能，使土体的抗剪强度和承载力降低，进而容易产生塌陷。

5.2.2.3　外界扰动

　　区域内外界扰动对岩溶地面塌陷的致塌作用主要是矿山开采的爆破和机械振动。岩溶地区矿山周边由于矿山振动产生的岩溶地面塌陷现象最为典型，矿山周边大量的岩溶地面塌陷实例充分反映出两者间的内在联系。矿山振动不仅是岩溶地面塌陷的致塌因素，其造成的危害也是极大的，应引起高度重视。矿山震动诱发岩溶地面塌陷实质上是振动所产生的附加应力诱发的岩溶地面塌陷。目前临梅州地区的矿山基本未做扰动实验，矿山振波在矿山旁的土层中所产生的附加应力

为 $0.005\sim0.5N/cm^2$。显然,与土层破坏时的应力相比,该应力值偏小,不足以直接对土层产生破坏。但在与自重应力相叠加耦合作用于土体时,可使土层中的应力分布发生改变,当土层中的局部应力因此而增高时,可以造成塌陷。另一方面,由于波动及反射波周期性累加作用,微小的破坏经过一定时间的累积,可以使土层发生累积破坏。

因此,矿山振动产生的致塌力一般不会对土层产生直接破坏,其致塌机制与破坏累积有关。

5.2.3 岩溶地面塌陷形成机理

由于岩溶地面塌陷的产生随着塌陷区不同的水文地质和工程地质条件、土力学条件、地下水动力学条件和气象、工农业发展情况的不同而不同,塌陷本身也由于其发生和发展过程深埋在地表以下而不易为人所察觉和探测,因此岩溶地面塌陷的产生具有隐伏性、突发性、多因素性、不确定性和模糊性的特点,其塌陷的力学机制也受多种因素的影响。分析某一个具体塌陷点的成因和形成的力学机制,发现诱发塌陷产生的原因有气象原因、工程地质和水文地质原因、人为原因和其他各种原因。岩溶地面塌陷的多因素成因造成其塌陷的力学机制也是多方面的,塌陷点在发生和发展至最后形成地表塌陷坑的整个过程中,会有多种力学机制叠加或组合作用。多种力学机制同时作用或随地下水的变化先后作用,或周期性作用,最后导致塌陷的产生。因此梅州市区岩溶地面塌陷形成的力学机制是多种多样的,一个塌陷坑的产生往往是多种力学效应综合作用的结果。通过分析梅州市区的岩溶地面塌陷,得出岩溶致塌的力学机制主要有潜蚀作用、渗压效应、失托加荷效应、真空吸蚀及荷载效应。区内岩溶地面塌陷的形成机理主要有潜蚀作用、失托加荷效应和真空吸蚀作用,其他也有如荷载效应和渗压效应,本节对其进行详细介绍。

5.2.3.1 潜蚀作用

地下水流在一定水力坡度下,产生较大的动水压力而将岩土体中细小颗粒冲动带走或溶滤掉易溶部分的现象称为潜蚀。岩石中易溶部分被溶滤产生的潜蚀称为化学潜蚀或溶蚀;水流将松散堆积物中的细颗粒携走形成的潜蚀称为机械潜蚀。发生机械潜蚀必须具备以下两个条件:(1)岩土体中必须有适宜于小颗粒运移的结构;(2)要有足够大的水力坡度。当满足上述两个条件时,岩溶洞穴上覆岩土体就可能发生潜蚀。潜蚀作用的后期会产生管涌和流土,细颗粒不断流失,导致土体疏松,最终使岩溶洞穴上方的土体塌入溶洞,形成土洞或地表塌陷坑。

研究区内所产生的岩溶地面塌陷以潜蚀作用占主导地位。根据探测的实际资料知道区内灰岩上部岩溶发育,而溶孔溶洞是地下水的良好通道,当抽水导致地下水位变幅大、地下水的流速和水力坡度也相应增大,水力坡度达到临界值时,土颗粒开始被水流渗透带迁移，加之本区大部分地段第四系的砂层，中粗砂层直接与基岩接触，而其中的砂层结构松散，易被水流带走，使上覆第四系土层和溶洞、溶隙形成"空洞"。尤其当岩溶水位在灰岩顶界面附近时，地下水的波动加快了对溶洞充填物及上覆松散砂土层的冲刷、崩解、搬运、剥落等破坏作用，从而加速了土洞的形成。土洞中空洞的形成改变了其原始应力状态，引起洞顶坍落，在地下水不断潜蚀及土体重力作用下，土洞不断向上发展，当土层厚度较大时，因有上部较厚的黏土层或粉质黏土层，洞顶可形成天然平衡拱，土洞停止发展而隐伏于地下。当土层较薄，顶部覆盖层自重压力大于土洞顶部厚度的极限抗压、抗剪强度时，便产生塌陷。

　　塌陷过程大致分为4个阶段：（1）土洞未形成前；（2）土洞初步形成；（3）土洞向上发展；（4）地表塌陷（见图5-6）。岩溶地面塌陷的机理可大致简化为：在第四系松散层覆盖的岩溶发育的隐伏灰岩区，由于自然、人为因素（主要为大量抽取岩溶地下水）的作用，造成水位下降，水动力条件改变，第四系覆盖层土颗粒被水迁移，地层遭受破坏失去完整性，生成土洞，形成土拱并产生拱形松动，在重力作用下失去平衡，突发岩溶地面塌陷。

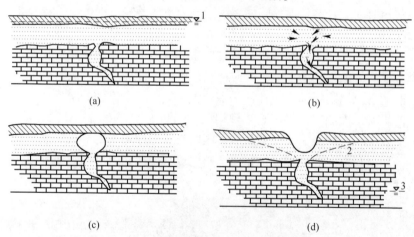

图 5-6　岩溶地面塌陷形成过程示意图

（a）水位下降前的状态；（b）地下水水位下降引起的水流潜蚀搬运阶段；

（c）暂时潜蚀掏空阶段；（d）上覆土体塌落阶段

1—岩溶水第四系孔隙水混合水位；2—第四系水位降落漏斗；3—岩溶水水位

　　潜蚀塌陷是土层塌陷形成中最主要的塌陷模式，特别是在本区的地下水主径流带附近或地表水、潜水与岩溶水水力交换频繁地带。研究区岩溶地面塌陷大部分的形成机制中都有潜蚀效应的作用。本区的岩溶地面塌陷从根本原因上来说，都是开采地下水造成地下水环境变化导致的，所以潜蚀效应是塌陷的主要力学机制，大部分的岩溶地面塌陷在其覆盖层土体破坏的过程中都伴随着潜蚀效应。

　　由潜蚀致塌模式可知，在岩溶洞穴上方的覆盖层，如无地下水以足够大的水力坡度向下渗透或盖层土体不具备产生潜蚀的结构条件，是不会产生岩溶地面塌陷的。但事实并非完全如此，即使是在岩溶洞穴上方的松散盖层中没有大的渗透水流的情况下，也会产生塌陷，如发生在铁路路基旁的塌陷，这就说明潜蚀不是产生岩溶地面塌陷的唯一原因。

5.2.3.2 渗压效应

　　渗压效应是指降雨雨水或地表积水在入渗补给地下水时，对盖层土体产生的一种综合作用，该种效应是降雨诱发岩溶地面塌陷的主要力学机制。研究区内50%以上的塌陷都是发生于河流及沿岸地区或者在降雨中或降雨后发生，这些塌陷都与渗压效应有关。渗压作用塌陷示意图如图5-7所示。

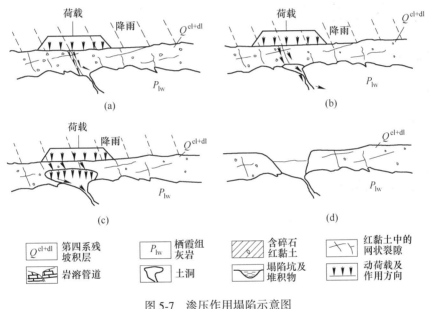

图 5-7　渗压作用塌陷示意图
(a) 原始状态；(b) 形成土洞；(c) 土洞扩展；(d) 塌陷形成

　　这种成因机理并不是在所有的岩溶地面塌陷中都起作用，而每种机理在具体的塌陷坑的产生过程中所起到影响力程度也是不同的。哪种成因机理起到主要作用取决于塌陷地的岩溶管道的发育程度、上覆土层性质和厚度、地下水的动力条件等因素。

5.2.3.3 失托加荷效应

　　失托加荷效应是指当承压岩溶水水位下降低于基岩顶板时，承压水变为无压水，其对覆盖层土体的承压力和浮托力消失的作用。在相对密闭的岩溶地下水系统中，地下水为承压水，对覆盖层土体产生一种向上的承压力和浮托力，这两种方向垂直向上的力是抗塌力的重要组成部分。地下水的浮托力一般可以达到土体水下部分容重的42%~54%。根据计算，10m的覆盖层土体、地下水位由埋深2m降至5m时，盖层土体的自重将增加66.7%，从而可以看出承压力和浮力的重要性。但当开采或突排地下水导致岩溶地下水下降，水位下降至基岩顶板或土洞顶板以下时，承压水的承压性将消失，对盖层土体的浮力也消失，这两种力的消失，降低了盖层土体的抗塌力，相当于在盖层土体上部增加了荷载，增加了致塌力，加速了土体的破坏。失托加荷效应作用时间短，仅产生在承压地下水位低于基岩或土洞顶板的瞬间，同真空吸蚀效应一样，当地下水在基岩顶板附近波动时，失托加荷效应周期性作用在盖层土体上，对覆盖层土体产生一种周期性的动荷载。所有的因为地下水位下降导致的岩溶地面塌陷中都有失托加荷效应的存在，它是致塌力的重要组成部分。地下水下降致塌陷示意图如图5-8所示。

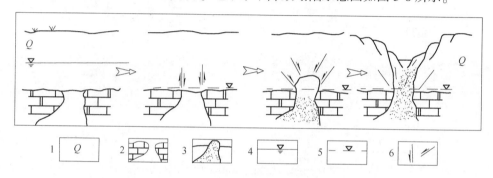

图5-8　地下水下降致塌陷示意图

1—第四系沉积层；2—岩溶；3—岩溶冒落；4—水位线；

5—覆盖层和岩层交界处；6—冒落方向

5.2.3.4　真空吸蚀

当第四系存在含水层时，承压岩溶水含水层相对密封，地下水受自然干旱的因素和人为因素抽水的影响，尤其是后者使地下水位大幅度下降，在特定的地质（盖层较厚，且上部盖层须为黏性土）、水文地质环境（上部盖层含水量应达到下部气体与上部空气隔绝的程度）下，地下水面和岩溶腔上覆盖层脱开的那一瞬间，地下水对盖层产生"吸盘"作用，即岩溶空腔内的地下水重力抽吸上覆盖层土体向下陷落，地下水面和盖层脱开后，在地下水面与盖层底板之间形成真空负压空腔带，负压对盖层产生如同吸盘一样的液面吸吮作用，强有力地抽吸着盖层底板的土颗粒。由于上部与灰岩顶板直接接触的第四系为松散的砂土，从而使顶板更容易向下剥落，最终导致岩溶盖层的塌陷和垮落，在地表形成坑洞。而且当地下水在基岩顶板附近上下波动时，真空吸蚀作用会周期性产生，对覆盖层土体产生一种周期性的动荷载，更加速了土体的破坏。

5.2.3.5 荷载效应

荷载效应是指地下水动力作用以外增加在盖层土体上部的外荷载效应，包括盖层土体自身重力效应、地表静荷载效应和地表振动荷载效应。岩溶洞穴上覆盖层岩土体在自重的作用下，产生重力效应使其破坏，逐层剥落或整体下陷造成塌陷的过程和现象，称为重力效应致塌。单一的重力效应致塌主要发生在地下水水位埋藏深，溶洞、土洞发育直径大的地带，多形成桶状塌坑。但由于盖层土体自身的重力作用是一直加载在盖层土体上部的力，因此所有的塌陷在其产生过程中都有盖层土体重力效应的作用，重力效应是致塌力的重要组成部分。由于溶洞、土洞覆盖层上部荷载的增加，产生附加应力，超过洞顶盖层允许荷载时压穿、压塌洞顶盖层，形成的塌陷称为地表静荷载致塌。水库蓄水、新建建筑物或建筑物加建、地表堆载等都会引起塌陷。发生于研究区内河流或池塘内的塌陷上部的河水就是地表静荷载的一种。

振动产生的动荷载会使岩土体产生破裂位移、土体液化等效应，使岩土体强度降低，导致塌陷形成，称为振动荷载致塌。振动作用使土体受力情况发生周期性变化，土粒间的应力时大时小，土粒周期性地改变粒间距离，结合水分子的定向排列受到破坏，土粒的粒间黏结力受到破坏，强度降低。而对于砂性土，特别是饱水的、黏土少的粉细砂，容易产生振动液化现象，而研究区内大部分与灰岩直接接触的第四系都是中细砂层，故很容易发生振动液化导致塌陷。小部分地段的饱水黏性土则会产生触变现象。这种振动荷载主要源于工程的爆破、机械振动等。在矿井附近的塌陷，除由于过量抽取地下水造成水位下降形成塌陷外，长期矿山爆破和机械的振动也是致塌的重要原因之一，研究区内发生于矿山周边的塌陷就是很好的例子。

5.3 岩溶地面塌陷区域风险性评价

岩溶地面塌陷受多种因素制约，某一区段是否发生岩溶地面塌陷具有一定的随机性或非确定性，但仍可以一定的发生概率说明其风险性大小，即风险性评价。这种风险评价若以某一研究区域的不同地段发生岩溶地面塌陷的概率大小（风险度）为对象，则称为岩溶地面塌陷区域风险性评价。根据风险度（风险概率）大小，可以将评价区划分为若干个代表不同风险程度的区域。岩溶地面塌陷风险评价的目的是对岩溶地面塌陷灾害风险区进行全面预测，评估出其风险度，清晰地反映评价区岩溶地面塌陷地质灾害总体水平与地区差距，指导地下水资源开发，促进资源环境可持续发展，并根据风险度（风险概率）及时发出风险预警信号，以便采取相应的防治措施，从而把塌陷的危害降到最低程度。因基岩裸露区基本不发生塌陷，故取研究区基本为岩溶覆盖区为评价区进行研究。根据岩溶地面塌陷发生的难易程度和产生灾害的大小程度把风险性评价分为塌陷的危险性（易塌性）分析评价。

5.3.1 危险性预测技术路线

岩溶地面塌陷发育的隐伏性、不均一性、突发性和多因素性等特点，给岩溶地面塌陷的现场勘查、观测、试验和研究带来很大的困难，这些过程中对岩溶地面塌陷的评判本身就是一项非常复杂的模糊问题。再者，岩溶地面塌陷形成于非常复杂的岩溶系统中，影响因素众多，各因素的作用和影响程度不尽相同，各影响因素标志及界线又是相当模糊不清，各种因素的影响和作用很难用经典数学模型加以统一量度。对于岩溶地面塌陷的危险性预测，适合采用模糊数学的理论和方法加以解决。因此选用信息量法进行研究。该方法的基本思路是：通过计算诸影响因素对地质灾害破坏所提供的信息量值叠加，作为预测的定量指标，建立评价模型，采用模糊数学方法，结合 ArcGIS 空间分析工具，对含有不同权重的各致塌因素进行分析计算，结合拟建工程布置来确定工程区岩溶地面塌陷的危险性分区。

在地质灾害研究领域，GIS 技术的应用已从最初的数据管理、多源数据采集数字化输入和绘图输出，到数字高程模型、数字地面模型的使用、GIS 灾害评价模型的扩展分析、GIS 与决策支持系统的集成、GIS 虚拟现实技术的应用等，逐步发展并深入应用。

岩溶地面塌陷灾害危险性评价中的 GIS 的应用，较好地实现了 GIS 技术与塌陷地质灾害危险性分析模型的结合，充分利用 GIS 的图形编辑、属性管理、空间分析等功能优势，快捷方便地实现一般分析方法与手段难以解决的问题。它可以根据变化的情况与资料，适时地进行岩溶地面塌陷灾害危险性分析，进一步减少危险性评价的模糊性与不确定性，具有较强的准确性与客观性。同时由于 GIS 独特的空间分析功能和超强的数据分析能力使得在岩溶地面塌陷灾害危险性评价过程中又衍生出一些只有 GIS 才能完成的评价方法，而且，这种充分利用 GIS 功能的危险性评价方法还在不断地产生。GIS 支持下的岩溶地面塌陷灾害危险性评价的目的是区分出不同危险性等级区域，并通过危险性制图来反映，而这正是常规的分析手段所难以比拟的。因此，GIS 技术是地质灾害危险性评价中对于灾害相关的空间变量进行分析最理想的工具。

空间分析是 GIS 技术的核心功能之一，它特有的对地理信息特别是隐含信息提取、表现和传输功能，是 GIS 区别于一般信息系统的主要特征。其主要功能有空间查询与量算、缓冲区分析、叠加分析、网络分析等。空间查询与量算-查询和定位分析是地理信息系统中最普遍、最常用的功能之一。查询的方式主要有：根据属性查询定位空间位置、根据空间位置查询属性信息、根据空间位置查找其他的空间位置、混合查询。如查询梅州地区内、石窟河、距离石窟河 1000m 以内、塌陷规模超过 10m×10m 塌陷点的位置。缓冲区是针对点、线、面实体，自动建立其周围一定范围以内的区域。缓冲区分析是 GIS 重要的空间分析功能之一。如：活动断裂带 100m 范围内为岩溶地面塌陷的易发地带。叠加分析-GIS 技术以层的概念来组织专题信息，如，河流层、道路层。构造层、塌陷灾害层等，每一层包含一类相似空间地物的集合。GIS 技术能将有关专题层组成的数据层面进行叠加分析，从而产生一个新的数据层面，其结果是新的数据层综合了原来两个或多层的属性信息，叠置分析不仅是对空间关系的操作，同时也对属性信息进行操作。

空间统计分析主要用于空间数据的分类与综合评价，它涉及空间和非空间数据的处理和统计计算。为了将空间实体的某些属性进行横向或纵向的比较，往往将空间实体的某些属性信息制成统计图表，以便进行直观的综合评价。

利用 GIS 进行空间分析，关键点就是空间建模问题。梅州地区矿山岩溶地面塌陷地质灾害危险性评价思路如图 5-9 所示。

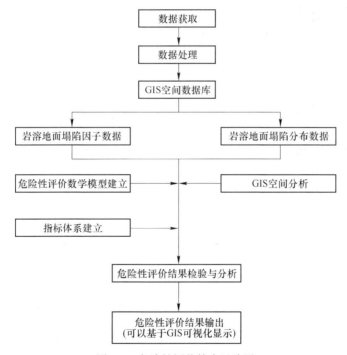

图 5-9 危险性评价技术思路图

（1）描述问题。为解决实际问题，首先要清晰地描述要解决的问题和最终的目标，从想要的结果入手，分析需要的地图数据。主城区岩溶地面塌陷灾害危险性评价最终分析结果应该是一张主城区岩溶地面塌陷灾害危险性等级图。图上应清晰地显示出主城区不同地区的危险性等级。

（2）分析问题。在问题描述清楚后，应进一步将问题细化，直到了解解决问题的大体步骤。对主城区工程塌陷而言，其危险程度是多因素综合影响的结果，一般认为影响岩溶地面塌陷的因素包括地质构造、地层岩性、地下水动力条件、地表地下人类工程活动等，众多因素共同作用造成了塌陷。然后进一步分析，如地层岩性可以从地质构造图上获取，地下水动力条件可以从水文地质图上获取，人类工程活动状况可以从城市基础设施规划和市政图上提取。有了各个因子图，就可以从因子图分析每种因素对塌陷的影响程度，然后将各影响因子进行综合评定，最终得到一个综合影响力，从而表示出塌陷的受影响程度或危险程度。基于以上考虑，就产生了信息量模型法。

（3）获取数据。经过分析，问题已经被分解成一组具体的目标和过程模型，并且已经明确了需要哪些数据，接下来就需要对输入数据进行获取，为分析做准备。搞清楚这些之后，就要着手准备所需数据，纸质地图需要矢量化，要完成基础信息图形数据库建设，制作因子分析图，并建立各因子的数据库。

（4）空间分析过程。在分析过程中不仅要用到 GIS 的许多空间分析功能（如缓冲区分析、叠加分析），而且要将这些功能和数学统计中的信息量法结合起来，进行岩溶地面塌陷灾害危险性定量计算，所以在数据计算和显示过程中，可能需要数据的流出和流入，这些都是整个评价过程中非常重要的步骤。

（5）结果分析。按照一定的原则和分级标准，进行岩溶地面塌陷危险度的划分，得出主城区岩溶地面塌陷灾害危险性等级图。对最终分析结果进行进一步分析，如对照塌陷现状图和得出的危险性等级图，若在塌陷现状图上没有塌陷而且周边地区也没有塌陷的区域，而对应的危险性等级图上却得出高危险性的结论，则需要重新对数据进行分析，或者调整分段分类规则，直到结论正确合理为止。

5.3.2　危险性评价指标体系

危险性分析评价是通过对塌陷区历史岩溶地面塌陷程度以及对岩溶地面塌陷各种基本条件和诱发因素的综合分析，评价岩溶地面塌陷活动的危险程度，确定岩溶地面塌陷活动的密度、强度（规模），发生概率（发展速率）以及可能造成危害区的位置、范围的过程。确定区域岩溶地面塌陷危险性的程度是危险性评价的主要任务，用风险度来表示危险性的程度。而风险度是以影响岩溶地面塌陷形成的诸多因素（即风险因子）的风险值统计为基础。现就影响岩溶地面塌陷的风险因子讨论如下：

（1）前提风险因子：如前所述，岩溶地面塌陷只发生在覆盖型岩溶区，所以有无覆盖型岩溶分布是岩溶地面塌陷能否形成的前提条件，即所谓的前提因子。

（2）强度风险因子：在覆盖型岩溶区，岩溶地面塌陷是否发生，强度或规模究竟多大，则主要由自然条件所显现的强度风险因子决定。根据成因分析认为，因子主要包括岩性、覆盖层厚度、地下水动力条件和活动断裂发育程度等次级成分。这些因子实际上决定了岩石的岩溶化程度及其地下洞穴的稳定性。一般地说，本地区的岩溶塌陷在岩溶发育好、覆盖层厚度小于 10m 地段及断裂密集区，均具有较高的风险性。

（3）诱发风险因子：一个地区若具备塌陷条件，但是否发生、什么时候发生，则必须考虑塌陷的诱发因素是什么，即所谓的"诱发风险因子"。据研究，岩溶地面塌陷的诱发因子分为自然和人为两种。本地区的自然诱发因子主要是地震活动（地壳稳定性），而人为诱发因子主要是地下水开采引起的水位差（水位降幅）、采矿的爆破振动（与矿井的距离）以及地表人类活动强度。

（4）历史条件因子：因发生过岩溶地面塌陷的地点，其周边的岩溶发育程度较之远处强，故发生过塌陷的地方再发生塌陷的概率比其他地区高，故把"与已塌点的距离"作为历史条件评价因子。

从总体上说，地质条件、地形地貌条件、气候条件、水文条件、植被条件、人为活动条件是控制所有地质灾害活动的基本条件。但这些条件在不同类型地质灾害中的主次地位和作用方式不尽相同，所以指标各异。塌陷灾害的发生具有很大的不确定性，其潜在危险性受多种条件控制。因而必须全面考虑危险性本身及构成危险性各因素的相似性与差异性，进而选择一些相互联系的指标作为综合分析的依据。结合研究区实际情况，并参考有关资料，经综合分析后确定评价因子。选取的评价指标包括：断裂构造发育程度、地壳稳定性、第四系覆盖层厚度、基岩岩性、地下水动力条件和地下活动强度 6 个方面，具体的评价变量见表 5-1。

表 5-1 评价变量表

指标	状态	变量	指标	状态	变量
岩性	灰岩	X_1	第四系厚度	3~10	X_8
	砂岩、变质岩	X_2		10~25	X_9
	花岗岩	X_3		基岩裸露	X_{10}
地下水动力条件	覆盖岩溶水	X_4	地下活动强度（与矿井距离）	100~300	X_{11}
	基岩裂隙水	X_5		300~500	X_{12}
地壳稳定性	稳定或较稳定	X_6		>500	X_{13}
	不稳定	X_7			

5.3.3 信息量法在岩溶地面塌陷灾害危险性评价中的实现

5.3.3.1 信息量法的简介

信息量法应用于地质灾害危险性评价的主要思路是：通过对已有灾害提供的

信息，把反映各种影响区域稳定性因素的实测值转化为反映区域稳定性的信息量值。其方法即通过某些因素对所提供的研究对象信息量的计算来评价，亦即用信息量的大小来评价影响因素与研究对象关系的密切程度。岩溶地面塌陷灾害现象（Y）受多种因素（X_i）影响，各种因素所起作用的大小、性质是不同的。在各种不同的地质环境中，对于岩溶地面塌陷灾害而言，总会存在一种"最佳因素组合"，它对塌陷发生的"贡献率"最大。因此，对于区域岩溶地面塌陷灾害要素应综合研究"最佳因素组合"，而不是停留在单个因素上。信息预测的观点认为，岩溶地面塌陷灾害产生与否是与预测过程中所获取的信息的数量和质量有关，是用信息量来衡量的：

$$I(y, x_1, x_2, \cdots, x_n) = \lg_2 \frac{P(y, x_1, x_2, \cdots, x_n)}{P(y)} \tag{5-2}$$

根据条件概率运算，上式可进一步写成：

$$I(y, x_1, x_2, \cdots, x_n) = I(y, x_1) + I_{x_1}(y, x_2) + \cdots + I_{x_1, x_2, \cdots, x_{n-1}}(y, x_n) \tag{5-3}$$

式中　$I(y, x_1, x_2, \cdots, x_n)$——因素组合 $x_1, x_2, \cdots, x_n$ 对岩溶地面塌陷灾
害所提供的信息量（bit）；

$P(y, x_1, x_2, \cdots, x_n)$——因素 $x_1, x_2, \cdots, x_n$ 组合条件下岩溶地面塌
陷灾害发生的概率；

$I_{x_1}(y, x_2)$——因素 x_1 存在时，因素 x_2 对岩溶地面塌陷灾害
提供的信息量（bit）；

$P(y)$——岩溶地面塌陷灾害发生的概率。

式（5-3）说明：因素组合 $x_1, x_2, \cdots, x_n$ 对岩溶地面塌陷灾害所提供的信息量等于因素 x_1 提供的信息量加上因素 x_1 确定后因素 x_2 对岩溶地面塌陷灾害提供的信息量，直至因素 $x_1, x_2, \cdots, x_{n-1}$ 确定后，x_n 对岩溶地面塌陷灾害提供的信息量。从而说明区域岩溶地面塌陷灾害信息预测是充分考虑因素组合的共同影响与作用。

区域岩溶地面塌陷灾害危险性评价是在对区域地质灾害分布图开展信息统计分析的基础上进行的。评价模型的具体过程为：首先建立评价的指标体系，然后对相关的因子图层和塌陷分布图层划分评价单元，在此评价单元内将各图层对塌陷影响的信息量累加，最终确定该单元所在的位置各因素对塌陷发生的综合信息量大小。信息量用条件概率计算，实际计算时可用频率估计条件概率来估算。具体步骤如下：

（1）首先单独计算各因素对塌陷发生（H）提供的信息量 $I(X_i, H)$：

$$I(X_i, H) = \ln \frac{P(X_i, H)}{P(X_i)} \tag{5-4}$$

式中　$P(X_i,H)$——塌陷发生条件下出现 X_i 的概率；

　　　$P(X_i)$——研究区内出现式（5-4）时其理论模型，但在实际计算是往往用下列样本频率计算：

$$I(X_i,A) = \lg \frac{\dfrac{N_i}{N}}{\dfrac{S_i}{S}} \qquad (5\text{-}5)$$

　　　$I(X_i,A)$——指标 X_i 提供岩溶地面塌陷的信息量值；

　　　　S——评价区总单元数；

　　　　N——预测区已知岩溶地面塌陷破坏单元总数；

　　　　S_i—— X_i 的单元个数；

　　　　N_i——有指标 X_i 的岩溶地面塌陷破坏单元个数。

1）若 $\dfrac{N_i}{N} = \dfrac{S_i}{S}$，则 $I(X_i,A) = 0$，表示标态 A 不提供任何有关塌陷变形的信息，即标态 A 的存在对塌陷不产生有利或不利影响；

2）若 $\dfrac{N_i}{N} < \dfrac{S_i}{S}$，则 $I(X_i,A)$ 为负值，这表示标态 A 影响塌陷的可能性小，$I(X_i,A)$ 越小，其提供的信息量越小，该标态与塌陷不相关；反之则 $I(X_i,A)$ 为正值，表示标态 A 影响塌陷的可能性较大，$I(X_i,A)$ 量大，所提供的信息量大，该标态对塌陷形成越有利。

3）当 $\dfrac{N_i}{N} = 0$ 时，算式无意义，标态 A 不提供任何信息量。

（2）计算单个评价单元内总的信息量。一般来说，每个评价单元的影响因素都是由多项因素综合的结果，各种因素存在若干状态。对单元各标志的信息量求和，既可确定该单元的总信息量 I_i 值（表示该单元多种因素共同作用下岩溶地面塌陷危险性的综合指标）。

$$I_i = I(X_i,H) = \sum_{i=1}^{P} \lg \frac{\dfrac{N_i}{N}}{\dfrac{S_i}{S}} \qquad (5\text{-}6)$$

式中　I_i——评价单元内总的信息量值；

　　　P——作用于某一单元因素总个数；

　　　N——参评因子数。

（3）最后用总的信息量作为该单元影响塌陷发生的综合指标，其值越大越有利于塌陷的发生。同时对 I_i 值进行统计分析（主观判断或聚类分析）找出突变点作为分界点，将区域分为若干个危险等级区。

5.3.3.2　梅州地区矿山岩溶地面塌陷灾害危险性评价过程

A　因子图层的栅格化和重采样

栅格数据结构简单，叠加和组合方便，数学模拟方便，便于实现各种空间分析，所以对岩溶地面塌陷做危险性评价，主要是利用栅格数据进行空间叠加分析。基于栅格数据进行空间叠加分析是针对单个像元的，如果各图层因子的像元大小不一或者数量不一致，则无法正常利用基于栅格的空间叠加分析功能，导致错误的出现。因此，对于得到的因子图层还要对其进行栅格化和重采样，使图层都以栅格形式存在，并具有相同的空间分辨率和相同的有效范围，以保证基于栅格的空间叠加分析操作顺利进行。

（1）栅格化：栅格化操作就是把矢量数据转变为栅格数据，需要栅格化的数据主要有：岩溶地面塌陷点分布图、到河流和断层的距离图、地层岩性图、居民点分布图以及公里格网图等。主要是在 ArcToolbox 下的 Conversion Tools 工具集中的 To Raster 子工具集下面的转换命令。在栅格化过程中，需要设置栅格单元的大小，栅格单元的大小依据 GIS 栅格岩溶地面塌陷评价中的经验公式获得：

$$G_s = 7.49 + 0.0006S - 2.0 \times 10^{-9} + 2.9 \times 10^{-15} \tag{5-7}$$

式中　　G_s——适宜格网大小；

　　　　S——原始等高线地图比例尺的分母。

（2）重采样。有些数据本来就是栅格数据，因此不需要栅格化，但是栅格单元大小不一定符合 130m×130m 分辨率的要求，因此需要进行重采样。采用的是分辨率为 50m 的 DEM 数据，所以由 DEM 数据产生的：断层图、矿井分布图、岩性图等都需要重采样。其操作为：在 ArcToolbox 中选择 Data Management Tools 工具集下的 Raste 子工具集下的 Resample 命令，然后输入相应的参数即可。

B　栅格化因子图层的重分类

由于实际中某些因素对岩溶地面塌陷的影响并不完全与按要素量的增加成正比，往往在一个数量范围内对岩溶地面塌陷的影响是稳定的，因此，需要对数据重新分类，准确把握岩溶地面塌陷分布与影响因子之间的关系。对续型变量的重分类应遵循这样的原则：类别之间应具有尽可能大的差异性，类内应具有尽可能小的差异性。首先将各栅格因子图层以相邻类别之间较小的间隔进行预分类，然后将预分类的因子图层与岩溶地面塌陷点栅格图层叠加，统计岩溶地面塌陷在各因子图层的分布情况，然后根据分布情况进行重分类，得到较为客观合理的分类结果。利用 ArcGIS 中的 Spatial Analyst 模块中利用 Reclassify 命令实现重分类。利用 ArcMap 菜单栏下的 Tools->Graphs->Create 创建岩溶地面塌陷与各因子类别的统计图。其他岩性、断层因子重分类结果如图 5-10 和图 5-11 所示。

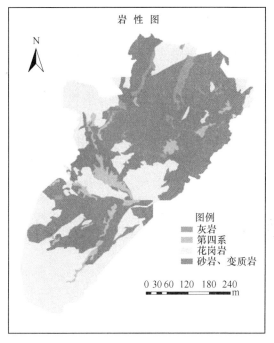

扫二维码
查看彩图

图 5-10 岩性分布图

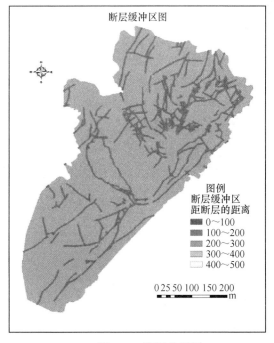

扫二维码
查看彩图

图 5-11 断层分级图

C　各因子图层类别信息量值的计算

　　分别将岩溶地面塌陷分布图层与各影响因子图层相叠加,在各叠加图层的属性表中就可以直接得出落在各因子图层类别中的岩溶地面塌陷像元数以及各类别的像元数,结合研究区总的像元数以及研究区岩溶地面塌陷总的像元数,然后通过公式就可以计算出各影响因子的每个类别对岩溶地面塌陷发生提供的信息量值,具体计算结果如图 5-12 和图 5-13 所示。图 5-14 和图 5-15 来源于前面建立的 ArcGIS 空间数据库,没有列出的部分信息量值都为 0,即此地层中没有岩溶地面塌陷分布。断层信息量计算结果如图 5-16 所示。

Attributes of 岩性信息量表

OID	VALUE	COUNT	塌陷点密度	塌陷点密度比	信息量值
0	1	211	.047393	10.266983	3.35994
1	2	277	.014440	3.128279	1.645369
2	3	2466	.000811	.175696	-2.508846
3	4	3545	.003949	.855534	-.225104

Record: 14 ◀ 0 ▶ ▶I　Show: All Selected　Records (0 out of 4)

图 5-12　岩性信息量计算结果

Attributes of 地下活动强度信息量表

OID	VALUE	COUNT	距离	塌陷点密度	塌陷点密度比	信息量值
0	1	6477	>750	.003860	.836164	-.258142
1	2	7	750	0	0	0
2	3	6	600	.166667	36.105556	5.174149
3	4	1	450	0	0	0
4	5	5	300	.4	86.653333	6.437183
5	6	3	150	.666667	144.422222	7.174149

Record: 14 ◀ 0 ▶ ▶I　Show: All Selected　Records (0 out of 6 Selected)　Optio

图 5-13　地下活动强度信息量计算结果

Attributes of 地下水动力条件信息量表t

OID	VALUE	COUNT	VALUE1	塌陷点密度	塌陷点密度比	信息量值
0	0	6113	1	.002454	.531572	-.911663
1	1	386	2	.038860	8.418394	3.073545

Record: 0 Show: All Selected Records (0 out of 2 Selected)

图 5-14 地下水动力条件信息量计算结果

Attributes of 第四系厚度信息量计算表

OID	VALUE	COUNT	塌陷点密度	塌陷点密度比	信息量值
0	1	5575	.002511	.543845	-1
1	2	367	.024523	5.310899	2
2	3	555	.012613	2.731471	1

Record: 0 Show: All Selected Records (0 out of 3

图 5-15 第四系厚度信息量计算结果

Attributes of 断层因子信息量表

OID	VALUE	COUNT	塌陷点密度	塌陷点密度比	信息量值
5	600	5355	.003361	.728179	-.457634
2	300	228	.004386	.950146	-.073779
1	200	223	.004484	.971450	-.041788
0	100	210	.009524	2.063175	1.044866
3	400	251	.011952	2.589243	1.37253
4	500	232	.021552	4.668822	2.223059

Record: 0 Show: All Selected Records (0 out of 6

图 5-16 断层信息量计算结果

　　由图 5-12 和图 5-13 信息量计算值可知，不同因子中的特定类别对确定岩溶地面塌陷产生所起的作用和性质是不同的，但总可以找到一个"最佳因素组合"，这个最佳因素组合对确定岩溶地面塌陷灾害的产生所提供的信息量值最大，则此时岩溶地面塌陷发生的概率最大，基于 GIS 技术进行各因子栅格图层叠加，可以很方便找到这样的因素组合。

　　D　各因子图层按信息量值重分类

　　将各因子图层按照信息量值重分类，使每个栅格图层的 VALUE 值变成重分类后的信息量值，重分类的方法与前述的一样，只是 Reclass field 选择信息量字段，分类方法为 Natural Breaks，得到各因子信息量图，如图 5-17~图 5-21 所示。

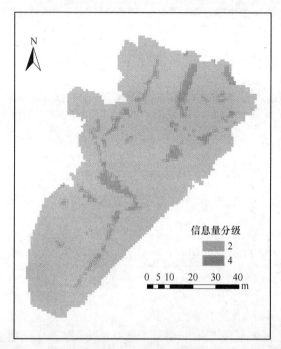

图 5-17　岩性信息量图

　　由图 5-17~图 5-21 可知，各因子图层像元的属性值就是每一个因子类别的信息量值，由于分类方法为 Natural Breaks，信息量值经过重新赋值后再赋给每个像元，所以与前述各属性表中的信息量值不同，但是两个信息量值序列的增减关系是一一对应的，而且在同类因子中每一个像元的信息量值是唯一的，所以用重新赋值后的信息量值代替旧值不会影响后面的分析操作。上述数据处理工作，是进行各信息图层的基于 GIS 的空间叠加分析的基础，可为最终找到确定岩溶地面塌陷产生的"最佳因素组合"作准备。

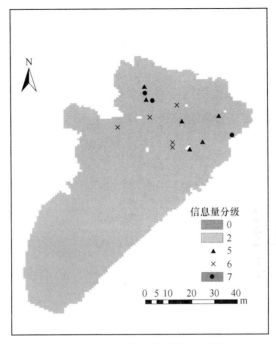

图 5-18　地下活动强度信息量图

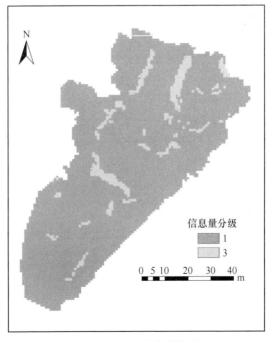

图 5-19　地下水动力条件信息量图

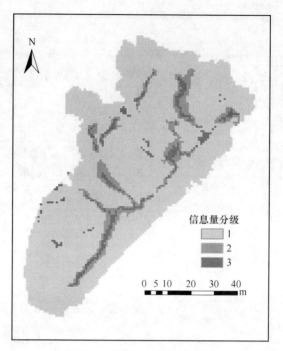

图 5-20　第四系厚度信息量图

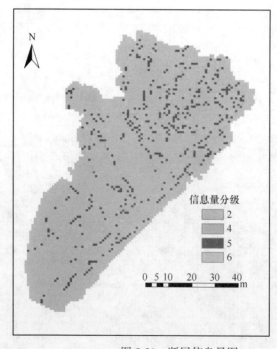

扫二维码
查看彩图

图 5-21　断层信息量图

E　各信息量图层叠加分析及重分类

将前面求出的各信息量图层，利用栅格计算器中的"加"运算求出每个评价单元总的信息量值，得到一张整个研究区的综合信息量图，亦即岩溶地面塌陷危险性得分图，危险性得分图中的总信息量值越大，反映各因素组合对岩溶地面塌陷发生的贡献率越大，发生岩溶地面塌陷的概率也越大，岩溶地面塌陷危险性得分图如图 5-22 所示。

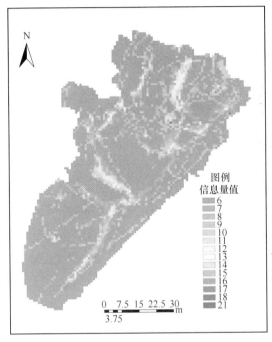

扫二维码
查看彩图

图 5-22　岩溶地面塌陷危险性得分图

依据前面的统计方法，统计岩溶地面塌陷分布与危险性得分的情况，找到危险性得分图层中最合理的分级方式为：0-7、7-10、10-21。据此对岩溶地面塌陷危险性得分图进行重分类，划分为三个级别：稳定区、较稳定区、不稳定区，从而得到岩溶地面塌陷灾害危险性分级图，如图 5-23 所示。

由图 5-23 可知，不稳定地区分布范围较小，灰岩发育地区为明显的极高危险性分布区域，说明灰岩对岩溶地面塌陷灾害的产生影响较大，不稳定区分布在梅县南部、丙村、石扇、蕉岭石窟河两岸、隆文、大拓、东石、石正、茅坪、大坪、兴宁、萝岗、五华、双头一带盆地和河谷；较稳定区域主要分布河流两岸地下水较丰富的盆地和河流阶地，这些地方的一个共同的特点是地下水活动强烈，同时局部灰岩或砂岩、页岩夹含灰岩发育，这些因素使得这些区域存在发生岩溶地面塌陷的可能；稳定区分布于基岩裸露的广大低山丘陵区。

图 5-23　岩溶地面塌陷危险性分级图

F　梅州岩溶地面塌陷灾害危险性评价结果分析

最后将岩溶地面塌陷检验数据与岩溶地面塌陷灾害危险性分级图叠加，叠加图层的属性如图 5-24 所示，分布在较高危险性和极高危险性的岩溶地面塌陷点占整个检验数据的 80%，说明危险性分级准确率较高。

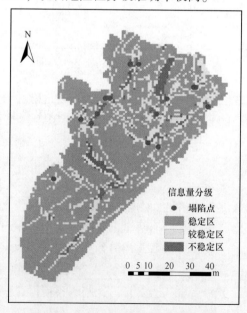

图 5-24　岩溶地面塌陷危险性验证图

由各评价因子图层的信息量值的计算结果以及对各因子图层叠加所得到的岩溶地面塌陷灾害危险性分级图的分析可以发现：

（1）梅州地区易于发生岩溶地面塌陷的影响因子条件有：1）岩性：石炭系壶天群组、二叠系栖霞组灰岩及灰岩分布区周围砂岩夹灰岩区为易发生岩溶地面塌陷的地区，零星分布于研究区内，占整个研究区面积的5.23%；2）地下水动力条件：覆盖性岩溶水分布区易发生岩溶地面塌陷，占整个研究区面积的5.12%；3）第四系厚度：3~10m，即第四系厚度小于10m极易发生岩溶地面塌陷，占整个研究区面积的3.51%；4）距断层距离：小于150m，占整个研究区面积的3.63%；5）距离矿井距离：小于500m，占整个研究区面积的0.86%，岩溶地面塌陷沿矿井周边分布；6）地壳稳定性：信息量较小，影响小。

（2）面积较小，但危险性等级较高：从计算结果统计来看，较高危险性等级的区域占整个梅州地区面积的19.13%，极高危险性等级的区域占整个梅州地区面积的5.1%，合计24.23%。

6　石灰石地下矿山安全预警与控制

6.1　矿山危险源辨识

石灰石地下矿山采场生产系统是一个由人、机、环境、安全管理四方面所组成的、空间分布极其复杂的灾害系统。采场发生的主要灾害形式有：机电事故、冒顶片帮、坍塌、高处坠落、放炮、物体打击、中毒与窒息、机械伤害、火药爆炸等。采场安全评价应立足于人、机、环境、安全管理四方面进行系统分析，目的是控制、消除系统中的危险，及时整改可能导致系统破坏的危险因素。

6.1.1　采场预警系统单元划分

矿山安全问题主要就是采场的安全问题，因为采场中的采动影响范围大、顶板暴露面积大、暴露时间长、场所扰动因素多、地质环境因素复杂。评价预警单元划分的方法主要有：（1）按生产工艺流程、物料的流动特点来分；（2）遵循系统原理，按人、机、环境、管理状态来分；（3）按评价方法的适用范围来分。

采场作业系统按生产工艺过程可以分为 4 个部分，分别是钻孔作业、爆破作业、顶板作业、铲运机出矿作业。矿山采场安全的影响因素数量众多，人、机、环境、安全管理 4 种因素错综复杂。根据某矿的生产实际，按照生产工艺流程结合系统原理来划分。矿山采场生产工艺流程如图 6-1 所示。

图 6-1　石灰石矿山采场生产工艺流程

6.1.2　采场系统各单元危险源辨识

6.1.2.1　危险源概述

危险源是指一个生产系统中具有潜在能量和物质释放危险的、在一定的触发因素作用下可转化为事故的部位、区域、场所、空间、岗位、设备等，即可能导致人员伤害或财务损失事故的、潜在的不安全因素。采场系统中存在的危险源具有客观存在性、潜在性、复杂多变性、可知可预防性等特点。

6.1.2.2 危险源分类与辨识

地下矿山从事故类别看，事故主要集中在冒顶片帮、火灾、透水、中毒窒息等类别上。常用的辨识方法主要有：现场观察法、安全检查表法、生产作业人员问卷调查法、国内外相关法律法规对照法、查阅事故记录资料法、事故频次法。实际操作中综合采用了查阅资料、现场调查和向有关人员询问等方法，挖掘了作业过程中的事故指标。

6.2 采场安全预警系统的基本内容

预警系统包括预警分析和预控对策。前者对诱发事故的各种现象进行识别、分析和评价，并由此做出警示。后者是根据预警分析输出结果，对致灾因素早期征兆进行及时矫正、预防和控制。

关于预警的几点说明：

（1）预警层次。常用的识别方法主要有警源变化、统计经验和监测手段3类。

（2）预警信息。预警信息包括现场监测信息、数据处理信息和实际判断信息。

（3）时间跨度。时间是预警的重要参数。根据时间间隔长短，预警分为突发性预警、短期预警、中长期预警和长期预警。其中，突发性事故的预警显得尤为重要。警源的监控和警兆的识别是保证突发性预警有效性的重要措施。

（4）空间范围。预警空间范围主要从预警所需空间的角度来划分，包括点预警、面预警、区域预警、全矿预警。

6.2.1 采场安全预警的相关理论基础

采场安全预警的基本思想与原理，是以系统论中的系统控制论、安全科学理论以及系统非优理论为基础的。

（1）系统控制论。控制论是自动调节、通信工程、计算机和计算机技术以及神经生理学和病理学等学科在数学的联系下而形成的一门综合性学科。控制论认为，控制不论在哪个领域出现，作为一个过程都必须包括3个基本要素：作用者（实控主体）与被作用者（受控客体）以及将作用由实控主体向受控客体传递的介质，而这3个部分组成了相对于某种环境而具有控制功能与行为的控制主体。

（2）安全科学理论。安全科学理论诞生于20世纪40年代，是在国际产业界、科学界的合作探索中逐步形成的一门跨学科的独立科学。

（3）系统非优理论。系统非优理论是1985年提出来的系统科学理论，认为一切系统的实际状态都是由优和非优两种状态组合而成的。优的范畴包括最优和优，即成功的过程和结果。

6.2.2　采场安全预警系统的内容

预警是对某系统未来的演化趋势进行预期性的中长期评价，提前发现系统未来运行可能出现的问题及成因，为提前决策、实施防范措施提供依据。预警从性质上可分为经济预警与非经济预警；从范围上可分为宏观预警与微观预警；预警类型在内涵上可分为不良状态预警、恶化趋势预警、恶化速度预警、临界点预警、灾变预警；在时间尺度上包括突发预警、短期预警、中长期预警；从层次上可以分为因子预警、子系统预警和综合预警；从时间上可分为短期预警与长期预警。预警方法分为指标预警、统计预警和模型预警。

预警系统是应用预警理论和其他数据处理工具、预测模型完成特定预警功能的理论和方法体系。预警流程主要包括：明确警情寻找警源、分析警兆、建立预警指标体系、确定警限、预警等级、排除隐患。在此基础上，基于可拓理论方法，针对警情状况建立可拓模型，通过关联度判定，最终确定所处警级。风险监测预警指标体系的建立、预警等级的确定、警限的划分、风险的预防控制措施和应急救援措施是风险监测预警系统的核心技术。预警主要包括警源监测、警报发布、应急预案、防范措施。

6.2.3　采场安全预警系统的目标体系

采场安全预警的目标，是实现采场事故的早期预防和控制，并能在采场灾害或事故发生时实施危机管理。建立预警系统的目的是通过对安全运行状况进行实时在线监测，灵敏准确地告示危险前兆，并能及时提供警示，及时采取措施，最大限度降低事故损失。

诊断是对整个过程危险源危险度的确认，使预警管理活动能抓住主要问题并做到追根溯源；评价是进一步用量的概念来明确危险所在，并提出解决危险地措施和方案。

6.2.3.1　预警分析的内容

对预警期内采集物的危险状况和危险控制状况原始数据进行输入，按照既定的数学模型进行综合处理，得到预警结果。

（1）监测：监测是预警的前提，是对采场重要致灾因素进行监测，再对大量的监测信息进行分类、存储、传播，建立信息档案，进行历史的比较。

（2）识别：识别的主要任务是判断采场某些环节是否正在异变，即现实的事故诱因。

（3）诊断：诊断的主要任务是确定危险度最高的主要因素，并对其成因进行分析。

（4）评价：评价是根据上述结果对危险性及严重度进行评价，提出预防措施。

　　(5) 四者的关系：监测、识别、诊断和评价这4个环节预警活动，是前后顺序的因果联系。其中，监测活动的检测信息系统，是整个预警管理系统所共享的；识别、诊断、评价这三个环节的活动结果将以信息方式存入预警信息管理系统中。另外，这4个环节活动所使用的评价指标，也具有共享性和统一性。

6.2.3.2　预控对策的内容

　　预控对策活动包括组织准备、日常监控、应急管理三个活动环节。

　　(1) 组织准备：组织准备包括事故对策制定与实施和安全规章制度、标准的制定。

　　(2) 日常监控：日常监控是对采场灾害诱导现象进行监控管理。监控活动两个主要任务是日常对策和危机模拟。

　　(3) 应急管理：包括特别应急计划、应急领导小组、紧急应对措施以及救助方案等。

　　(4) 三者的关系：组织准备、日常监控活动是执行预控对策任务的主体，应急管理活动是特殊状态下对日常监控活动的一种扩展。组织准备活动为整个采场安全预警系统提供组织运行规范。

6.3　石灰石地下矿山地压监测

6.3.1　矿山地压监测方法及原理

　　常用的地压监测方式包括应力监测、变形（位移）监测、光弹监测、声发射监测、微震监测和弹性波测试等，这些方法各有其优缺点，在实际矿山工程中主要是针对矿山实际情况有选择性的应用。

6.3.1.1　围岩应力监测

　　应力监测就是通过在现场布设监测点，也就是在现场布设压力传感器，矿柱或采场顶板中的应力将随着回采进程不断变化，压力的变化引起压力传感器中的钢弦张力发生变化（弦式传感器）或液压的变化，通过压力表或特殊的读数仪，可以确定测点的压力变化量，从而掌握地压的变化规律，可以实现提前预警的目的。常用的压力监测仪器有锚杆应力计、钻孔应力计、压力盒、压力枕等。

　　A　钻孔应力监测

　　岩石的破坏具有一个峰值强度指标，当岩石在受载荷超过其峰值强度时，岩石会失去承载能力而破坏。因此，通过监测岩体的应力状态，将获得实行地压监测的又一个指标。随着采矿的进行，矿山岩体的应力状态会产生变化，原岩应力将会随着岩体结构的重新调整而变化。

　　钻孔应力计是一种测试围岩内部应力的仪器，类型较多，通过对应力计二次仪表读数的统计分析，可判断围岩的稳定状况。

钻孔应力计的设计原理是一种特殊结构的振弦传感器，在安装使用时，可根据需要将传感器设置在一定孔径大小的孔中，可以选择测力方向，安装方便。

B　锚杆应力计

支护锚杆在地下硐室及巷道支护系统中有重要地位，为监测施工锚杆的受力状态及大小，需对锚杆的应力进行监测。其原理通常是：锚杆受力后变形，采用应变片或应变计测量锚杆的应变，得出与应变成比例的电阻或频率的变化，然后通过标定曲线或公式将电信号换算成锚杆应力，通过量测锚杆应力，可以了解锚杆的受力情况及支护效果，也可以间接了解围岩变形与稳定状态。监测锚杆应力用的应变片主要有电阻式、差动电阻式和刚弦式集中应变计。

电阻式锚杆应变片由内壁按一定间距粘贴有电阻片的钢管或铝合金管组成，电阻片粘贴需做严格的防潮处理。也有直接采用工程锚杆，对粘贴应变片的部位结果特殊加工，粘贴应变片经防潮处理并加密封保护罩制成。这种方法价格低廉，适用灵活，监督高，但由于防潮要求高，抗干扰能力低，大大限制了它的使用范围。

差动电阻式和钢弦式锚杆应变计是将应变计装入钢管或装入锚杆加粗段的槽孔中，然后与锚杆连接而成，一根锚杆可连接多节，其中的钢弦式应变计由于环境适应性强，测读仪器轻巧方便，故可适用于不同地质条件和环境条件的锚杆应力监测。

6.3.1.2　井下位移监测

变形（位移）监测就是通过在现场布设监测点，监测巷道、采场周边或岩体内部随回采进程变形（位移）的变化情况。位移监测主要有机械式和电测式两种类型。机械式位移计，如多点位移计，通过动点和不动点之间的长度变化，确定岩体或采场顶板的变形量，一般适用于变形量较大的情形。电测式位移计，如差动式多点变位计、弦式钻孔位移计、顶板离层报警仪（或顶板沉降仪）等，通过弦式或电阻式传感器，将位移（变形）信号转化成电信号，采用专用的读数仪（如电桥等）读数，灵敏度高，精度也较高，适宜于小变形的精密测量。

A　围岩体位移监测

a　多点位移计

多点位移计是由位移计组（3~6 支）、位移传递杆及其保护管、减摩环、安装支座、锚固头等组成。适用于长期埋设在水工结构物或土坝、土堤、边坡、隧道等结构物内，测量结构物深层多部位的位移、沉降、应变、滑移等，可兼测钻孔位置的温度。

当被测结构物发生变形时将会通过多点位移计的锚头带动测杆，测杆拉动位移计产生位移变形，变形传递给振弦式位移计转变成振弦应力的变化，从而改变振弦的振动频率。电磁线圈激振振弦并测量其振动频率，频率信号经电缆传输至读数装置，即可计算出被测结构物的变形量；并可同步测量埋设点的温度值。

b 顶板离层监测

巷道锚杆支护具有许多优点，但同时也存在一个突出的缺点：由于锚杆支护巷道围岩活动状况的隐蔽性，围岩的破坏失稳一般没有明显的预兆，不易被人们察觉，顶板的破坏失稳往往具有突发性且冒落规模较大。在回采工作面设置顶板离层监测点，并在整个回采期间对巷道顶板离层进行全程跟踪监测，是消除锚杆支护巷道安全隐患最有效的措施之一。顶板离层计是用以测试锚杆长度范围内外的顶板离层状况的监测仪器，用于判别锚杆支护参数是否合理，巷道服务期间顶板是否稳定。如果离层指示仪读数超过规定参数，应及时采取加固措施，避免发生顶板事故。同时离层指示仪的监测结果也可作为修改、完善锚杆支护初始数据的依据之一。

c 光纤岩移监测系统

光纤光栅微震传感器的基本设计思想是将地面的振动转化成光纤光栅的应变，这个应变会引起光栅中心反射波长的变化，通过波长解调系统可将波长变化转化成电压的变化，即可实现振动信号的传感。

通过分析可知，光纤光栅的应变所产生的中心反射波长的变化可用式（6-1）表示：

$$\Delta \lambda_B = k\varepsilon \tag{6-1}$$

式中 λ_B——应变引起的光栅中心反射波长；

$\Delta \lambda_B$——应变引起的光纤光栅中心反射波长的变化；

k——光纤光栅中心波长随应变的变化率，在 1550nm 处，k 约为 1.2pm/$\mu\varepsilon$。

将传感光栅固定在悬臂梁上，梁的一端固定一重物以提高将振动加速度转化成光栅应变的灵敏度；参考光栅固定在离悬臂梁非常近的金属梁上，这样，两光栅处温度相同，可以有效消除温度对传感器的影响。传感器装配完成后，在壳中充满硅油以消除传感器本振的影响。光纤光栅微震传感器的外壳和解调仪如图 6-2 所示。

图 6-2 光纤光栅微震传感器

B　围岩表面收敛监测

地下硐室的开挖和矿山不断的动态开采，改变了采空区周围围岩的应力状态，是围岩应力的重分布和巷道洞壁应力释放共同作用的结果，使围岩产生了变形，洞壁有不同程度地净空收敛位移，其变化与许多因素有关，如地应力、围岩性状、开挖方式、巷道形状及尺寸、支护方法、施工质量等。

收敛监测主要是依靠收敛计对围岩表面两点在基线方向上的相对位移进行量测。在地质条件、硐室尺寸和形状、施工方法已确定的情况下，由于地下硐室围岩的位移主要受空间和时间两种因素的影响，位移存在时间效应和空间效应，这两种效应可用来判断围岩稳定情况，推算位移速率和终值，可推断出矿柱、采场围岩体发生变形位移的方向以及其稳定性状常规的围岩表面收敛测线的布置方式，如图 6-3 所示，测线测得的数据反映

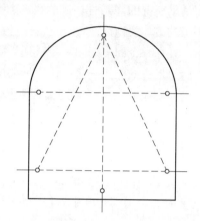

图 6-3　常规的围岩表面收敛观测测线布置图

的是相对两个壁面上两点间的相对位移，反映了两点间的收敛变形规律。

然而由于采空区顶板随时有可能冒落、垫层不稳定等安全原因，大多数采空区已经封闭，很难允许人员进入。在空区内无法安装收敛计等直接测量变形的监测传感器。为了满足无人条件下对采空区矿岩位移情况进行实时的监测，仍需要不断寻找和探索合适的测量仪器和测量方法。激光测距技术在此种情况下应运而生。其工作原理是：激光测距仪采用相位比较原理进行测量。激光传感器发射不同频率的可见激光束，接收从被测物返回的散射激光，将接收到的激光信号与参考信号进行比较，最后，用微处理器计算出相应相位偏移所对应的物体间距离，可以达到毫米级测量精度。其工作原理图如图 6-4 所示。

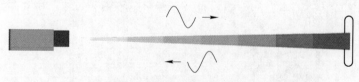

图 6-4　激光传感器监测原理

6.3.1.3　地表位移监测

另外，当井下存在大面积采矿活动，且埋藏不深时，可能影响上覆岩体甚至地表，因此，可以通过地表沉降观测，监测地表沉降变形的速率，一般采用精密

水准仪、经纬仪、全站仪、GPS、InSar卫星遥感等，通过对一系列测点的长期观测，绘制地面沉降曲线，也可以掌握地面沉降变形规律。

A 常规大地测量

常规大地测量是采用经纬仪、水准仪、测距仪、全站仪等常规测量仪器测定点的变形值，其优点是：（1）能够提供变形体整体的变形状态；（2）适用于不同的监测精度要求、不同形式的变形体和不同的监测环境；（3）可以提供绝对变形信息。但野外作业工作量大，布点受地形条件影响不易实现自动化监测。

B 地表GPS测量

为了保证采空区周边建筑物的安全和土地资源的合理利用，防范采空区各类变形引起的危害，采空区影响范围内地表岩移变形监测也是反映采空区稳定性的重要指标。

GPS变形监测主要用于测定水平位移、垂直位移（沉陷）。通常在不受变形影响的地方设置GPS基准站（通过国家精密大地控制网和天文水准测定并转换为WGS84参考坐标下），在监测点合理布置几个位移观测点，然后在各点架设GPS接收机进行接收GPS卫星信号，通过传输网络把各点的GPS数据送到中心服务器结合基准站已知的坐标进行GPS网平差，得出位移观测点的空间三维坐标，两历元（周期）的空间三维坐标之差就是大坝相对水平位移、垂直位移（沉陷）。

C 地面激光三维扫描技术

地面激光三维扫描技术近年在地面变形监测中取得了很好的应用，该技术通过发射红外激光直接测量测点中心到地面点的角度和距离信息，获取地面点的三维数据。激光雷达属于无合作目标测量技术，不需要任何测量专用标志，直接对物体测量，能够快速获取高密度的三维数据。由于三维激光扫描测量受步进器的测角精度、仪器测时精度、激光信号的信噪比、激光信号反射率、回波信号强度、背景辐射噪声强度、激光脉冲接收器灵敏度、测量距离、仪器与被测目标面所形成的角度等的影响，一般中远程三维激光扫描仪的单点测量精度在几毫米到数厘米之间，模型的精度要远高于单点精度，可达2~3mm。

D InSar卫星遥感监测

从20世纪90年代中后期以后，合成孔径雷达干涉测量技术逐渐成熟，应用领域不断扩展，成为SAR应用研究的热点之一。该技术具有测绘带宽、全天候、全天时的特点，可以获取地表高精度的三维信息合成孔径雷达利用卫星沿其轨道的移动，重新精确地构筑（合成）可操作的大型天线，形成数十英尺数量级（1英尺=0.3048m）的高空间分辨的成像能力。在由卫星雷达所生成的典型InSAR图像上，图像单元（像素）的大小可以小到1000平方英尺，大到10万平方英尺，具体取决于如何进行图像处理。

地表位移监测是采空区灾害最基本的监测方法之一，由于其操作简单，误差因素小，灵活性强，地表沉降位移的监测数据可以作为其他各种监测方法的比较和验证的依据。

6.3.1.4　声发射监测

岩石声发射是岩石受力作用时，内部发生变形或局部微破裂产生的弹性波的传播。根据岩石声发射的多少、大小和频率等可以了解岩石变形和破坏过程。

岩石（体）的宏观破坏现象是许多微观破裂的综合表现，岩石发生破坏主要与裂纹的产生、扩展及断裂过程有关，岩石在其微观破裂过程中将产生大量的声发射信息。研究岩石的声发射特征，将有助于岩体工程稳定性的监测和预报。深入研究岩石的声发射特征及其规律，使进一步弄清岩石的破坏机制成为可能，并提出新的强度和断裂判据。

A　声发射监测原理

声发射技术是目前较常用较成熟的地压监测技术之一，声发射法就是以脉冲形式记录弱的、低能量的地音现象。其主要是根据记录到的岩体声发射的参数与局部应力场的变化来评价地压的稳定性。岩石声发射的测试原理为：岩石在受外荷载导致变形的过程中，其内部储存的应变能会以弹性波的形式快速释放，该现象称为声发射（AE）。岩石在载荷的作用下发生破坏，与裂纹的产生、扩展、断裂过程有关，在裂纹形成或扩展时，造成应力松弛，贮存的部分能量以应力波的形式释放出来，从而产生声发射现象，通过对所取岩石的声发射信号分析、研究，可以推断岩石内部的性态变化，反演岩石的破坏机制。

声发射通常用与声发射事件率和幅度能量有关的参数等来描述。最通常用来描述声发射的参数有：（1）累计活动（N）：在某一特定时间内观测到的事件总数；（2）声发射事件数（ΔN）：反映岩体声发射信号多少的特征参量；（3）声发射事件率（NR）：每单位时间（Δt）内观测到的声发射次数（ΔN），是反映岩体声发射信号发生频度的特征参量；（4）声发射幅度（A）：在任一时间内所记录到的每一事件的最大振幅；（5）声发射能量（E）：在任一时间内事件振幅的平方；（6）累计能量（SE）：在某一特定时间间隔内所有事件的发射能的和；（7）能率（ER）：单位时间（Δt）内所观察到的全部事件的声发射能的和。

累计活动和声发射事件率（NR）取决于监听系统的灵敏度和信噪比。幅度（A）、能量（E）、累计能量（SE）与能率（ER）等参数同样取决于监听系统的灵敏度和信噪比，同时也取决于整个监听系统的频率响应。

声发射技术研究在国内矿山工程中的应用始于20世纪70年代初，为研制的单通道便携式的声发射监测系统，对一些矿山危险工程进行了安全监测，预报了大面积地压灾害和采场冒顶。

声发射监测方法可分为两种：（1）流动的间断性监测方法，采用便携式单通道声发射监测仪对某些测点不定期实施监测，根据声发射参数的变化，判断岩体破坏趋势，评价岩体结构的稳定性，预测危险破坏的来临，为安全生产提供可靠的信息，该方法简单易行，仪器设备费用不高，但劳动强度大；（2）连续监测方法，采用多通道声发射监测定位系统，对某一区域实施连续的监测，利用到达各探头的时差和波速关系可确定震源的位置，从而评价、预测岩体的破坏位置，及时掌握地压发展的动态规律，有利于矿山的安全生产，该方法可实现 24h 不间断的连续监测，可及时预测与预报，但仪器设备的费用较高。

声发射是自然界中普遍存在的一种物理现象，是指物体内部局部应变能快速释放而发出弹性波的现象。声发射技术是利用仪器接收从物体内部释放的弹性波，再通过科学分析来确定声源位置、声源性质、释放声源机理及判断声源类型和严重度的实用技术。目前声发射技术能够检测到的声源十分广泛：材料的塑性变形、裂纹的形成和扩展，岩石基复合材料的钢纤维断裂、基体开裂、界面分离、摩擦，坚硬岩石的断裂失稳等。声发射监测系统如图 6-5 所示。

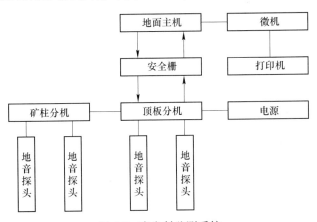

图 6-5 声发射监测系统

声发射是岩体破坏之前发生的一种现象，对其发生频度进行测量，是对稳定性进行监测适用可行的测量方法。通过对其波形分析，可以获得与微小破坏发生位置、规模、破坏机制等有关的信息。这种声发射不仅对地下空间稳定性进行监测，而且对在巷道的何处、采用何种支护提供合理判断。声发射通过测量围岩内部能量的集中和释放、破裂的发生和发展情况，可为预测围岩内部即将发生的破坏提供依据，声是一种最直观的临近破坏的预报手段，其中，以声发射的突然加密和升压模式作为失稳发生的识别依据。

B　声发射技术特点

（1）声发射信号来自活动性缺陷，提供缺陷在各种载荷条件下的不稳定性信息，是一种检测缺陷动态变化和细观损伤萌生和发展的手段。对于那些在载荷作用下不发生变化的稳定缺陷和损伤，声发射技术是无能为力的。因此，声发射检测可以提供结构细观损伤破坏的早期信息，根据声源活性预报结构的强度。

（2）声发射技术可以进行连续检测，得到声源随载荷、温度或时间的变化规律，是分析材料、结构破坏过程的重要参量。另一方面可以利用声发射技术监测结构件在加工、运行过程中内部缺陷活动和发展情况，评定结构的安全可靠。

（3）采用多通道检测技术，可以对大型结构进行整体检测，对活性缺陷进行定位和严重性评定，省时省工，可大大降低检测成本。

（4）声发射技术可以到达人们无法接近或其他无损检测方法无法替代的特点和优势，使得声发射技术在航空、航天、冶金、石化、地质、矿业和建筑等领域得到了广泛的应用。在研究金属材料、复合材料、岩石、混凝土等固体材料破坏过程和损伤机理方面，声发射技术成为最得力的工具之一。

6.3.1.5　微震监测系统

采矿行业中，与岩体破裂相关的矿井灾害如冒顶、突水、冲击地压等发生的原因，主要是对矿山地质灾害规律的认识不足，并且缺乏经济、有效的安全监测手段。上述灾害的发生，并不是孤立存在的，它们在发生前都有一些预兆，微地震（microseismic，MS）就是灾害发生前岩体给出的信息之一。高应力水平下，矿、岩在破坏（如岩爆、隐伏断层激活等）过程中，其内部积聚的势能会以地震波的形式释放并传播，可对应微震事件的发生。微震是矿岩破坏过程的伴生现象，其中包含了大量的围岩受力破坏以及地质缺陷活化过程的有用信息，故通过对微震信号的采集、处理、分析和研究，可以推断矿岩内部的性态变化，预测岩土结构是否在发生破坏，反演其破坏机理。通过在地下岩土工程中布置传感器阵列，可以实现微震数据的自动采集、传输和处理，并利用定位原理确定破坏发生的位置，且在三维空间上显示出来。因此，微震监测技术具有远距离、动态、三维、实时监测的特点，可以根据震源情况进一步分析推断矿岩的破坏尺度和性质，这为研究覆岩空间破裂形态提供了新的手段。

微震与岩石声发射类似，是指岩体介质在受外力作用下，介质中的一个或多个局域源以瞬态弹性波的形式迅速释放其储存的弹性应变能的过程。微震监测技术是在地震监测和岩体声发射监测技术的基础上发展起来的，它在原理上与地震监测、声发射监测技术相同，都是基于岩体受力破坏过程中破裂的声、能原理。但是声发射监测更侧重于岩石或岩体内矿物晶体发生穿晶断裂和沿晶断裂以及胶结物之间的断裂时所释放的弹性波，这类弹性波具有高频低能的特点，容易衰减；地震监测主要是监测大尺度断层突然错动时所释放的弹性波，这类弹性波具有低频高能的特点，不容易衰减；而微震监测则介于这两者之间，主要监测小尺度的岩层、断层或节理裂隙的突然错动或开裂所产生的弹性波。随着传感器技术的进步，现有的微震监测所用的传感器的频率监测范围包含了较大一部分声发射监测的频率范围。

现在微震监测大都是被动监测，它是指在无需人为激励的情况下，通过接收传感器直接监测岩体结构在外荷载（静力或动力）作用下产生破裂（微破裂）过程时所释放的弹性波。也就是说，微震监测系统只需要接收传感器（或拾震器），不需要发射传感器或人工产生震源。它是以监测地下岩体破裂过程为对象，采集破裂释放的微地震波信号，再通过对震源信号的处理分析来评价地下结构的稳定性和安全状况。

矿山微震监测技术的应用已有数十年的历史，目前已有16通道、32通道、48通道和64通道的设备投入使用。信号处理方面，在数据采集与存储、波形识别、排除噪声等方面取得了很大的进展，特别是在波形识别上可以区别不同类型的波（如P波、S波、噪声等），这为提高有用信号的可靠性提供了保障。在矿山地压灾害预报应用方面，主要是通过提高对微震事件的定位精度，实现对地压灾害的预报。目前，定位精度随设备性能的改进和信号识别功能的增强而大为提高。在自动监测和信息远程传送方面，微震数据实现了从"地下"到"地表"的远距离传送，甚至通过调制调解电路送至更远的地方。

目前国外矿山微震监测技术已进入了广泛的应用阶段，成为地下矿山安全监测的基本手段，微震事件的定位精度随着设备性能的改进和信号识别功能的增强而大为提高，微震监测数据实现了从井下到地表的远距离传送，南非、加拿大、澳大利亚等国的微震监测技术已开始用于指导矿山生产决策。

A 微震监测系统简介

微震监测系统总体上由3部分组成，即地表监测站、井下数据交换中心、井下探头阵列，如图6-6所示。井下探头安装在选定的位置，探头与井下交换中心之间用电缆连接。井下交换中心与地表监测站之间以光缆连接。安装调试完成后，探头接收的地震模拟信号经前置放大后由电缆传输到井下数据交换中心，模拟信号在交换中心通过A/D转换变为数字信号，数字信号再由光缆传输至地表监测站内的地震数据采集仪，然后由与地震数据仪相连接的计算机进行实时监测显示，并进行各种分析。

微地震事件的记录可用图6-7表示，M为震源。首先确定可能发生地质灾害点，假如A、B、C、D为测点，分别在巷道中的这4处置放传感器，以测量某一次微地震事件到达该测点的时间。传感器应当与岩体很好地祸合。假定震源到测点的岩层均质，则弹性波的传播速度是一定值，一般在3~5m/ms，可由爆破实测确定。A、B、C、D点到M点的距离不同，因此P波、S波到达A、B、C、D点的时刻也不同，以P波最先到达的点为基点（譬如C点），利用弹性波到达A、B、C、D点的时间差和A、B、C、D点的相对距离，求解一个包含4个未知数的二次方程组，根据实际去掉不合理的根，得到 M 点的位置坐标，从而确定该次微地震事件的地点。

$$\sqrt{(x_1 - a_i)^2 + (x_2 - b_i)^2 + (x_3 - c_i)^2} - V_0(x_4 + \Delta t_i) = 0 \quad (i = 1, 2, 3, \cdots)$$

$$(6-2)$$

式中　　x_i——事件定位坐标和时间（实数）；

　　　　V_0——弹性波的传播速度和时间差；

　　　　Δt_i——弹性波的时间差；

a_i, b_i, c_i——传感器坐标。

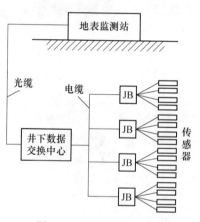

图 6-6　微震监测系统图

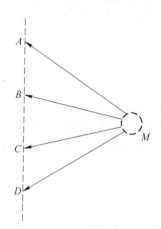

图 6-7　微地震事件的传感器系列

B　微震监测技术在矿山的应用方向

a　岩爆的监测

岩爆常常与高应力条件下采矿或深部采矿有关，在矿山开采中一般称之为冲击地压，它是高应力或深部情况下开采地压灾害最显著的表现形式。利用微震监测技术可以对岩爆进行有效的监测。澳大利亚、加拿大、智利等国的许多矿山都已建立了先进的微震监测系统，对矿井岩爆发生的时间、震源、震级及能量等重要信息进行了完整的、详细的、长期的记录，这些记录为岩爆的预测和预报提供了宝贵的资料。

b　矿柱、采场稳定的监测

矿柱作为支撑顶板保护开采区的手段，在回采或采后是应力和能量转移的介质，同时也是应力和能量积累的场所，当应力集中程度超过其强度值必然会发生破坏，造成矿柱失稳。采场顶板在开挖过程中同样会形成局部应力和能量的集中，当应力集中程度超过岩体强度时，顶板将产生冒落或开裂，使采场失稳，严重影响生产安全。利用微震监测系统可对矿柱、采场进行实时监测，根据微震事件在时间和空间上的分布信息可及时了解掌握应力及能量的转移和集中程度,从而判断矿柱及采场的稳定性情况。

c 地下开挖影响范围、矿岩崩落高度及范围

监测矿山地下工程爆破开挖后的来压时间和影响范围,以及自然崩落法回采矿岩崩落高度和范围是动态变化的,采用常规的监测手段很难监测开挖影响的范围或矿岩自然崩落的情况,而且经济上不合算。微震监测系统则可很好地解决这一问题,采用其定位功能,显示微震事件空间及时间分布,可很清楚地掌握开挖影响范围、崩落高度及范围,从而有助于把握矿岩在各种控制手段(如诱导工程、拉底、放矿控制等)影响下各阶段的崩落特点、发展过程及规律,以便正确指导工程设计与支护。

C 微震监测方法的应用特点

微震监测方法与电磁辐射监测和钻屑法检测相比,具有如下应用特点:

(1)覆盖范围。微震监测适用于全矿井较大范围区域,电磁辐射监测适于工作面区域范围,钻屑法检测适于局部较小范围。

(2)数据采集方式。微震监测为仪器自动采集,电磁辐射监测为人工配合仪器采集,钻屑法检测为人工采集。

(3)受环境干扰性。微震监测和电磁辐射监测易受环境干扰,钻屑法检测不受环境干扰。

(4)适应性。微震监测适于趋势性预报,电磁辐射监测适于近震、临震预报,钻屑法检测适于临震、危险性程度验证。

6.3.1.6 顶板离层监测法

A 顶板离层的概念

顶板离层系指巷道顶板岩层中一点与其上方一定深度岩层中某点的相对位移量,可称其为广义顶板离层。"顶板离层"字面理解为顶板岩层中各分层层面间的相对分离,可称其为狭义顶板离层。广义顶板离层有着更广阔的内含,除包括狭义的"顶板离层"外,还包含顶板岩层弹塑性变形、扩容变形、碎胀变形、折曲变形等。

B 顶板监测目的

(1)对顶板离层情况提供连续的直观显示,发现顶板失稳的征兆,以避免冒顶事故的发生。

(2)监测数据可作为修改、完善锚杆支护初始计数据的依据之一。

(3)在锚杆巷道施工中,如发现某处顶板有较变化或顶板离层指示仪显示顶板离层值较大时,应及时停止巷道掘进,对该处采取加打锚索加强支护。

C 离层位置分析原理

顶板离层基点布置如图6-8所示。

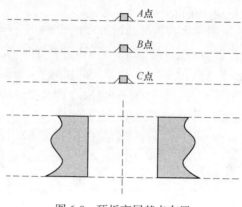

图 6-8　顶板离层基点布置

以两点式离层仪为例，两点式离层仪在监测顶板离层时，离层位置会产生以下几种情况：

（1）离层位置在 A 点与 B 点之间。发生离层时，A 点数据逐渐增大，B 点数据不变，$(A-B)$ 数值逐渐增大。因此，可以把 A 或 $(A-B)$ 作为 A、B 间离层大小的分析数据。

（2）离层位置在 B 点之下。发生离层时，A 点数据逐渐增大，B 点数据逐渐增大，$(A-B)$ 数值不变。因此，可以把 A 或 B 数值作为监测分析数据。

（3）离层位置在 A 点以上。发生离层时，A 点数据不变，B 点数据不变，$(A-B)$ 数值也不变。此种情况，顶板离层仪失效，非常危险。应增大 A 点的固定位置。

（4）离层位置在 B 点上下两处。这种情况下，离层 1 的出现，将造成 A 点数据量增大，B 点的数据不变，$(A-B)$ 的数据将增大；离层 2 的出现，将导致 A、B 两点的下沉量同时增大，$(A-B)$ 的数据为零。若离层 1 处出现相对位移为 S_1，离层 2 处出现相对位移为 S_2，则 A 点产生的相对位移为 (S_1+S_2)，B 点产生的相对位移为 S_2，$(A-B)$ 的数值为 S_1。若 $S_1>S_2$，可能会出现在离层 1 位置整体冒落；若 $S_1<S_2$，则会出现在离层 2 处先冒落，在离层 1 后冒落的分层冒落情况。

从某种意义上讲，巷道围岩范围内的顶板发生离层是绝对的，而不发生离层是相对的，特别是相对于浅基点的锚固范围之内的顶板产生离层更是不可避免。人们监测顶板离层的目的不是要阻止顶板离层的发生，而是要确定一个合适的顶板离层临界值的大小。通过监测顶板离层是否达到该临界值，来判断巷道顶板是否有发生冒顶的可能、巷道的支护设计参数是否合理、巷道是否需要加强支护等。

6.3.1.7 电磁辐射监测

A 监测原理

在掘进或回采过程中，围岩原有力学平衡状态被打破，应力重新分配，围岩体向新的平衡状态转化。转化期间岩体必然要发生变形或破裂，岩材料的破裂一般呈张拉或剪切形式。岩体的裂纹扩展时，处于裂纹尖端表面区域中在诱导极化作用下积聚大量正负电荷，裂纹尖端表区域的扩展运动、电荷的迁移过程以及破坏停止，正负电荷的快速移动和聚集过程均会伴随电磁辐射效应，岩体剪切摩擦过程微观上是破坏过程，同样也会伴随电磁辐射效应。电磁辐射信息综合反映了岩爆等动力灾害现象的主要影响因素，电磁辐射强度主要反映了岩体的受载程度及变形破裂强度，脉冲数主要反映了岩体变形及微破裂的频次。

电磁辐射强度与岩体的应力状态有关，在岩体松弛区域，应力较低，电磁辐射信号较弱，且变化较小；在应力集中区，岩体的变形破裂过程较强烈，电磁辐射信号较强，频率较高。岩体的应力集中程度越高，发生冲击矿压的危险性就越大。因此通过监测岩体的电磁辐射信号强弱及其变化可以预测岩体的冲击危险程度，从而实现岩体冲击矿压的监测预报。

电磁辐射强度与载荷有很好的一致性。随着载荷的增加，电磁辐射强度增加，载荷强度越大，电磁辐射强度也越大。发生岩爆以前，电磁辐射强度一般较小，而在冲击破坏时，电磁辐射强度突然增加。因此通过监测岩体的电磁辐射信号强弱及其变化可以预测岩体的冲击危险程度，从而实现岩体冲击矿压的监测预报。

岩爆的发生从时间上可分为准备、发动、发展及结束4个阶段。预测岩爆就是要在其准备及发动阶段，根据前兆信息判断岩爆的危险程度。根据现场统计实验得出：电磁辐射和岩体的应力状态相关，应力越大时电磁辐射信号就越强，电磁辐射脉冲就越大，发生岩爆的危险性也越大。

B 电磁辐射法的特点

采用电磁辐射法预测预报岩爆的过程中，电磁辐射信息的接收比较简单，不打钻，大大减少了工作量，节约了大量的人力、物力；基本不受人工等外界干扰，准确性高，所用时间短，不影响采掘速度，提高了生产效率，带来了显著的经济效益。

6.3.1.8 超声波测试

岩石介质超声波测试技术是通过测定超声波穿透岩石（体）后超声波信号的声学参数（超声波波速、衰减因数、波形、频率、频谱、振幅等）的变化，了解和计算岩石（体）的物理力学特性及结构特征。与静力学方法相比，超声波测试技术具有简便、快捷、可靠、经济及无破损等特点。因此，该技术引起了岩土工程界的广泛重视，如地球物理勘探中应用声波波速测井、声波幅度测井和声波全波列测井；水利部门应用超声波测试技术评定大坝的稳定性；矿山用超声波探测技术来确定围岩松动圈的大小，为巷道稳定性分析和支护方式的选择提供依据等。

　　A　测试方法

　　目前在巷道内用超声波检测围岩松动圈范围较常用的方法有 2 种：单孔测试法和双孔测试法。

　　单孔测试法就是在待测的巷道断面上确定测试点后钻孔，孔的深度可根据现场的情况而定。然后将圆管状声波探头置入钻孔内，孔内注满水以使探头与孔壁岩体有良好的祸合。逐点测试，直到各个测点测试完毕。

　　双孔测试法就是在待测的巷道断面上打两个平行的钻孔，孔距 1~3m，然后将两只圆管声波探头（一个为发射探头，另一个为接收探头）分别置于两个钻孔底部，在测试时使两探头同步沿钻孔轴向往外逐步移动，保证两个探头始终处在同一深度。

　　采用单孔法进行测试可减少钻孔工作量，且测试操作过程简单，易于掌握。而双孔测试法，两个探头的平行度（同步）不容易掌握，造成测试误差大的概率高。

　　B　测试原理

　　单孔声波测试探头示意图如图 6-9 所示，测试原理如图 6-10 所示。

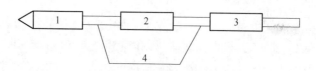

图 6-9　单孔声波测试探头

1—发射探头 F；2—接收探头 S1；3—接收探头 S2；4—隔声连接管

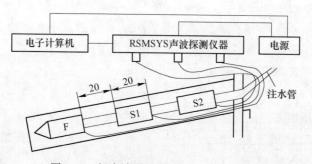

图 6-10　超声波测试原理图（单位：cm）

用钢管把发射探头 F 和接收探头 S1、S2 置入钻孔底部，用注水管向孔内注满水，声波仪输出的电能由发射探头 F 转换成超声波发射出去，经水祸合，在孔壁周围岩体内产生的纵波沿钻孔轴向传播，接收探头 S1 和 S2 依次接收岩体内传来的经水耦合的纵波，然后把接收到的声波转换成电信号传输到声波仪，由声波仪进行放大、滤波、整形处理后输入电子计算机。在电子计算机中用 RSMSYS 声波测试程序对测量结果进行记录、存储，并生成 VP-L 曲线图。由 VP-L 曲线图可以直接看出声波速度变化情况，再结合现场地质资料就可以判断出巷道围岩松动圈的范围。

6.3.1.9 空区水害监测

在采矿过程中，由于底板或断层应力场发生了变化，承压水的入侵高度沿断层带或破断的底板向上发展产生递进导升现象，以致造成突水。因此，突水过程具有岩体应力、渗透性变化，水压升高，涌水量增大等一系列前兆。这些前兆是突水预测、预报的依据，通过传感器对应力、水压的变化幅度等信息进行分析处理，来反演突水区域，进而计算突水点的位置。底板或陷落柱突水监测预警系统的基本工作流程是：物探确定矿层底板水文地质异常区，在工作面底板薄弱的部位施工若干钻孔，在预定的位置，按照特定的工艺埋设传感器，监测底板特定位置的温度、水压、特征例子、应力、应变（对于底板突水预警）或断面位移、渗透压力、特征例子（对于陷落柱），将传感器与数据采集发射器连接，连接地面测控中心，实时监测、数据处理、水情预警，远程中心监测。

目前国内矿山主要采用抗地电干扰的瞬变电磁仪、红外探测仪、三维高分辨率目标地震勘探仪，综合物探、地震波真反射超前预报和超前钻探法等综合方法探测突水点，主要工作还是围绕应力、水压等信息的变化对高压富水区、导水断层和岩溶陷落柱进行探测，缺乏对岩体破坏突水通道形成过程的动态监测和预报监测。

6.3.2 地压监测系统设计

6.3.2.1 安全监测的必要性

过去矿工仅凭经验来判断事故征兆，其中敲帮问顶就是较常用的方法。随着科技的不断进步，判断事故征兆的手段不断得到改进，逐步由经验法向科学预测方法转变，如探地雷达、应力监测仪、火灾预警系统、射频发送跟踪系统、3D动态空区激光监测系统、微震监测系统等在井下事故预测及井下救援等都得到了较好的应用。

采用上述仪器系统并结合无线数据传输技术、计算机网络技术、数据库技术、通信技术、自动控制技术、自动检测技术，通过设在井下各采掘工作面、机房硐室、进风巷道、采空区观测点的传感器，对围岩应力、围岩与顶板变形及位移等进行实时动态的监控并即时将现场实测数据信息发至地表，一旦发现井下异常状况，及时发出警报，并令工作地点的人员停止作业，迅速撤离出危险区域。

矿山采空区系统是一个非线性复杂系统，并始终处于动态不可逆变化之中。

因此，要对它的力学行为进行预测与控制，必须借助于先进的监测技术和信号分析手段。由于采空区所处环境的特殊性，必须采用数字化过程监测与监控，以便随时了解地质条件的变化、围岩的动态以及支护结构的可靠性。

6.3.2.2　监测系统选择原则

A　选择原则

选择监测系统必须坚持以下原则：

（1）敏感性原则。通过对石灰石矿山发生顶板大面积冒落事故的调查发现，事故的发生有隐蔽性和突发性。但任何事故的发生都有不易被人们注意到的前兆信息，如矿柱或顶板的应力变化、位移变化等。通过对顶板大面积冒落事故前兆信息的研究，选择的监测系统必须对顶板大面积冒落事故前兆信息敏感，能准确地反映顶板和矿柱的应力和位移变化情况，为安全放顶提供可靠的监测信息。

（2）有效性原则。石灰石矿山的采空区的规模较大，一般性的监测仪器只能对局部或采掘工作面进行间断性监测，不能满足大范围、全天候、适时连续监测。为了对放顶及其相邻作业面及相邻采空区进行有效的监测，必须选择有效的监测设备和监测系统。

（3）安全性原则。在处理的过程中，由于放顶崩柱对采空区的扰动，采空区的应力状态必然发生较大的变化，为了减少监测和作业人员在危险区域的暴露时间，选择的监测系统必须坚持安全的原则。

（4）经济性原则。石灰石矿山产品的价格不高，利润低。在满足选择的监测系统敏感性、有效性、安全性的前提下，尽量采用经济实用的监测设备。

B　监测系统选择

通过实验室研究表明，石灰石矿石的性质决定了顶板断裂对声发射或电磁辐射不敏感。微震监测系统有效性和安全性好，并能定位顶板断裂的具体位置，但费用高。通过上面的分析，综合考虑各种因素，能够同时满足敏感性、有效性、安全性、经济性的单一的监测设备只有顶底板动态在线监测系统。

6.3.2.3　监测系统设计

A　现场调查

现场调查要考虑各种失稳控制因素、采区顶板稳定性特征以及以往的经验。

主要因素有：（1）地质状况，包括构造地质、水文地质、工程地质等；（2）采矿概况，包括采矿方法、矿体埋深、采场结构、爆破方式等；（3）地压现状，针对某个采区要具体分析其应力状态、岩体结构、岩性、岩石的物理力学性质，地下水、爆破震动的影响，采场暴露面积和时间等。监测地点选择正确，能够及时对顶板冒落实施预测预报。一般选择顶板状态差的地段作为监测对象,同时划分重点监测地段和一般监测地段。重点监测地段为层理节理裂隙发育、矿岩破碎、采场跨度大、岩层表面有"剥皮"现象、支护有明显破坏、暴露时间较长等地方。

B 地表监测系统

认识地表移动这一复杂过程,目前的主要方法是对与开采沉陷有关的宏观地质裂隙、塌陷、相对错动等的观察及测量。而更为系统、精确的方法是设置长期、固定的观测点,利用红外测距仪、水准仪、全钻仪或 GPS 测量各点的位移。通过观测获得大量的第一手资料,然后对这些资料进行综合分析,找出各种因素对移动过程的影响规律,再将这种规律运用到解决开采沉陷问题的实践中去,使之进一步完善与深化。

为了进行实地观测,必须在开采进行以前,在选定的地点设置开采沉陷观测站,即在开采影响范围内的地表或其他研究对象上,按一定要求设置的一系列互相联系的观测点。在采动过程中,根据需要定期观测这些测点的空间位置及其相对位置的变化,以确定各测点的位移和点间的相对移动,从而掌握开采沉陷的规律。按普通矿山测量方法,采用红外测距仪、水准仪、全钻仪或 GPS 测定试验研究区域内各测点高程,根据测点沉降变化,分析和判断采动影响。

观测线由位于同一直线上的控制点和工作点组成,控制点布设在采动影响区域之外,工作点设置在地下采动影响区域内,每条观测线至少设两个控制点,控制点至第一个工作点的距离和控制点间的距离为 50~100m,工作测点的间距一般为 15~35m,具体视采动影响范围而定,且测点位置应考虑到观测方便与观测人员安全。观测线的条数取决于监测范围的大小,一般沿矿体走向和垂直矿体走向布置若干条。在采动影响区域内具有特征性的部位应设专门的观测点进行监测,当发现某些观测点有移动时,可在这些观测点的上、下、左、右增设观测点,以便准确确定移动范围。

C 井下监测系统

井下监测系统由井下遥测系统和常规监测共同组成。遥测系统作为主要监测手段,常规监测作为辅助方法,主要有巷道围岩收敛监测及声波测试。试验前期进行常规监测,其数据可作为遥测系统的校验,其后可适当放宽测量时间间隙。两套监测系统共同使用可提高监测的可靠性,确保监测结果的精度。

(1) 井下遥测系统。遥测是指将对象参量的近距离测量值传输至远距离的测量站来实现远距离测量的技术。它是利用传感技术、通信技术和数据处理技术的一门综合性技术。

遥测主要用于集中检测分散的或难以接近的被测对象,如被测对象距离遥远、所处环境恶劣或处于高速运动状态。

(2) 巷道围岩收敛监测及声波测试。巷道围岩收敛监测的原理是测量在恒定张力作用下不同时刻两点间的距离，它由穿孔的钢卷尺、测量微小位移的千分尺、测量钢卷尺张力的测力钢环、张紧装置、球状铰及框架等组成。利用张紧装置，调整钢卷尺张力，当其张力达到一定值时，从钢卷尺和千分表读出两点间的距离。收敛监测可以测量进路壁表面两点的相对变形，两帮之间的变形，顶、底板之间的相对变形等。声波测试的基本原理是用人工的方法在地下巷道围岩中激发一定频率的弹性波，这种弹性波以各种波形在介质中传播并由接收仪器接收，通过分析研究接收和记录下来的波动信号，来确定围岩的松动圈范围。

通过对坍塌采场的实地调查和数值模拟，分析缓倾斜薄层状围岩变形破坏发展机理，发现常规的巷道变形监测方法并不适用于该矿缓倾斜薄层状巷道围岩，在充分考虑了其围岩与一般巷道围岩状态不同的这一重要特征的情况下，改进了常规的变形监测网设计方案，进行了巷道围岩收敛监测和围岩松动圈声波测试两项变形监测。

（1）改进的变形监测网设计方案及理论依据。

1）改进的巷道断面收敛监测方案设计及理论依据。

常规的围岩表面收敛测线的布置方式如图6-3所示，测线测得的数据反映的是相对两个壁面上两点间的相对位移，反映了两点间的收敛变形情况。如果在石灰石中仍然这种测线布置，那么在巷道两壁上反映的是不同岩层下的两点相对变形，无法准确分析缓倾斜薄层状岩体中巷道的变形规律，所以，应改进常规的监测网布置方式。考虑到石灰石缓倾斜矿岩下的巷道断面尺寸特性，设计了如图6-11所示的测线布置方式，重点了解巷道顶底板之间变

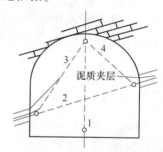

图6-11　改进后的围岩收敛测线布置图
1—顶底板测线；2—软弱夹层测线；
3—巷道软弱夹层左侧至顶板测线；
4—巷道软弱夹层右侧至顶板测线

形和沿软弱夹层矿柱剪切滑动变形。顶底板测线布置方式没有做太大的改动，但巷道两壁上的测线采用了与岩层方向基本平行的布置方式，且该测线在巷道左壁上的测桩埋在位于1.4m高处的软弱夹层上面的岩层内，右壁上测桩埋在软弱夹层下面的岩层内，这样对该测线进行周期性测量就可以充分了解到矿柱沿软弱夹层的剪切滑移量大小。

2）改进的围岩松动圈声波测试方案设计及理论依据。

声波的波速随介质裂隙发育、密度降低、声阻抗增大而降低，随应力增大而增加。利用这一特性，测得的声波波速高则说明围岩完整性好，波速低说明围岩存在裂缝，有破坏发生。测出距离围岩表面不同深度的岩体波速值，作出深度和波速曲线，然后再根据有关地质资料可推断出被测试巷道的围岩松动圈厚度。常

规的围岩松动圈声波测试的测孔布置，测孔所得到的 VP-L 曲线反映了均质巷道因开挖变形形成的松动圈厚度。

岩体呈现各向异性的特性，因此岩体介质中传播的超声波也呈现方向性，对于各向异性的岩体，由于要获得特殊方向上的波速，从而给实际工程中的波动测试带来困难。倾斜薄层状岩体的层理结构面及其层间充填物导致岩体声阻抗的差异性，使得声波在其中的传播具有明显的方向性。当超声波纵波横穿层理结构面传播时，产生了反射和折射，衰减较快；层数越多，衰减越快。加之超声波纵波横穿层理时，层理结构面起了横向导波、纵向阻波作用，因而增加了纵波在该岩体内的传播时间，波速减小。当弹性波平行层理结构面传播时，由于层理结构的岩性较单一，波的传播只受该类岩性控制，因而纵波在该岩体中传播的时间较短，波速变化较小。层状围岩的声波速度的各向异性，构成倾斜薄层状岩体中改进声波测孔布置方式的理论依据。

石灰石矿如果继续采用常规的声波测孔布置方式，测孔所得的 VP-L 曲线除了反映一般巷道开挖岩体松动变形外，同时携带了微节理和厚度不等的软弱夹层的声波特性，造成测孔 VP-L 曲线分析困难，无法准确确定松动圈范围。为了能从测孔 VP-L 曲线中确定合理的松动圈范围，必须克服因微节理和厚度不等软弱夹层带来的不良影响。测试中在巷道壁上采用与岩层一致的测孔布置方式，在巷道顶底板上采用与岩层方向垂直的测孔布置方式。

（2）现场测试成果。

声波测试采用超声波非金属测试仪，用单孔一发双收测试法，实测孔深 3～4m，孔径 50mm，孔内注满水。测试时将探头一次送到孔底，由里往外逐点（每次外抽 200mm）进行测量，并不断往孔内注水以保证传感器与孔壁岩体良好祸合。

现以石灰石矿 7 号矿二分层的 1 号进路的 3 号断面巷帮测孔和底板测孔的测试数据为例，来对倾斜薄层状岩体中的巷道围岩松动圈进行分析，经折算可得巷帮围岩松动深度约 1.5m，底板松动约 1.0m。表明巷帮受爆破震动、开挖卸荷等因素影响所形成的松动范围较大；矿房下方完整石灰石矿段的破坏范围较小。

巷帮围岩的声波速度的变化较平缓，反映了波的传播只受这一层岩体所控制；底板岩体的声波速度有规律地反复变化，反映了结构面层理以及泥质夹层的声阻抗作用比完整石灰石矿层的大。正是由于岩体的各向异性，导致爆轰波传播的不均衡性，从而使巷道底板松动范围比巷帮松动范围小。

7   基于 BIM+GIS 石灰石智慧地下矿山建立

智慧矿山是我国矿山（也是石灰石地下矿山）建设发展的最新目标，目前我国地下矿山信息化建设主要以矿山管理及安全信息化为主，初步完成矿山部分业务领域的数据采集、分析等功能，但从发展进程来看仍处于较为初级的建设阶段。地下矿山智能化主要体现在以下几个方面：

（1）地下矿山自动化装备及自动化系统的大范围应用，例如地下矿山作业环境的动态感知，采掘、运输设备的自动化作业与智能化维检，全工艺系统环节的大数据采集与分析。

（2）生产设计与矿山工程施工的一体化管控，例如自动化辅助设计软件的应用确保了生产设计的最优化，施工计划的自动生成、指令推送及智能化作业引导系统又严格确保了设计的精准化实施。

（3）信息化数据链的集成、数据处理和决策，例如矿山生产过程中人、财、物等生产要素的大数据分析等技术确保了矿山生产高效、快速的信息化管理。

目前，我国矿山信息化、自动化发展逐步完善，矿山智能化建设正在起步阶段，对于矿山智慧化建设所遇到的诸多关键性问题，国内外学者开展了大量而又深入的研究，早在 20 世纪末，李仲学就提出了面向知识经济与可持续发展的矿业观，要求矿业界必须全面加强技术创新，要采用智能化等新技术加速从劳动密集型产业向技术密集型产业发展。

诸多学者在 21 世纪初结合当时信息化发展状况对数字矿山定义内涵、特征、框架与关键技术及应用等做了详细分析，基于当前数字矿山技术发展现状，结合生产系统智慧化特征及要求，给出了智慧矿山概念及内涵：将物联网、云计算、大数据、人工智能、自动控制、移动互联网、机器人化装备等与现代矿山开发技术融合，形成矿山感知、互联、分析、自学习、预测、决策、控制的完整智能系统。到 2025 年，实现矿山单个系统智能化向多系统智慧化发展，建立智慧生产、智慧安全及智慧保障系统的基本运行框架，初步形成空间数字化、信息集成化、设备互联化、虚实一体化和控制网络化的智慧矿山第二阶段目标。实现矿井开拓、采掘、运输、安全保障、生态保护、生产管理等全过程智能化运行，资源开发利用水平显著提高，矿山职业健康和工作环境根本改善，矿山生态恢复和保护全面实施。毛善君、谭章禄等人对建设智慧矿山中涉及的关键技术，如物联网、大数据等研究方向进行了战略思考和探讨。但以前研究只是从智慧地下矿山含义的确定、关键技术研究、总体框架研究、单一系统单元上做了较为深入的研究，未从全局角度对智慧矿山进行总体规划，尤其从未针对我国地下矿山智慧化建设进行研究与架构设计。

地下矿山是一个复杂的大系统，最显著的特点是业务层次多、业务系统结构复杂。智能化升级是大系统各组成环节全面升级转型的过程，升级的目标也不仅体现在单台设备、单个环节上，更主要的体现在跨设备、跨工艺环节、跨工艺系统、跨业务范畴的信息共通共享、高效利用上。因此为了确保科学、系统、有序地开展智慧地下矿山建设，需要全面系统地对智慧化地下矿山理论、技术、建设总体方案做出详细的规划与研究。

7.1 智慧矿山的内涵研究

7.1.1 智慧矿山内涵分析

中国智慧矿山联盟在 2012 年提出智慧矿山的定义，将智慧矿山定义为：智慧矿山就是对生产、职业健康与安全、技术和后勤保障等进行主动感知、自动分析、快速处理的无人矿山。其本质是安全矿山、高效矿山、清洁矿山，矿山的数字化、信息化是建设的前提和基础。智慧矿山的显著标志就是"无人"，就是开采面无人作业、掘进面无人作业、危险场所无人作业、大型设备无人作业，直到整座矿山无人作业。

吕鹏飞等人认为智慧矿山是基于物联网、云计算、大数据、人工智能等技术，集成各类传感器、自动控制器、传输网络、组件式软件等，形成一套智慧体系，能够主动感知、自动分析，依据深度学习的知识库，形成最优决策模型并对各环节实施自动调控，实现设计、生产、运营管理等环节安全、高效、经济、绿色的矿山。

李梅等人认为智慧矿山是指将云计算、物联网、虚拟现实、数据挖掘等新技术结合起来，实现矿山生产流程的智能化决策和管理的过程。

霍中刚等人认为智慧矿山是采矿科学、信息科学、人工智能、计算机技术和3S（地理信息、定位、遥感）技术发展与高度结合的产物，智慧矿山的本质是建设安全矿山、高效矿山、清洁矿山。

徐静等人认为智慧矿山是一项复杂的系统工程，它是矿山工程与先进的科学技术、管理理念、管理方式和管理手段，以及与 3G 移动互联网、光纤网络（FTTH）、物联网、云计算等新一代信息技术紧密结合的产物。

雷高认为智慧矿山是以互联网和物联网为主要载体的现代矿山建设的总称，依托实时矿山测量、GPS 实时导航与遥控、GIS 管理与辅助决策和 3DGM 的应用，是对矿山当前问题的一种积极的解决方案。

张旭平等人认为在矿山物联网基础上，结合多网融合技术、智能融合分析技术等先进技术，利用云计算和超级计算机实现对海量数据的整理和分析，完成矿山生产网络内的人员、机器、设备、物资、信息等的自动管理和控制，构成智慧矿山。

卢新月等人认为智慧矿山，是建立在矿山数字化基础上能够完成矿山企业所有信息的精准适时采集、网络化传输、规范化集成、可视化展现、自动化操作和智能化服务的数字化智慧体。

本书认为智慧矿山是在物联网、云计算的基础上进行的分析管理，而且包含更多的建设管理内容和更丰富的系统，以实现矿山建设的全寿命周期的管理数据分析和电子档案资料储存，并达到矿山在 BIM 和 GIS 平台中的全过程应用管理的目标。

7.1.2　智慧矿山概念补充

传统的智慧矿山研究侧重于生产技术层面，侧重于智慧设备、采掘机械的研发，使得整个矿山的各个方面都在智慧机器人和智慧设备下操作完成，以实现生产的安全、高效、清洁。从管理层面讲，智慧矿山的建设管理也应当是智慧化的，并且当前石灰石矿工程管理水平已经成为制约石灰石矿产能的重要因素。BIM 及 GIS 等大数据设计管理平台在建筑工程很多专业领域已经有了成熟应用，以及企业信息化集成管理系统得到了迅速发展，都为矿山的管理智慧化提供了基础，BIM+GIS 在智慧矿山建设管理中逐渐运用发展将是必然趋势。在当前阶段智慧矿山中的定义应当增加智慧矿山管理层面的内容。

本书给出的智慧矿山的补充定义为：智慧矿山就是对生产、职业健康与安全、技术和后勤保障等进行主动感知、自动分析、快速处理以及在建设、生产全流程中运用智慧化手段进行集成化管理的无人矿山。

7.2　智慧矿山系统构成研究

7.2.1　生产系统构成分析

矿山技术发展在大体经历了原始阶段、机械化阶段、数字化阶段、信息化阶段后，正快速迈向智慧化阶段，具有明显的阶段性，如图 7-1 所示。当前，智慧矿山生产系统主要分为 3 个子系统，如图 7-2 所示。

智慧生产系统：包括智慧主要生产系统和智慧辅助生产系统，智慧主要生产系统包括开采工作面的智慧化和掘进工作面的智慧化，对于石灰石矿而言，就是以无人值守技术为代表的智慧开采区和无人掘进工作面。智慧开采工作面可分为：智慧开采无人工作面系统、智慧充填开采工作面系统、智慧任务爆破开采工作面和智慧无人机械开采工作面。智慧辅助生产系统就是以无人值守为主要特征的智慧运输系统（含有皮带运输和辅助运输）和智慧提升系统、智慧通风系统、智慧调度指挥系统、智慧通信系统等。

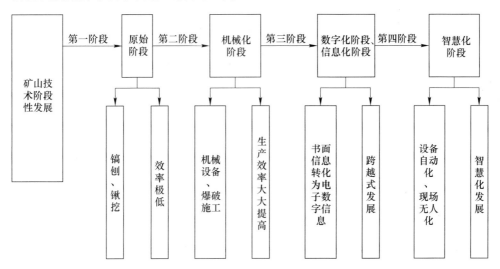

图 7-1 矿山技术阶段性发展路线

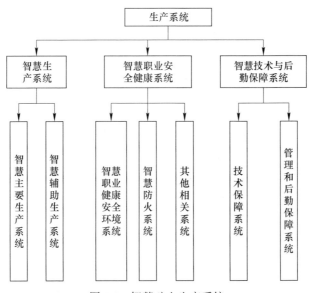

图 7-2 智慧矿山生产系统

智慧职业安全健康系统：近年来，我国矿山安全水平获得了巨大提高，安全管理目标也从"减少事故、减少死亡"，提高到"洁净生产，关爱健康"的高度；从对职工生命安全的关注上升到对职工健康、幸福的关爱。矿山的职业健康与安全包含环境、防火、防水等多个方面且子系统众多，主要包含的子系统为：智慧职业健康安全环境系统、智慧防火系统、智慧爆破监控系统、智慧洁净生产监控系统、智慧冲击地压监控系统、智慧人员监控系统、智慧水患监控系统、智慧视频监控系统、智慧应急救援系统、智慧污水处理系统等。

　　智慧技术与后勤保障系统：为了石灰石矿生产安全提供技术保障和支持的系统，称为保障系统。保障系统分为技术保障系统、管理和后勤保障系统。智慧技术保障系统是指地、测、采、掘、机、运、同、调度、计划、设计等的信息化、智慧化系统等。

7.2.2　决策系统构成分析

　　OA 指的是办公自动化，它利用技术手段来提高办公的效率，进而实现办公的自动化处理。采用 Internet/Intranet 技术，基于工作流的概念，使企业内部人员方便快捷地共享信息，高效地协同工作；改变过去复杂、低效的手工办公方式，实现迅速全方位的信息采集和信息处理，为企业的管理和决策提供科学依据。OA 系统在石灰石矿工程中的应用已经日趋成熟，通过 OA 系统建立了企业统一的通信基础平台和统一的信息发布平台，实现了移动办公和学习痕迹保留，规范了员工日常行为考核制度。OA 系统作为智慧矿山的决策系统已经被广泛运用，并发挥了良好的决策管理效果，简化了办公流程，应当将其作为智慧矿山系统的补充，嫁接到智慧矿山系统中，智慧矿山决策系统构成如图 7-3 所示。

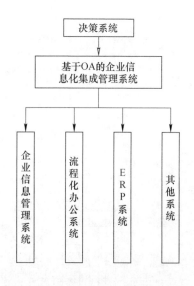

图 7-3　智慧矿山决策系统

7.2.3　建设管理系统构成分析

　　智慧矿山建设管理系统主要指的是基于 BIM+GIS 的智慧矿山建设管理系统，本节主要实现其体系构建，系统有待后续开发。建设管理系统主要针对石灰石矿工程建设全寿命周期各阶段形成的管理内容、成果内容、文件格式和授权等进行集成化的管理，并将其按照管理内容的不同，划分为 3 个子系统：全过程建设管理系统、生产建设过程授权系统、全过程建设成果管理系统，智慧矿山建设管理系统构成如图 7-4 所示。

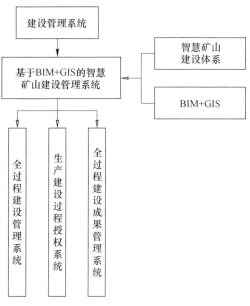

图 7-4 智慧建设管理系统

7.2.4 智慧矿山系统构成分析

传统的智慧矿山侧重于生产技术层面的内容，即智慧生产系统、智慧职业安全健康系统和智慧技术与后勤保障系统。在一定的阶段内，切实促进了石灰石矿行业的发展，但是随着智慧矿山的不断发展，生产技术已经不是制约智慧矿山的决定性因素，限制石灰石矿产能的因素已经由智慧矿山生产技术逐步转向管理层面。在原有 OA 系统上形成具有集成嵌套功能的 COA 系统，将安全监测系统、人员定位管理系统、安全生产标准化信息系统、地质水害在线监测系统、供应链系统（ERP）、客户关系管理系统（CRM），以及基于 BIM+GIS 的智慧矿山建设管理系统进行集成嵌套，最终实现较为完整的智慧矿山系统创建。技术层面和管理层面的各系统之间通过 COA 平台实现信息传递和共享。智慧矿山系统如图 7-5所示。

基于 BIM+GIS 的智慧矿山建设管理系统是基于 BIM+GIS 的智慧矿山建设体系基础上形成的管理系统，本系统能够实现石灰石矿工程在设计、施工、运营过程中的全过程管理，配合 COA 平台实现石灰石矿工程建设过程的大数据共享，提高建设管理中的决策质量，实现动态控制。其子系统能实现不同的管理目标和内容：全过程建设管理系统解决了"各阶段完成什么样的工作内容"的问题；生产建设过程授权系统解决了规范矿业工程建设管理流程以及"各阶段内容谁负责"的问题；全过程建设成果管理系统解决了"各阶段工作内容怎么交"的问题。

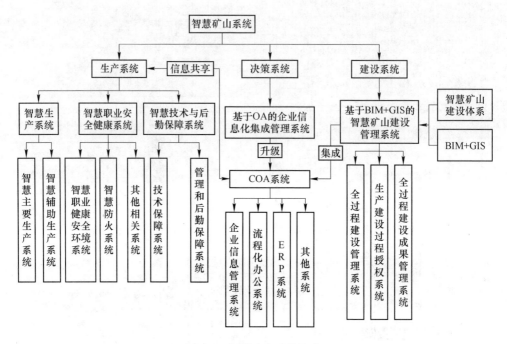

图 7-5   智慧矿山系统构成

7.3   智慧地下矿山建设原则

7.3.1   智慧单元—智慧系统—智慧大系统建设原则

地下矿山是一个复杂的大系统，最显著的特点是业务层次多、业务系统结构复杂。地下矿山的智能化必然是地下矿山八大系统各组成环节全面升级转型的过程，升级的目标也不仅体现在单台设备、单个环节上，更主要的体现在跨设备、跨工艺环节、跨工艺系统、跨业务范畴的信息共通共享、高效利用上。因此为了确保科学、系统、有序地开展智慧地下矿山建设，有必要按照系统的递阶式层级将整个智慧矿山系统划分为智慧单元、智慧系统和智慧大系统等 3 个层级，具体如下所示。

（1）智慧单元层级。智慧单元是具有不可分割性的智慧地下矿山最小单元，其本质是通过软件对物理实体及环境进行状态感知、计算分析，并最终控制到物理实体，构建最基本的数据自动流动的闭环，形成物理世界和信息世界的融合交互。同时，为了与外界进行交互，智慧单元应具有通信功能。智慧单元是具备可感知、可计算、可交互、可延展、自决策功能的智慧地下矿山最小单元。例如一台运输车辆上实现定位功能的软硬件，就构成最小的智慧单元。

（2）智慧系统层级。在智慧单元的基础上，通过网络的引入，可以进行多个智慧单元的相互通信、协同配合，构成智慧系统，例如电机车调度系统。智慧系统可实现更大范围、更宽领域的数据流动，实现了多个智慧单元的互联、互通和互操作，进一步提高生产资源优化配置的广度、深度和精度。智慧系统基于多个智慧单元的状态感知、信息交互、实时分析，实现了局部生产资源的自组织、自配置、自决策、自优化。在智慧单元功能的基础上，智慧系统还主要包含互联互通、即插即用、边缘网关、数据互操作、协同控制、监视与诊断等功能。

（3）智慧大系统层级。在智慧系统的基础上，通过构建智能服务平台，实现覆盖生产、管理、经营销售等诸多系统之间的高效协作，构成智慧地下矿山大系统，例如涵盖凿岩、爆破、采掘、运输、排弃、检修、财务、管理、安全、销售、设计等大型服务平台。

智慧大系统主要实现数据的汇聚，从而对内进行资产的优化和对外形成运营优化服务，其主要功能包括：数据存储、数据融合、分布式计算、大数据分析、数据服务，并在数据服务的基础上形成了资产性能管理和运营优化服务。智慧大系统可以通过大数据平台，实现跨系统、跨平台的互联、互通和互操作，在全局范围内实现信息全面感知、深度分析、科学决策和精准执行。这些数据部分存储在智慧地下矿山智能服务平台，部分分散在各组成的组件内，对于这些数据进行统一管理和融合，并具有对这些数据的分布式计算和大数据分析能力，使这些数据能够提供数据服务，有效支撑高级应用的基础。

7.3.2　数字化—自动化—智能化建设原则

近年来智能化技术的快速发展，在传统产业不断发生融合，产生了一批新的智能设备、感知形式和联网方法，为基础工业的发展与变革起到了显著的促进作用，总结"智能设计、智能生产、智能服务、智能应用"等工业领域发展升级过程应用案例（见图7-6），可以归纳得出以下结论：智能化技术通过构建"状态感知、实时分析、科学决策、精准执行"的闭环体系，实现了各应用场景中系统生产效率的显著提升。

数字化　　　　　　　自动化　　　　　　　智能化

图 7-6　基础工业领域智能化升级的基本原则

例如资源开采基础行业的生产运营中，普遍由"人、机、环、管"4 大要素组成，然而传统生产模式中的人员不可控，环境难以预测，管理难度大，所以造成生产设备的操作、监测、管理等极为不便。此外，因设备与设备之间的不能通信而造成生产过程缺乏协同性，从而出现设备闲置或设备不足的现象，造成生产资源及生产能力分配不合理和浪费。

如果通过不确定性因素的"数字化"，进而实现生产作业过程的"自动化"甚至"智能化"，从而构建开采过程中"状态感知、实时分析、科学决策、精准执行"的闭环体系，即可解决设计、生产、管理、经营过程中的复杂性和不确定性问题，就可以提高资源配置效率，实现资源优化。

考虑到当前对"数字化—自动化—智能化"准确含义及其相互关系的理解和把握不尽统一，有必要结合地下矿山特点，在智慧地下矿山建设时，对于各定义与概念作出准确的描述。具体如下：

（1）数字化。数字化是计算机、多媒体技术、软件技术、智能技术发展的基础，也是信息技术体系的基本组成之一。"数字化"侧重数据的采集与量化，主要实现物理状态的感知，地下矿山数字化一般标志着计算机技术在矿山开发研究、生产管理应用的早期阶段，其侧重点在于矿山信息的采集存储及处理实现数字化，属于智慧地下矿山建设的基础。

（2）自动化。自动化是指机器设备、系统或过程（生产、管理过程）在没有人或较少人的直接参与下，按照人的要求，经过自动检测、信息处理、分析判断、操纵控制，实现预期目标的过程。自动化的概念是一个动态发展过程，过去人们对自动化的理解或者说自动化的功能目标是以机械的动作代替人力操作，自动地完成特定的作业。这实质上是自动化代替人的体力劳动的观点，后来随着电子和信息技术的发展，特别是随着计算机的出现和广泛应用，自动化的概念已扩展为用机器（包括计算机）不仅代替人的体力劳动而且还代替或辅助脑力劳动，以自动地完成特定的作业。

（3）智能化。与自动化相比，智能化特点是：1）具有感知能力，即具有能够感知外部世界、获取外部信息的能力；2）具有记忆和思维能力，能够利用已有的知识对信息进行分析、计算、比较、判断、联想、决策；3）具有学习能力和自适应能力，即通过与环境的相互作用，不断学习积累知识，使自己能够适应环境变化；4）具有行为决策能力，即对外界的刺激作出反应，形成决策并传达相应的信息。因此，智能化是高级的自动化，有别于"一般自动化"的概念，涵盖了感知和认知两大功能，更强调"记忆、思维、学习、自适应"能力。

综上所述，智慧地下矿山在发展过程中，应遵循"数字化—自动化—智能化"的发展步骤，在数字化、自动化逐步实施的基础上，构建开采过程中状态感知、实时分析、科学决策、精准执行的闭环体系，解决设计、生产、管理、经营过程中的复杂性和不确定性问题，提高资源配置效率，实现资源优化。

7.4 智慧地下矿山建设关键技术

按照系统的递阶式层级将整个智慧矿山系统划分为智慧单元、智慧系统和智慧大系统等 3 个层级。

7.4.1 智慧单元层级——传感器软硬件技术

智慧单元技术需求是构建一个最基本的智慧地下矿山单元时需要满足的技术需求。从智慧单元的体系架构看，传感器是智慧地下矿山获取相关数据信息的来源，是实现自动检测和自动控制的首要环节。因此，从智慧单元层级上来看，最为核心的关键技术是包含软件、硬件的传感分析技术。

7.4.2 智慧系统层级——单元通信技术

在智慧单元的技术需求基础上，参考智慧矿山系统层级架构，需要进一步强调单元组件之间的互联互通，并在此基础上着眼于对不同组件的实时、动态信息控制，实现信息空间与物理空间的协同和统一，同时需要对集成的计算系统、感知系统、控制系统与网络系统进行统一管理。因此，从智慧系统层级上来看，需要单元通信技术的支持。

7.4.3 智慧大系统层级——系统集成技术

在智慧系统的技术需求基础上，参考智慧矿山系统层级架构，智慧大系统的数据更为真实、丰富多样、种类繁多，因此需要新的处理模式对数据进行融合分析提取其中潜在价值，从而提供更强的决策力、洞察力和流程优化能力，进而系统、全面地挖掘矿业数据中潜在的价值。因此，在智慧大系统层级上来看，需要系统集成技术的支持。智慧地下矿山的层级结构及各层级所需要的核心关键技术见表 7-1。

表 7-1　智慧地下矿山建设层级及关键技术

系统层级	关键技术	技术组成
智慧单元层级	传感分析	硬件+软件
智慧系统层级	单元通信	硬件+软件+网络
智慧大系统层级	系统集成	硬件+软件+网络+平台

7.5　智慧地下矿山体系、框架、内容

7.5.1　建设目标

　　智慧地下矿山的本质是将信息化技术与地下矿山深度融合，通过生产、安全、管理、设计等工作的信息化和矿山装备及系统的智能化，实现地下矿山劳动生产率的大幅度提高，整体生产成本的大幅度降低，达到整个矿山的少人化，实现矿山的绿色、安全、高效。

　　智慧地下矿山建设以云计算、大数据、物联网及矿业工程专业技术为基础，以地下矿山工业安全、高效、绿色发展为目标。利用物联网技术实现"人-人""人-物""物-物"深度互联能力，基于统一网络传输标准，使爆破、掘进、采装、运输、环境等监控系统与机电设备管理、调度通信、工业电视等安全生产技术管理系统得以有机汇接，实现信息共享，利用云计算和大数据技术，对矿山海量数据进行挖掘分析并及时响应，为矿山各管理层面决策提供数据支持。建立统一的矿业协同平台，使矿山爆破、采装、运输、排土等部门协同工作，打破信息孤岛，实现矿山工业的分布式协同工作，最终实现信息采集全覆盖、数据资源全共享、统计分析全自动、业务管理全透明、人机状态全监控、生产过程全记录，形成完整统一的时空框架和信息系统，既提高各业务部门的信息化水平，又实现部门间信息的统一和共享，进一步提高系统的综合应用效果，实现矿山的绿色、安全、高效生产。

　　（1）智慧地下矿山建设是大系统各组成环节全面升级转型的过程，智能化不仅体现在"单一部件、单机设备、单一环节"上，更主要的体现在"跨部件、跨设备、跨环节、跨系统、跨业务范畴"的全局化信息流动、共通共享、高效应用上。因此，为了确保科学、系统、有序地开展智慧地下矿山建设，有必要按照系统的递阶式层级将整个智慧矿山系统划分为智慧单元、智慧系统和智慧大系统等 3 个层级（见图 7-7）。

　　（2）智慧地下矿山建设的目的是在高效、安全、绿色与可持续发展的前提下，尽可能提高劳动生产率，降低生产成本，增加企业盈利能力，无序盲目的建设将会造成目前信息化系统"孤岛"现象，更难以达到智能化决策的效果。

　　（3）地下矿山的智能化升级工作是一项复杂的系统工程，整个升级过程投入庞大，周期漫长，科学地决策各项规划内容的升级改造次序，避免出现重复建设、重复投入或者出现超前投入、滞后产出等情况，延缓矿山智能化升级改造进程。通过智慧地下矿山建设，最终实现以矿山数据数字化、生产自动化、管理信息化为基础，结合新的传感器技术、网络通信技术、空间信息技术、人工智能技术等，实现矿山生产及管理的智能感知、辨识、记忆、分析计算、判断和决策、评估考核改进，达到整个矿山的少人化，实现矿山的绿色、安全、高效。

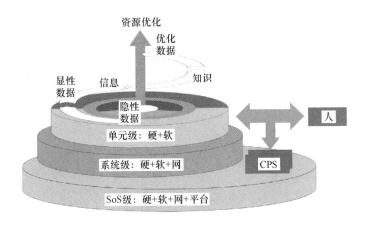

图 7-7 智慧矿山建设层级及具体内容

7.5.2 体系结构

智慧地下矿山这个复杂巨大的工程，由保障体系、标准规范体系、关键技术、决策体系、信息基础支撑体系、时空演化支撑体系、生产设备与环节管控体系、生产计划与工程施工协作体系、综合应用管理服务体系组成如图 7-8 所示。

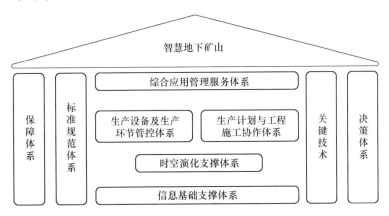

图 7-8 智慧地下矿山体系结构

保障体系、标准规范体系、关键技术是建设的保障。信息基础支撑体系是建设的支撑，时空演化支撑体系、生产设备与生产环节管控体系、生产计划与工程施工协作体系和综合应用管理服务体系是建设的功能，决策体系是建设的优化度量标准。

（1）保障体系。保障体系包括组织流程保障、政策保障、资金保障、人才保障、组织保障、法律保障等智慧地下矿山的建设保障。

（2）标准规范体系。标准规范体系包括智慧地下矿山各个组成部分的建设标准，目前智慧地下矿山的建设标准还不是很完善，但也有如《安全防范视频监控联网系统信息传输、交换、控制技术要求》（GB/T 28181—2011）、《有色金属行业智能矿山建设指南（试行）》等标准可以作为参考依据。

（3）关键技术。智慧地下矿山关键技术包括物联网感知相关技术、大数据分析相关技术、GPS 或北斗定位技术、网络通信技术、数据集成技术、空间信息技术、运维管理技术、人工智能技术等。

（4）信息基础支撑体系。信息基础支撑体系包括感知设施、网络传输、数据仓库、应用支撑、高性能计算、海量存储、信息安全等。

（5）决策体系。决策体系包括各系统性能优化、生产环节优化、效能优化自决策、准确精细化管理服务等。

（6）时空演化支撑体系。时空演化支撑体系主要是智慧地下矿山生产的应用基础支撑，针对地下矿山生产前、中、后期各阶段及其重要时间节点的演化管理，作为生产设计、分析、管控的综合支撑。

（7）生产设备与生产环节管控体系。生产设备与生产环节管控体系是智慧地下矿山生产的主要应用分支，将生产、管理、自诊断、设备维护和安全等因素结合在一起，形成闭环管控体系。

（8）生产计划与工程施工协作体系。生产计划与工程施工协作体系是智慧地下矿山生产的主要应用分支，将生产计划与工程进行有机的结合，主要包括地下矿山生产整体最优目标下的凿岩、爆破、采装、运输主要工艺系统的分目标优化运行及精确、严格、规范的工程施工。

（9）综合应用管理服务体系。综合应用管理服务体系是智慧地下矿山生产的主要应用分支，主要包括安全、高效、绿色生产的智慧管理等。智慧地下矿山总体规划设计是将建设目标、实施目标、知识体系、建设体系、技术应用、实现成果等所需的信息要素集成为总体方案，是智慧地下矿山纲领性和路线性的建设目标和实施战略。具体矿山的智慧地下矿山建设总体规划设计要保证同其所属公司的管理和生产任务的总体战略上的一致性，设计出智慧地下矿山的总体框架结构，并在此基础上开发相应的业务应用平台，制定智慧地下矿山系统工程分期和分阶段实施的工作内容和任务，以及具体项目实施的策略、措施、方法和计划等。

7.5.3　总体框架

7.5.3.1　智慧化地下矿山总体框架

智慧矿山总体框架按照智慧地下矿山基本构想进行构思，结合业务数据流及控制流进行设计，如图 7-9 所示，其主要由 5 部分构成，分别是地下矿山基础支撑智慧化系统、地下矿山时空演化智慧化系统、地下矿山设备及工艺智慧化系统、地下矿山综合管理智慧化系统、地下矿山生产计划与工程管理智慧化系统，智慧地下矿山总体框架。

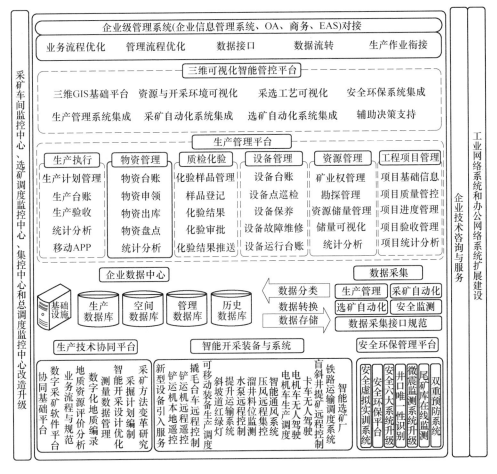

图 7-9 智慧地下矿山总体框架

（1）地下矿山基础支撑智慧化系统。主要是基础硬件环境、网络环境、软件环境的建设，为整个智慧矿山的运营提供基础保障。

（2）地下矿山时空演化智慧化系统。主要是基于地质、测量、采矿等的数据及可视化模型管理，为生产计划及高效管控提供基础场景模拟等应用。

（3）地下矿山设备及工艺智慧化系统。主要是对现有凿岩、采装、运输、破碎等生产环节工程设备进行智能化的改造升级，更加精准、高效地采集数据，更加有效地服务于生产，通过对各生产环节衔接的贯通，更进一步提高工程作业效率。

（4）地下矿山生产计划与工程智慧化系统。主要是基于地下矿山时空演化智慧系统及生产任务指令和各监测监控终端实时的数据采集，进一步修正生产计划，从而检验工程质量的高低，提高生产计划与工程匹配度。

（5）地下矿山综合管理智慧化系统。主要是针对安全、生产、运营及管理各方面的综合管理系统，将基于各生产环节产生的生产数据、基于安全的各项监测数据、基于运营的管理数据等通过大数据分析平台解析，从安全、高效、绿色、和谐方面进行综合管理应用。

7.5.3.2　智慧化地下矿山整个流程设计

智慧化地下矿山整个流程设计过程为：

（1）由计划部门接收生产计划任务，生产设计部门基于时空模型演化模型系统制订生产计划，通过生产仿真推演形成生产计划成果数据。

（2）生产计划成果数据经地下矿山综合管理系统形成调度指令，由调度室根据生产计划下达到各作业生产工程单位，工程施工单位根据计划任务及现场获取的作业环境参数进行工程作业，进一步由工况参数、环境监测、安全监测等传感设备采集数据。

（3）工程设备作业过程中，实时获取的数据上传到大数据分析平台，由最初建立的专家知识库及分析诊断模型，对当前生产作业过程进行分析诊断，给出诊断结果，诊断分析结果又将实时传到生产作业设备终端，进一步指导工程作业。

（4）生产作业工程作业结束后，对其工程质量进行评估确认，将质量检测数据上传至数据中心，通过地下矿山综合管理系统进行生产设计与工程施工的对比分析，进一步优化生产设计和指导工程施工。

以上的业务数据流及控制流主要是围绕生产环节进行设计。基于数据流的走向，结合业务控制流，通过五大主要系统形成闭环管理，从而形成智慧矿山总体框架。

7.5.4　建设内容

7.5.4.1　地下矿山基础支撑智慧化

地下矿山基础支撑智慧化系统（见图 7-10）是智慧地下矿山建设的重要基石，主要有网络环境、硬件环境和软件环境建设，包括支撑智慧地下矿山建设和运行的大数据信息网络平台、综合数据库系统、通信感知设施、网络传输、数据仓库、应用支撑、高性能计算、海量存储、信息安全以及各类智能终端系统等基础保障系统。其中网络环境建设主要包括数据通信和网络安全，硬件环境建设主要包括数据中心、管控指挥中心和办公环境建设。软件环境建设主要包括专家知识库、大数据基础及分析平台，地下矿山基础支撑智慧化系统为后期各业务系统的建设提供全方位服务，保证数据可靠的采集、传输、存储、应用等，并随着智慧矿山业务单元的建设，保持一定的先进性，从而为整个智慧地下矿山的建设保驾护航。

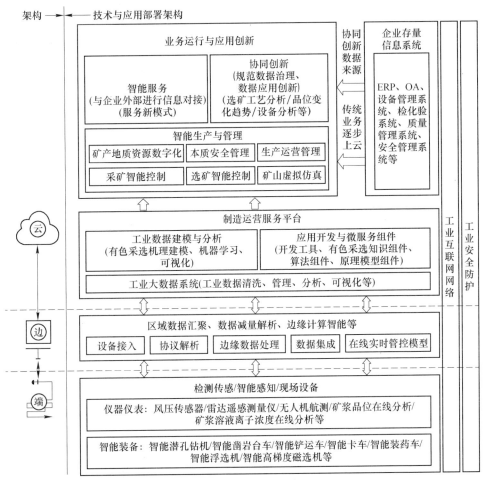

图 7-10 地下矿山基础支撑智慧化系统

7.5.4.2 地下矿山时空演化智慧化

地下矿山全生命周期可以概括为开采前、中、后各个阶段，地下矿山设计、生产、管理等一切行为无外乎是地下矿山三维时空的动态发展变化。因此，智慧化建设首先就是构建地下矿山三维时空演化的可视化、数字化动态模型，动态记录和查询、展示地下矿山在任何时段资源开发和环境的三维空间形态、设备和工艺系统布局及运行状态、生产计划、施工及管理等经济技术状况等。

地下矿山时空演化智慧化系统（见图 7-11）实现所有地质、测量、安全、生产等相关数据的集合与展现，地下矿山的所有信息都可以通过时空演化模型进行查询并得到直观的体现。如进行地下矿山历史生产状况回溯以及模拟开采、检验生产计划方案的优劣、核验工程实施与生产计划的出入等操作，形成机电设备管理、生产计划与工程管理等系统进行可视化分析和智慧化应用的基础。

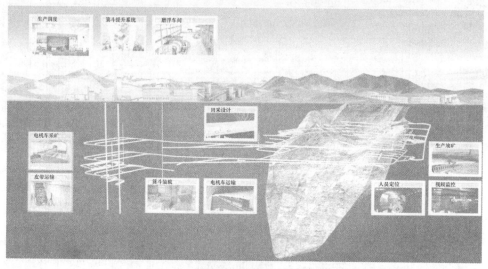

图 7-11   地下矿时空演化智慧化系统

7.5.4.3   地下矿山设备及工艺智慧化

地下矿山设备及工艺智慧化系统对新型设备引入与技术服务、无轨车辆、有轨运输、智能通风、选矿自动化和铁路运输等方面的相关装备与系统等进行智慧化规划，主要实现设备作业过程的数字化、自动化，作业环节的远程控制及智慧作业，实现减少现场人员重复性简单工作，减少现场作业人员的目标。通过物联网采集设备运行工况，进行设备间相互关联性、计量等分析，并实现识别、比对、分析、传输、接收指令等智能化功能。主要包括：

（1）采掘设备智能化（见图 7-12）。通过矿用传感器、人工智能等技术来实现凿岩台车和铲运机的智能化、精准化作业，在作业过程中确定凿岩台车和铲运机正确的合理位置、铲斗的合理挖掘方式，把地质数据实时传输到生产技术中心，为工作面下一次推进作出合理的计划。装车时可准确识别卡车位置以及车斗内物料的堆积形状，为铲斗悬停位置提供引导，保证卡车的满载率。

凿岩台车和铲运机远距离遥控系统是在铲运机视距遥控的基础上，在铲运机前端和工作面安装矿用防尘摄像机，并配合 MESH 基站将画面传输至外部操作点，达到远距离遥控的目的。

（2）运输设备智能化（见图 7-13）。对电机车进行改造，实现本地遥控驾驶；在电机车前按照网络摄像头和 MESH 基站，在遥控控制器上加装工业平板；让摄像头、MESH 基站、工业平板组成局域网，保障工业平板可加载网络摄像头

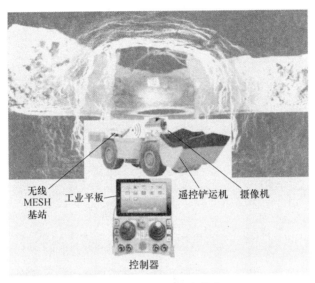

图 7-12 采掘设备智能化

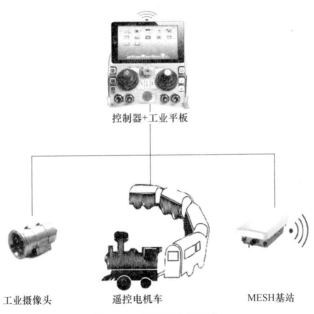

图 7-13 运输设备智能化

视频，实现在遥控电机车时可查看电机车前环境情况。

（3）排土设备智能化（见图 7-14）。研究无线遥控推土机在地下矿排土作业中的应用，实现全液压推土机在远程操控模式下无人驾驶运行，利用全球定位系统（GPS）和安装在工程机械上的传感器实时掌握推土机自身的位置、挖掘地面的铲刀和机械臂的状态以及地面情况等数据，将作业指示数据传送到工程机械配备的控制系统后，可以一边利用测量系统确认情况，一边施工。

图 7-14　排土设备智能化
(a) 推土铲机；(b) 车内控制室

（4）撬毛作业智能化（见图 7-15）。通过撬毛台车改造，实现井下远程视频遥控，提高设备作业安全系数，减少安全隐患，提高劳动生产率，优化资源配置，进而提高企业的经济效益。撬毛台车远程遥控主要是对电控系统和机械液压装置进行远程遥控控制方式的改装、视频系统的改装以及 MESH 基站安装和远程遥控发送器和接收器的增加。

（5）破碎机（站）智能化（见图 7-16）。利用物料块度图像识别、破碎过程震动传感、电气自动化控制调节等技术，通过实时图像处理，判断物料形状、块度大小，构建分级标准对物料进行分配并统计分析不同块度所占比例。基于物料块度及破碎过程震动频率、幅度实时监控与判断，通过块度分析反馈爆破效果，另一方面通过智能调节给料速度、破碎辊转向及转速，达到高效作业。

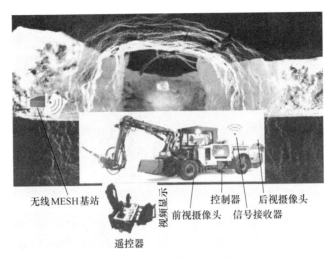

无线MESH基站　视频显示　控制器　后视摄像头
　　　　　　　前视摄像头　信号接收器
遥控器

图 7-15　撬毛作业智能化

图 7-16　破碎机（站）智能化

（6）设备故障实时诊断智能化（见图7-17）。研究参数信号高速同步采集与长距离传输技术，研究基于嵌入式技术对海量数据实时分析，实现机电设备故障本地实时分析，探讨设备微弱故障特征提取与定量智能诊断技术，克服设备故障诊断对专业人员的过分依赖，探讨机电设备远程集中监测诊断技术，实现信息共享与多点访问。

7.5.4.4 地下矿山生产计划与工程管理智慧化

地下矿山生产计划与工程管理智慧化系统在生产与施工一体化逻辑关系规划基础上，主要实现凿岩、采装、运输环节等的智能化设计。对局部作业过程的推演和分析，作业环节关键点进行细化和量化，规范施工标准，生产成本的自动核算以及绩效的自动考核，矿山施工质量的智能管控，实现开采过程的动态仿真，

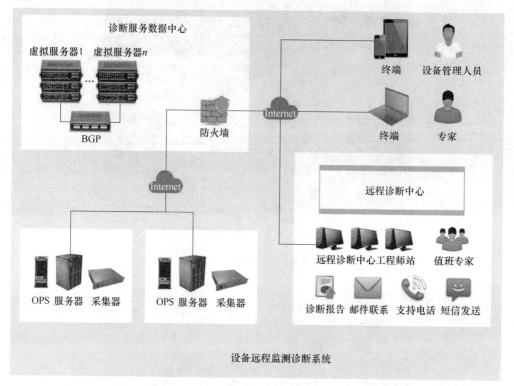

图 7-17　设备故障实时诊断智能化

开采设计和施工的交互分析和优化，生产目标最优下各工艺环节自动决策和施工，最终达到智能决策的目的。在设备智能化基础上，结合综合调度优化实现生产目标最优下各工艺环节最优化的自动决策，同时实现辅助生产环节的智能化，即建设一个生产工艺系统综合智能化监管决策平台（或称为地下矿山全系统（人机环境管理）智能决策平台）。按照即时、阶段确定的生产目标（优化目标如成本最低、总体产能最大等），应用物联网+对单台设备的即时空间位置、运行轨迹、作业状态、完好情况，以及各种经济技术指标的测算等，综合调度优化，实现整体最优目标下的穿孔、爆破、采装、运输、排弃主要工艺系统的分目标优化运行。各个设备之间的准确定位、入换、最优匹配，随时完成主要信息推送（重点设备效能、故障、效能考核等排行榜），逐步延伸到辅助生产环节的智能化：后期覆盖疏干排水、通风、供电维护等辅助作业设备。

　　地下矿山生产计划、工作面延深工程、推进工程、开拓运输道路施工等矿山工程的智能化，重点在生产组织与施工作业工程的智能化：按照现有工艺设备和设计及中短期计划，确定最佳凿岩、爆破、各个工作面采装、运输等工程或生产作业的施工设计/计划方案、最优技术参数、设备系统布局及调度、人员及物资保障、辅助工程等。实际作业位置、运行状态、数量质量指标等信息通过互联网/物联网/大数据采集/共享其位置、运行工况或相互间关联性、计量等，并实现识别、比对、分析、传输、接收指令等实现作业过程及其管理的智能化。

7.5.4.5 地下矿山综合管理智慧化

地下矿山综合管理智慧化系统是基于时空演化模型采集的数据、机电设备的智慧化产生的数据和生产计划与工程管理产生的数据，采用大数据分析、专家评价、专家系统等先进的技术手段，研究绿色、安全、高效生产的智慧管理方法。如实现生产效能的全自动化分析、生产成本的实时管控、绩效考核的无处不在，最大化程度降低地下矿山的生产成本，实现生产设备智慧指挥、矿山工程智慧管理以及工艺系统智慧优化，进一步实现少人作业，减少甚至杜绝地下矿山本身的安全隐患，实现地下矿山的本质安全，提高生态复垦的质量、降低生态复垦的成本，实现生态恢复的价值，实现地下矿山开采的本质绿色，最终实现建设和谐、美丽、可持续发展的地下矿山。

地下矿山综合管理智慧化系统实现地下矿山所有智慧化系统的综合集中管控，如图 7-18 所示，包括矿山人员、财务、物资、安全以及外包工程等管理的智能化，生态保护、节能等辅助环节管理的智能化，实现基于网络的跨时空联网查询、管理、运行、调度、保障、服务等。地下矿山采矿安全、网络安全、安全培训、防碰撞技术与装备、粉尘控制、有毒有害物质治理、疏干水合理利用、清洁能源利用、大型专家知识库和数据仓库、可视化智慧决策平台、基于大数据的智能决策平台、数据通信、办公自动化、办公环境智能化。

图 7-18 地下矿山综合管理智慧化系统

7.6 基于 BIM+GIS 的设计管理平台甄选

7.6.1 GIS 平台优劣势分析

地理信息系统（geographic information system，GIS）是能提供存储、显示、

分析地理数据功能的软件。从技术和应用的角度讲，GIS 是解决空间问题的工具、方法和技术；从科学的角度讲，GIS 是在地理学、地图学、测量学和计算机科学等学科基础上发展起来的一门学科，具有独立的科学体系；从功能上讲，GIS 具有空间数据的获取、存储、显示、编辑、处理、分析、输出和应用等功能；从系统学的角度讲，GIS 具有一定结构和功能，是一个完整的系统。

　　GIS 平台的选用关系到能否与 BIM 平台的模型数据相融合，并能对石灰石矿项目起到良好的设计管理作用。本节利用对比分析法对拟测试的平台进行比选研究，最终确定本研究使用的 GIS 平台，见表 7-2。

表 7-2　GIS 平台优缺点对比

GIS 平台类型	优　点	缺　点
ArcGIS（美国）	1. 拥有所有 GIS 任务的逻辑和工具； 2. 3D 数据创建、管理、分析能力强大； 3. 平台可伸缩性强； 4. 数据格式转换能力，空间图形编辑能力强	1. 软件使用费用高； 2. 矿山工程的专业性设计管理能力较弱； 3. 数据导入建模能力一般
MapInfo（美国）	1. 数据可视化、信息地图化； 2. 办公自动化、数据集成化； 3. 地理信息系统分析能力强； 4. 空间图形编辑能力强	1. 软件较小，高级的空间分析能力弱； 2. 矿山工程的专业性设计管理能力较弱； 3. 不支持数据导入建模
MapGIS（中国）	1. 大数据快速查询、数据回溯及预测； 2. 地形地表模型快速创建、一体化管理； 3. 遥感数据处理平台功能齐全； 4. 可视化显示效果好，空间图形编辑能力强	1. 软件在开发阶段； 2. 矿山工程的专业性设计管理能力较弱
SuperMap（中国）	1. 全组件开放式 GIS 平台； 2. 二次开发简捷； 3. 数据分析优势强	1. 数据处理能力弱； 2. 矿山工程的专业性设计管理能力较弱； 3. 空间图形编辑能力弱
3DMine（中国）	1. 地形地表、矿业工程模型创建能力强； 2. 矿业工程模型数据处理、分析能力强； 3. 支持多种 GIS 数据格式导入； 4. 可视化效果好，空间图形编辑能力强	1. 软件在开发阶段； 2. 应用范围较狭窄，主要运用于石灰石矿工程

　　ArcGIS 属于目前比较成熟的 GIS 平台，3D 数据库创建能力强，但是数据导入建模能力弱，价格较贵，整体功能非常全面，但是平台费用非常高，考虑到推广性，予以否定；Mapinfo 属于小型办公化地理信息分析平台，不支持数据导入建模，不能导入生成 GIS 模型对项目管理而言没有使用价值；SuperMap 属于开放式 GIS 平台，其本身的二次开发能力强，适合作为基础平台，而其平台本身的处

理数据能力和空间编辑能力较弱，对于石灰石矿工程较为复杂的地形模型的创建以及 GIS 数据管理方面不能满足实际需求；MapGIS 平台和 3DMineHi 对于地理数据的处理能力较强，可视化处理效果好，MapGIS 侧重于遥感数据处理，而 3DMine 是专门针对石灰石矿工程研发的 GIS 设计管理平台，不仅支持多种 GIS 数据的导入，而且能对石灰石矿工程中专业相关模型进行创建和管理，专业性强。

虽然 3DMine 在遥感数据和纯粹的 GIS 数据建模处理效果方面不如 MapGIS，但是从矿山工程设计管理的角度讲，3DMine 功能远超过 MapGIS，模型的精度能满足需求，综合比选，将 3DMine 平台作为本次基于 BIM+GIS 的智慧矿山建设管理体系构建研究的 GIS 设计管理平台。

7.6.2 GIS 平台选用 3DMine 的必要性

3DMine 软件在借鉴国外同类软件的开发思路和功能模块的基础上，也充分总结了国内地勘及生产矿山应用的特点，并将三维矿业软件与国内通用的规范标准相结合，使 3DMine 软件符合国内的规范要求，更适合国内工程师对矿山及地质的工作方式和流程的理解和要求。3DMine 软件采用国际上领先的三维引擎技术，按照先进的组件开发思路，采用全新的软件构架组成的三维软件平台。集成了三维可视化、编辑工具、数据库技术、地质建模、测量数据、储量估算、采矿设计、境界优化、炮孔设计、进度计划、打印制图等应用模块。应用于地质、测量、采矿、生产控制及资源管理等专业，为矿业行业提供全方位的技术工具。该体系产品有 3Dvent 通风解算软件、3DCtrl 三维矿山管控平台、3DGPS 实时调度平台、3DEva 矿山经济评价系统以及 3DRes 矿产资源管理系统等，从而为矿业企业提供综合的软件应用和全面的信息化应用方案，不仅为矿山资源管理、开采效率管理和生产数据管理提供技术支撑，同时也成为矿业企业信息化的基础平台。功能模块和平台构架的合理度、完整度、可扩充能力达到了行业的领先水平。软件中由块段法和断面法两种传统几何图形法结合距离幂次反比法和地质统计学方法组成的 3DMine 软件储量估算模块已高分顺利通过了由中国矿业权评估师协会和国土资源部矿产资源储量评审中心组织的专家评审，并在国土资源部矿产资源储量司备案。

7.6.3 BIM 平台选用 Revit 的必要性

Revit 是 Autodesk 公司一套系列软件和平台的名称。Revit 系列软件是为建筑信息模型构建的，可帮助建筑设计师设计、建造和维护质量更好、能效更高的建筑。Revit 是我国建筑业 BIM 体系中使用最广泛的软件之一。Autodesk Revit 提供支持建筑设计、MEP 工程设计和结构工程的工具，已经成立了建筑设计和管理中的绝对主流平台。国家及地方出台的房建类 BIM 规范均以 Revit 的基本文件格式和数据转换格式为基础，Revit 在自身的设计能力方面、二次开发方面、嫁接其他平台方面均有其他设计平台无可比拟的优势。目前 Revit 占据了绝大部分房屋建筑学三维设计管理平台的市场份额。

基于 Revit 平台也有较为成熟的插件开发以及很大基数的项目案例可供参考，随着 Revit 版本的更新，平台的功能也越来越全面。Revit 将成为建筑设计管理平台中的绝对主流，故本研究选用 Revit 平台作为 BIM 设计管理平台。

7.7　基于 BIM+GIS 的石灰石矿安全应用分析

安全生产长期以来一直是我国的一项基本国策，是保护劳动者安全健康和发展生产力的重要工作，同时也是维护社会安定团结，促进国民经济稳定、持续、健康发展的基本条件。安全生产的实质是在生产过程中防止各种事故的发生。安全工作是矿山企业的生命线、幸福线。没有安全，就没有生产、没有效益、没有矿区的稳定发展和职工的家庭幸福。因此，只有稳抓、狠抓安全生产工作，才能全面提升企业的安全管理水平，才能确保企业安全生产，才能实现企业效益的最大化，才能更好地保持石灰石矿企业强劲的发展势头。矿山安全的本质是人的安全。

石灰石矿山安全技术是以矿山生产过程中发生的人身伤害为主要研究对象，在总结、分析已经发生的矿山事故的基础上，综合运用自然科学、科学技术和管理科学等方面的相关知识，识别和预测矿山生产过程中存在的不安全因素，并采取有效的控制措施防止石灰石矿山事故发生的科学知识体系。针对 BIM+GIS 热点，在平台中进行相关仿真，将石灰石矿安全管理的内容，也纳入到平台管理当中。

7.7.1　石灰石矿安全 BIM+GIS 应用点分析

7.7.1.1　基于系统工程的应用点分析

现代矿山生产是一个复杂的系统。矿山生产是由相互依存、相互制约的不同种类的生产作业综合组成的整体，每种生产作业又包含许多设备、物质、人员和作业环境的要素。一起矿山伤亡事故的发生，往往是许多要素复杂作用的结果，因此必须综合运用各种矿山安全技术才能有效减少伤亡事故。矿山安全的一个重要内容，就是根据对伤亡事故发生机理的认识，应用系统工程的原理和方法，在矿山规划、设计、施工、生产，直到报废的整个周期进行预测和分析，对矿山企业加强监管，评价其中存在的不安全因素，综合运用各种安全技术措施，消除和控制危险因素，创造一种安全生产的作业条件。

系统工程的原理和方法要求矿山安全在矿山规划、设计、施工、生产、报废的全生命周期进行预测和分析，BIM+GIS 管理技术正好可以贯穿矿山建设的全生命周期，对各阶段存在的风险进行分析，通过可视化的模拟，达到迅速决策的目的。智慧矿山建设管理体系配合其他的矿山技术，可以做到双管齐下，提高矿山企业抵御矿山事故以及灾害的能力。

7.7.1.2 基于事故发生理论的应用点分析

在矿山企业发展的过程中，人们不断累积经验，探索事故发生规律，相继提出了许多事故为什么会发生，事故是怎么样发生的，以及如何防止事故发生的理论。工业伤害事故的发生是由人的不安全行为和物的不安全状态来防止事故发生的。引起人的不安全因素主要原因可以归结为：对安全生产缺乏高度的重视或由于某种特殊的心理状态而忽略安全；缺乏安全知识，缺乏经验或操作不熟练；精神状态不良，如：视力、听力低下和反应迟钝、疾病、醉酒或其他生理机能状态；不良的工作状态、工作场所照明、温度、湿度或通风不良，强烈的噪声、振动，作用空间狭小，物料堆放杂乱，设备、工具缺陷以及没有安全防护装置等。

针对缺乏现场安全知识的问题，可以通过在 Fuzor 中进行实景模拟，员工自主操作漫游，不仅可以增加其学习现场知识的积极性，还可以进行紧急情况下的模拟逃生漫游。当员工真实面对灾情的情况下，可镇定员工心态，提高逃生成功率，降低人员伤亡。在视力、听力低下等生理状态下，通过在 Fuzor 平台中添加危害声源，调节灯光照度进行生理机能场景状态模仿，模拟出特殊生理机能人群遇到灾情时的实际场景，并可以个性化制定其逃生方法或者追加安全设施；对于空间狭小处的物料堆放，通过在模型端进行物料模拟摆放，合理利用空间，降低因为空间不合理规划带来的安全风险；对于现场设备工具缺失以及安全防护装备的缺失问题，通过轻量化的模型在移动设备端进行展示，定期对比检查模型与实际现场设施装置的数量是否统一，检查现场安全防护装置是否存在缺损，从而降低物的不安全状态发生的概率来提高矿山工程现场安全。负责现场检查的员工，对现场设备的完整性做记录反映在模型中，如磨损、老化、腐蚀、疲劳等，这些降低安全性的设备状态通过添加共享参数的方式统计在模型中，定期更新模型设备状态来刷新明细表，维护和更换相关的设备，提高现场安全管理的效率和水平。

7.7.1.3 基于生产可靠性理论的应用点分析

可靠性是指系统或系统元素在规定的条件下和时间内，完成规定功能的能力。可靠性是判断和评价系统或元素性能的重要指标。而系统是由若干元素构成的，系统的可靠性取决于元素的可靠性及系统结构。按照系统故障与元素故障之间的关系可以把系统分为串联系统和冗余系统。串联系统的特征是：只要串联系统中的一个元素发生了故障就会造成系统故障；而冗余是把若干元素附加于构成基本系统的元素上来提高系统的可靠性，其特征是：只有一个或几个元素发生故障时，系统不一定发生故障。

矿山生产作业是由人员、机械设备、工作环境组成的人、机、环境系统。基于生产可靠性理论，整个系统的设计需科学合理，包括机器的人机学设计、人机功能合理分配及生产作业环境的人机学要求。具体表现为：显示器的设置应符合人的视觉特性，满足功能的前提下应排列合理，减少视觉负担；操纵杆的设置应使人员操作方便、省力、安全，并考虑身体极限活动范围，具备防止误操作的功能；加大对矿山作业环境的优化，提高光线质量，减少噪声及振动，降低粉尘及有毒有害物质排放。通过添加冗余度来主动提高矿山作业的抵抗风险能力，可以有效降低安全事故的发生率。通过 Revit 模型嫁接 Fuzor 平台能实现：控制显示器布置优化，操纵空间布置优化以及环境声源和光源的调整等。在平台中模拟各类提高生产可靠性的方案，通过由虚拟到现实的对比优化，最终提高生产安全管理质量。

7.7.2　石灰石矿安全工程中基于 Fuzor 平台的相关模拟

将 Revit 中巷道模型同步至 Fuzor 平台中，检验矿山巷道建模，巷道倾斜度、角度、巷道内部设计是否符合人体尺度，以及进行安全模拟和巷道漫游仿真，对于巷道空间进行多路线漫游，可以模拟矿工在井下的实际行走路线，从而在矿山工人下矿之前，就可以对井下路线形成宏观印象，有效预防矿工误入回风巷道中，造成过大的身体危害。同时，利用 Fuzor 平台可以模拟规划出不同场景下和遇到不同的工况时能保障矿山员工生命安全的逃生路线，还可以对巷道进行监控模拟，通过 Fuzor 对矿山巷道进行监控布置，能有效实现在关键位置、重要安全节点进行全方位监视，从而实现矿山工程的井下安全管理。

7.7.2.1　巷道漫游仿真模拟

本节主要针对 7.7.1 节的内容，介绍其在平台端如何实现。Fuzor 平台提供了强大的分析功能，对于 Revit 模型可以进行良好的模型对接。将模型导入 Fuzor 平台中可进行相关的仿真模拟，并且针对建模人员的操作习惯提供了两种模型漫游的方式：（1）第一人称漫游，在巷道中移动的过程中的操作习惯完全和 Revit 中的建模习惯相同，如图 7-19 所示；（2）第三人称漫游，可以通过放置人物的方式，控制人物行走，来实现仿真模拟，如图 7-20 所示。模拟环境效果优良，身临其境，便于生动地进行安全教育并能辅助项目决策。

7.7.2.2　巷道监控模拟

井下监控也是保证井下安全监督的重要举措，在 Fuzor 中进行有效的监控模拟，不仅可以对监控器合理选型和相关参数设置，而且对于其安放位置可进行多次模拟，直到满足监控要求，同时对监控画面也可以切换，监视器布置如图 7-21 所示。

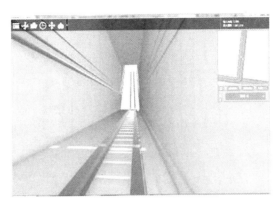

图 7-19 第一人称视角漫游

图 7-20 第三人称视角漫游

图 7-21 监控器实景布置模拟

7.7.2.3 巷道危险工况模拟

对于着火、管路崩裂和污风巷道等工况的模拟，用放置焰火、气体、烟雾、喷泉、喷淋等特效功能模拟灾害发生，并可以加载新特效，结合实际工况利用特效进行模拟。通过对原声音文件音量的调节，结合计步器计算模拟灾害发生时，声源与矿井人员之间的可听辨距离，保证矿井人员的实际听觉感受与模拟状况一致，这样就能模拟有视听生理缺陷的工人在矿井下的实际工况（见图 7-22）。通过此类仿真，实现矿山安全决策的真实性和准确性。

图 7-22　特效实景模拟与声源添加

参 考 文 献

[1] 王建德，等. 梅州地下石灰石矿山狭小空域采空区群系统性安全评估 [R]. 广东省灾害防治及应急管理专项资金项目，2020.

[2] 王建德，等. 梅州地区地下石灰岩矿山水患（地面塌陷）评估及预防对策研究 [R]. 广东省安全生产专项资金项目.

[3] 邱仲业，黄铁平，王建德，等. 石灰岩地下矿山中深孔房柱法安全高效回采技术研究 [R]. 广东省安全生产专项资金项目.

[4] 广东省地质局七二三地质大队. 梅州市水泥用灰岩资源调查与规划研究报告（2008-2037年）[R]. 梅州国土资源局专项资金项目.

[5] 王运敏. 现代采矿手册 [M]. 北京：冶金工业出版社，2012.

[6] 陈国山. 地下采矿技术 [M]. 北京：冶金工业出版社，2012.

[7] 刘殿中. 工程爆破实用手册 [M]. 北京：冶金工业出版社，1999.

[8] 王青，史维祥. 采矿学 [M]. 北京：冶金工业出版社，2001.

[9] 解世俊. 金属矿床地下开采 [M]. 北京：冶金工业出版社，1986.

[10] 付国彬，王振启. 非煤矿床地下开采 [M]. 北京：煤炭工业出版社，1995.

[11] 杨殿. 金属矿床地下开采 [M]. 长沙：中南工业大学出版社，1999.

[12] 王青，史维祥. 采矿学 [M]. 北京：冶金工业出版社，2001.

[13] 《采矿手册》编委会. 采矿手册 [M]. 北京：冶金工业出版社，1990.

[14] 《采矿设计手册》编委会. 采矿设计手册 [M]. 北京：中国建筑工业出版社，1987.

[15] 古德生，李夕兵. 现代金属矿床开采科学技术 [M]. 北京：冶金工业出版社，2006.

[16] 钱鸣高. 矿山压力与岩层控制 [M]. 徐州：中国矿业大学出版社，2003.

[17] 《采矿手册》编辑委员会. 采矿手册 [M]. 北京：冶金工业出版社，1988.

[18] 戴俊. 爆破工程 [M]. 北京：机械工业出版社. 2005.

[19] 东兆星，吴士良. 井巷工程 [M]. 徐州：中国矿业大学出版社，2004.

[20] 古德生，李夕兵，等. 现代金属矿床开采科学技术 [M]. 北京：冶金工业出版社，2006.

[21] 侯德义，李志德，杨言辰. 矿山地质学 [M]. 北京：地质出版社，1998.

[22] 黄润秋等. 地质灾害过程模拟和过程控制研究 [M]. 北京：科学出版社，2002.

[23] 郎一环. 全球资源态势与对策 [M]. 北京：华艺出版社，1993.

[24] 李德成. 采矿概论 [M]. 北京：冶金工业出版社，1985.

[25] 李鸿业，等. 矿山地质学通论 [M]. 北京：冶金工业出版社，1980.

[26] 刘殿中. 工程爆破实用手册 [M]. 北京：冶金工业出版社，1999.

[27] 翟裕生，等. 矿田构造学概论 [M]. 北京：冶金工业出版社，1984.

[28] 张国建. 实用爆破技术 [M]. 北京：冶金工业出版社，1997.

[29] 张珍. 矿山地质学 [M]. 北京：冶金工业出版社，1982.

[30] 张倬元，等. 工程地质动力学 [M]. 北京：中国工业出版社，1981.

[31] 祝树枝，吴森康，杨昌森. 近代爆破理论与实践 [M]. 武汉：中国地质大学出版社，1993.